W0261565

Ausrückbare Kupplungen

für

Wellen und Räderwerke.

Theoretische Grundlage und vergleichende Beurteilung
ausgeführter Konstruktionen.

Von

Ad. Ernst,

Professor des Maschinen-Ingenieurwesens
am Königl. Polytechnikum Stuttgart.

Mit 165 in den Text gedruckten Figuren.

Springer-Verlag Berlin Heidelberg GmbH 1890

Sonder-Abdruck
aus der
Zeitschrift des Vereines deutscher Ingenieure
1889.

ISBN 978-3-662-39290-4   ISBN 978-3-662-40323-5 (eBook)
DOI 10.1007/978-3-662-40323-5

Vorwort.

Die vorliegende Abhandlung ist zuerst in der Zeitschrift des Vereines deutscher Ingenieure 1889 veröffentlicht und dem Bedürfnis entsprungen, einen Ueberblick und ein Urteil über die aufserordentlich zahlreichen, verschiedenartigen Ausrückkupplungen zu gewinnen, welche im Laufe der Zeit, vorzüglich aber im letzten Jahrzehnt, sich in der Praxis ausgebildet haben.

Die Anregung zur Uebernahme der Arbeit ging vom Generalsekretär des Vereines, Herrn Peters aus, der sich um die Ausführung derselben auch weiterhin persöulich dadurch verdient gemacht hat, dass er der sorgfältigen Herstellung der Textfiguren seine besondere Aufmerksamkeit und Fürsorge widmete, um die von mir als Grundlage benutzten Aufnahme- und Werkzeichnungen in möglichster Vollkommenheit für den ersten Druck herrichten zu lassen. Soweit der Abhandlung also durch die scharfe und genaue Wiedergabe der Originalkonstruktionen in den vielen Textfiguren ein bleibender Wert zukommt, ist der Dank hierfür auch der Redaktion der Zeitschrift auszusprechen, welche es sich angelegen sein lässt, für ihre Veröffentlichungen die neueren Fortschritte der Zinkätzung im Verein mit dem photographischen Verfahren auszunutzen.

Ich habe mich der Arbeit gern unterzogen, wenn ich auch die Schwierigkeit einer umfassenden und gerechten Kritik sehr wohl kannte, die Gefahr, selbst bei der sorgfältigsten Erwägung, vom Katheder aus vielleicht ein einseitiges Urteil über die mühevollen Bestrebungen der Praxis zu fällen, welche nicht frei von allerhand unabweisbaren, geschäftlichen Nebenrücksichten sind. Aber eine Uebersicht und eine Kritik waren notwendig. Die grofse Zahl der verschiedenen Konstruktionen, die doch unmöglich alle gleich gut und zweckentsprechend sein können, forderte hierzu heraus. Zudem bot die technische Litteratur über das ganze Gebiet bisher nur sehr dürftige Auskunft. In den Konstruktionslehrbüchern war wenig zu finden und das wenige meist veraltet. Das ganze neuere Material war zerstreut, nur hier und da, ohne Kritik und bruchstückweise, in einzelnen kleineren Aufsätzen zusammengefasst. Gaben die Patentschriften auch einen wesentlichen Anhalt für die Zahl der vorhandenen Kupplungen, so waren doch einzelne wichtige Konstruktionen auch hier nicht niedergelegt und konnten nur unmittelbar in der Praxis aufgesucht und beschafft werden.

Die Arbeit musste unternommen werden, und da es nun einmal zu den Aufgaben eines Lehrers der Technischen Hochschule gehört, seine Anschauungen öffentlich zum Ausdruck zu bringen, das Studienmaterial zu sichten, die Thätigkeit der Praxis aufmerksam zu verfolgen und — soweit die eigene Kraft reicht — sie selbst zu unterstützen, so habe ich es gewagt, mit dem redlichen Bemühen: »Keinem zu Lieb' und Keinem zu Leid«.

Meine Absicht war, den Maschinenfabriken und Konstrukteuren, wie den vielen Abnehmern von Kupplungen in den verschiedenartigsten industriellen Betrieben dadurch gemeinsam zu nützen, dass ich nicht nur das Vorhandene zusammenstellte, sondern vor allem auch dahin strebte, die allgemeinen Konstruktionsgrundlagen und Betriebsanforderungen möglichst umfassend zu erörtern und klarzulegen, um auf dieser Grundlage nachweisen zu können, wie weit und mit welchen Mitteln die Praxis die ihr gestellte Aufgabe gelöst hat, und welche Gesichtspunkte als leitend und mafsgebend anzusehen sind.

Der erste, rein theoretische Abschnitt ist über die unentbehrlichen Entwicklungen hinaus nur so weit ausgedehnt, wie notwendig erschien, um ihn als ein in sich abgeschlossenes Ganzes hinstellen zu können. Im zweiten Abschnitte sind die ausgeführten Kupplungen ganz besonders eingehend mit Rücksicht auf ihre konstruktive Durchbildung und ihr Verhalten in Fabrikbetrieben erörtert.

Um hierbei mit aller Gewissenhaftigkeit vorzugehen, habe ich eine gröfsere Anzahl von Konstruktionen, die mir zur Beurteilung der wichtigeren Systeme, und damit auch für die Zwecke meiner Vorlesungen am Polytechnikum über Maschinenelemente besonders wertvoll erschienen, in Originalausführungen zu vergleichenden Untersuchungen bezogen und in zweifelhaften Fällen mich nicht bei meinem eigenen Urteil beruhigt, sondern nach Möglichkeit, soweit meine Verbindungen reichten, die vielseitigeren Erfahrungen der Praxis zu sammeln und zum Ausdruck zu bringen versucht.

Wie weit es mir gelungen ist, den industriellen Kreisen durch die Abhandlung zu nützen, muss ich dem Urteil der Fachgenossen aus diesen Kreisen überlassen. Da ich aber aus einer Reihe von Zuschriften entnehmen darf, dass die ganze Arbeit wenigstens einem thatsächlichen Bedürfnisse entspricht und gerade die ursprüngliche Veröffentlichung in der Zeitschrift die beste Gelegenheit bot, etwaige Irrtümer durch Widerlegung zu berichtigen, folge ich jetzt der Anregung, die getrennt erschienenen Aufsätze, nunmehr in Buchform vereinigt, nochmals der Oeffentlichkeit zu übergeben.

Zu diesem Zwecke habe ich den Text sorgfältig überarbeitet und die Feile überall da angelegt, wo Form oder Inhalt mir dies wünschenswert erscheinen liefsen, nachdem die Verlagshandlung mir in bereitwilligster Weise die Freiheit gewährt hatte, Verbesserungen und Ergänzungen in beliebigem Umfange vorzunehmen.

Ist also die Abhandlung auch im Kern unverändert geblieben, so wird ein sorgfältiger Vergleich doch an vielen Stellen den Einfluss der nochmaligen Prüfung erkennen lassen.

Für mannigfache Unterstützungen, welche mir bei Ausführung der Arbeit, vor und während der endgiltigen Erledigung, von Seiten der Praxis zu teil geworden sind, sage ich an dieser Stelle öffentlich meinen aufrichtigen Dank.

Stuttgart, den 12. November 1889.

Ad. Ernst.

Inhalt.

Erster Abschnitt.
Theoretische Untersuchungen.

Zweiter Abschnitt.
Ausgeführte Kupplungen.

Erster Abschnitt.

Theoretische Untersuchungen.

Einleitung.

Ausrückbare Kupplungen zur Verbindung von Wellen
mit Räderwerken oder von Wellen unter einander vermitteln
die Kraftübertragung von einer Kupplungshälfte auf die andere in altbekannter Weise, entweder durch starren Klauen-
oder Klinkeneingriff, oder durch Reibungswiderstände.

In allen drei Fällen genügen im allgemeinen einfache
Bewegungsmechanismen zum Schliefsen und Oeffnen der
Kupplung.

Die zahlreichen verschiedenartigen Ausführungen, von
denen allein in den letzten 4 Jahren über 40 in Deutschland
patentirt sind, beruhen vorwiegend auf der Verwertung der
Reibung zur Kraftübertragung. Sie unterscheiden sich von
einander zum teil durch die Gestalt der Körper, deren
Flächenanpressung zur Erzeugung der Reibung benutzt wird,
zum teil durch die Verschiedenartigkeit der Spannvorrichtungen.

Die grofse Zahl der Patente, das Schwanken zwischen
einfachen und mannigfach zusammengesetzten Konstruktionen,
deuten einerseits auf das starke Bedürfnis der Praxis hin,
welches die Konstruktionsthätigkeit auf diesem Gebiete rege
erhält, führen aber auch andererseits zu dem Schlusse, dass
bisher die wesentlichen Vorgänge im Verhalten der Kupplungen während des Betriebes nicht genügend klar zum allgemeinen Verständnis durchgedrungen sind, um die Vermehrung mangelhafter und unbrauchbarer Entwürfe zu verhindern und dafür die Aufmerksamkeit in erster Reihe auf die
allerdings nicht grofse Zahl guter Konstruktionen zu lenken.

1*

Aus diesem Grunde dürfte eine umfassende Erörterung der ganzen Frage um so mehr angezeigt sein, als neuerdings derartige Kupplungen auch als Schutzvorkehrungen in Fabrikbetrieben eine stetig zunehmende Verbreitung finden.

Die ausrückbaren Kupplungen dienen als Transmissionskupplungen im engeren Sinne zum regelmäfsigen Ein- und Ausschalten einzelner Arbeitsmaschinen, ganzer Wellenstränge, einzelner Seiltriebe usw. Sie bieten neben den ausrückbaren Riementrieben mit fester und loser Scheibe und den vereinzelter angeordneten Reibungsräderwerken das einfachste Mittel, je nach Bedürfnis einzelne Triebwerke und Transmissionsstrecken ein- und auszuschalten, ohne den Gesammtbetrieb zu stören. Zum teil werden derartige Kupplungen auch unmittelbar hinter dem Motor angeordnet, um dessen Anlassen in unbelastetem Zustande zu erleichtern. Ihre Anwendung an Stelle von Riementrieben mit fester und loser Scheibe ist überall da geboten, wo die Konstruktionsverhältnisse in folge der Stärke und Breite der Riemen oder aus anderen Ursachen die seitliche Verschiebung des Riemens nicht gestatten.

Vielleicht noch gröfser ist die Zahl der ausrückbaren Kupplungen innerhalb der Getriebe einzelner Arbeitsmaschinen, um je nach dem besonderen Arbeitsvorgange rechtzeitig Hilfstriebwerke in und aufser Thätigkeit zu setzen oder in Verbindung mit Wendegetrieben Kehrbewegungen einzuleiten u. dergl. m. Die hierfür vorhandenen Ausführungen sind meist seit langer Zeit erprobt und bieten im ganzen weniger Schwierigkeiten, weil sie im allgemeinen nur zur Durchleitung verhältnismäfsig geringer Arbeitswiderstände dienen und ganz zuverlässige Lagerungen innerhalb des Maschinengestelles gestatten.

Die nachfolgenden Erörterungen erstrecken sich im wesentlichen nur auf ausrückbare Kupplungen für den Drehantrieb einzelner Arbeitsmaschinen oder ganzer Transmissionszweige, deren konstruktive Durchbildung, wie wir sehen werden, gerade mit den Schwierigkeiten zu kämpfen hat, welche aus der Größe der durchzuleitenden Widerstände, sowie aus den teils federnden, teils bleibenden Lagenänderungen der zugehörigen langen Wellenstrecken erwachsen.

Der starre Eingriff der gewöhnlichen Klauenkupplungen beschränkt deren Anwendung von vornherein auf die Fälle, in denen

1. überhaupt auf Einrücken während des Betriebes verzichtet wird, oder

2. der durch die Kupplung während des Betriebes plötzlich eingeschaltete Massenwiderstand gering ist.

Jede Erhöhung des Gesammtwiderstandes der treibenden Welle beansprucht naturgemäß nicht nur die Kupplung selbst, sondern die ganze Transmission von der Widerstandsquelle bis zur Betriebsmaschine und ruft vor allem in den der Kupplung zunächst liegenden Wellenstrecken die Gefahr der Ueberanstrengung hervor.

Der auftretende Stoß wird nur soweit gemildert, wie sich die plötzlich auftretenden Widerstände in federnde Formänderungsarbeit umzusetzen vermögen. Diese Federungsarbeit verzögert den Antrieb der angekuppelten Massen und gewährt ihnen eine Beschleunigungsperiode von einer gewissen endlichen Dauer. Dass aber bei den engen Grenzen der statthaften Formänderung unserer Triebwerke und der demgemäß außerordentlich kurzen Dauer einer allein hiervon abhängenden Beschleunigungsperiode auf diesem Wege nur bei geringen Massenwiderständen ausreichender Schutz gegen Bruchgefahren geschaffen werden kann, liegt auf der Hand.

Der Gedanke, durch Federwerke den ganzen Beschleunigungswiderstand und die Arbeitsübertragung aufnehmen zu lassen, bietet bei ausrückbaren Kupplungen besondere Ausführungsschwierigkeiten und ist wohl aus diesem Grunde bisher in der Praxis nur vereinzelt weiter verfolgt. Die Kupplung von Snyer, welche aus einer bürstenartig, mit zahlreichen Drähten besetzten festen Scheibe und einer verschiebbaren rauhen Gegenscheibe besteht, gegen deren Vorsprünge sich die Drahtspitzen beim Einrücken abstützen, dürfte vorerst lediglich als ein Versuch zu betrachten sein. Zur Uebertragung von 26 Pfkr. bei 100 minutlichen Wellenumdrehungen wählt Snyer eine Scheibe von 54 cm Dmr. mit 14400 in die Holzbekleidung der Stirnfläche eingesetzten Drähten[1]).

So ist denn bei Klauenkupplungen in erster Reihe das Einschalten nachgiebiger Reibungswiderstände ins Auge zu fassen, welche die starre Kupplungsverbindung unterbrechen und gestatten, die Durchleitung des Beschleunigungswiderstandes auf Kosten der Zeitdauer der Beschleunigung auf ein beliebiges Maſs zu beschränken.

Die erfolgreiche Verwertung dieses Grundgedankens ist später zu erörtern.

Im übrigen ist darauf hinzuweisen, dass Klauenkupplungen während des Betriebes selbstthätig geschlossen bleiben, ohne durch besondere Spannvorrichtungen schädliche Rückwirkungen auf die Wellen zu äuſsern. Nur während des Einrückens tritt unter Umständen je nach der augenblicklichen Klauenstellung zwischen den Druckflächen ein Reibungswiderstand in der Richtung der Wellenachse auf, wenn die Flächen bereits zusammentreffen, bevor die Einrückmuffe vollständig vorgeschoben ist. Beim Ausrücken während des Betriebes ist dieser Widerstand stets vorhanden und kann bei groſsen Kraftübertragungen auch störend groſs ausfallen, so dass aus diesem Grunde Klauenkupplungen selbst da nicht ohne weiteres Verwendung finden können, wo nur auf die Möglichkeit einer plötzlichen Ausschaltung des Betriebes Gewicht gelegt wird, während die Wiedereinschaltung in Ruhepausen zulässig ist.

Für die Verwendung von Klinken in Verbindung mit Sperrrädern als Kupplung bieten vor allem die Schaltwerke vieler Werkzeugmaschinen zahlreiche Beispiele. Pouyer-Quertier und Uhlhorn haben die Klinke zuerst für gröſsere

---

[1]) Engineer 1888 Bd. 65 S. 6 und hieraus Dingler 1888 Bd. 269 Taf. 5 Fig 7.

Kraftmaschinenkupplungen benutzt und die nach ihnen benannten Konstruktionen ausgebildet.

Die Klinke besitzt im Vergleiche zur Klaue zunächst die in einzelnen Fällen wertvolle Eigenschaft, dass sich die Kupplung in folge der einseitigen Wirkung des Sperrwerkes je nach dem Drehsinne der Kupplungshälften gegeneinander selbstthätig schließt oder öffnet. Auch die vollständige Auslösung des Eingriffes lässt sich durch einfache Drehung der Klinken um ihre Zapfen, ohne jede Rückwirkung auf die Welle in achsialer Richtung, vermitteln.

Im übrigen teilt aber die Klinkenkupplung mit der Klauenkupplung im wesentlichen die Vorteile und Nachteile des starren Eingriffes. Auch hier ist demnach von der Einschaltung eines nachgiebigen Reibungswiderstandes Gebrauch zu machen, um die nachteiligen Stoßwirkungen plötzlicher Massenwiderstände fern zu halten. Die vielen Brüche, welche bei den oben erwähnten Kraftmaschinenkupplungen im Betriebe vorkommen, trotzdem diese nach der Art ihrer Ausführung und Anwendung nur verhältnismäßig kleine Geschwindigkeitsunterschiede zwischen Sperrrad und Kupplungsklinke während der Einrückperiode zulassen, liefern reichhaltiges Material für die Notwendigkeit, die Betriebssicherheit der in Rede stehenden Konstruktion durch Abschwächen der Stoßwirkung in zuverlässiger Weise zu erhöhen.

Reibungskupplungen besitzen den starren Kupplungen gegenüber den bereits angedeuteten eigenartigen Vorzug, dass der Beschleunigungswiderstand der anzutreibenden Massen unter allen Umständen nur allmählich von der Kupplung aufgenommen wird, und dass sich die Beschleunigungsperiode selbst, wie die Anstrengung der Triebwerkteile, durch die Größe des Anpressungsdruckes regeln lassen.

In der Praxis werden vorwiegend cylindrische oder kegelförmige Anpressungsflächen zur Erzeugung der Reibung benutzt: Cylinder- und Kegelkupplungen. Seltener presst man zwei Scheiben mit ihren Stirnflächen gegeneinander: Scheibenkupplungen. Weston hat in eigenartiger Weise die Wirk-

samkeit des letzteren Systems durch Vermehrung der Scheiben-
paare erhöht und zuerst die sogenannten Lamellenkupplungen
ausgebildet.

Während die Kegelreibungskupplungen stets aus einem
glatten Voll- und einem Hohlkegel bestehen, gestatten die
cylindrischen Kupplungen eine verschiedenartigere Gestaltung
der Reibungskörper. Der Hauptkörper wird im allgemeinen
als cylindrische Trommel oder als Scheibe nach Art der Bremsscheiben ausgeführt und im ersteren Falle vorzugsweise die
innere, im zweiten die äußere Fläche als Reibungsfläche benutzt.
Die beweglichen Anpressungskörper sind meist klotzförmig,
nach Art der Bremsbacken, und glatt oder mit Keilnuten
ausgestattet, je nach dem Profil der zugehörigen Cylinder-
mantelflächen. Statt der starren Backen können aber auch
federnde Ringe oder schmiegsame Stahlbänder Verwendung
finden. Aehnlich lassen sich Scheibenkupplungen mit glatten
oder geriffelten Stirnflächen ausführen.

Die Anpressung erfolgt bei fast allen Reibungskupplungen
entweder durch Schraubengetriebe oder durch Hebelwerke,
meist ausschließlich durch die Hand des Arbeiters, bisweilen
unter Ausnutzung der Triebkraft der treibenden Welle. In
einzelnen Fällen wird die Anpressung durch Zentrifugalkräfte
vermittelt. Bei ganz schweren Kupplungen ist hier und da
Wasser- oder Dampfdruck verwendet.

Das naturgemäße Streben ist bei allen neueren Kupplungen darauf gerichtet, schädliche Rückwirkungen des Anpressungsdruckes von den Wellenlagern und Ausrückmuffen
mit den zugehörigen Schleifringen entweder ganz fernzu-
halten oder doch wenigstens möglichst herabzumindern und
auf die Einrückperioden zu beschränken, so dass dauernder
Verschleiß während des Betriebes vermieden wird. Aus
diesem Bestreben sind zunächst die Cylinderkupplungen hervorgegangen, aber auch für Kegelkupplungen ist die Aufgabe
gelöst.

Im innigen Zusammenhange mit der Wahl des Anpressungsmechanismus und seiner Handhabung steht nun aber anderer-

seits die wichtige Frage der Wärmeerzeugung während der Einrückperiode in folge des mehr oder minder langen Schleifens der Kupplungshälften aufeinander, so dass sich ein vollständiges Urteil über den Wert der einzelnen Konstruktionen nicht wohl abgeben lässt, ohne in erster Reihe auf diese störende Wirkung einzugehen, welche untrennbar mit jeder Reibungskupplung verbunden ist und für ihre Betriebssicherheit ebenso gefahrvoll werden kann, wie die Stofswirkungen für die starren Kupplungen.

Bevor ich daher auf die Erörterung der verschiedenartigen Einzelkonstruktionen auf grund der zur Zeit vorliegenden Ausführungen eingehe, will ich zunächst versuchen, die grundlegenden Bestimmungen der Arbeitsverluste und Wärmeerzeugung, welche bei Reibungskupplungen auftreten, klarzulegen.

Arbeitsverluste und Wärmeerzeugung
der Reibungskupplungen.

Max Stolterfoht hat die Frage der Arbeitsverluste und Wärmeerzeugung zuerst in einer Sitzung des Berliner Bezirksvereines deutscher Ingenieure 1884 in einem Vortrage über seine Klinkenfriktionskupplungen behandelt[1]). Indem ich auf diese Thatsache hier ausdrücklich hinweise und noch besonders hervorhebe, dass in jenem Vortrage bereits einige der wichtigsten Grundgesetze ausgesprochen sind, scheint es mir dennoch geboten, den ganzen Gegenstand noch einmal aufzunehmen. Der Gedankengang jenes Vortrages stützt sich mehr auf die Entwicklung allgemeiner Anschauungen über das Verhalten der Reibungskupplungen, als auf eine strenge Beweisführung der bezüglichen Gesetze, und bedarf sowohl nach dieser Richtung einer Ergänzung, als auch einer Erweiterung der Betrachtungen,

---

[1]) Zeitschr. d. Ver. deutscher Ingenieure 1884 S. 993.

welche durch den nächstliegenden Zweck des Vortrages auf einen engeren Kreis eingeschränkt wurden.

Bei jeder Kupplungseinrückung treten gleichzeitig zwei Arbeitswiderstände auf:

1. der Beschleunigungswiderstand der bis dahin ruhenden Massen, welche in Bewegung zu setzen sind;
2. der Arbeitswiderstand der Reibung in den angekuppelten Triebwerken und Arbeitsmaschinen im Verein mit dem Nutzwiderstand dieser letzteren.

Beide Widerstände äußern sich in verschiedener Weise auf die Kupplung und rufen in ihr einen inneren Arbeitsverlust hervor, welcher durch teilweises Schleifen während der Einrückperiode entsteht. Demgemäß sind ihre Wirkungen auch zunächst gesondert zu untersuchen, um schließlich die gegenseitige Beeinflussung der Vorgänge und das Endergebnis klarstellen zu können.

Berücksichtigt man, dass bei guten Ausführungen, d. h. bei genügend kleiner spezifischer Pressung zwischen den Kupplungsflächen, die Abnutzung während einer einzelnen Einrückperiode verschwindend klein ist, so kann man ohne messbare Vernachlässigung annehmen, dass der ganze Arbeitsverlust sich in Wärme umsetzt. Ist dieser Arbeitsverlust in Meterkilogramm gemessen $= A_v$, so ergiebt sich die erzeugte Wärmemenge in Wärmeeinheiten, da 1 W.-E. $= 424$ mkg ist

$$W = \frac{A_v}{424} \quad \cdots \cdots \quad (1).$$

I. Verhalten der Reibungskupplungen bei ausschließlicher Einwirkung von Massenbeschleunigungswiderständen.

Der Vorgang, welcher sich bei der Einwirkung einer Reibungskupplung auf die Beschleunigung von Massen abwickelt, ist an sich wieder verschieden, je nachdem die Kupplung von vornherein, wie z. B. bei der später zu erörternden Stolterfoht'schen Konstruktion, mit einem bestimmten gleichbleibenden Anpressungsdruck zur Wirkung gelangt[1]), oder erst, wie bei den meisten anderen Ausführungen, durch allmähliche Drucksteigerung im Laufe der Einrückperiode selbst einer allmählich anwachsenden Kraftäußerung fähig wird.

Der erste Fall ist der einfachere für die theoretische Untersuchung und soll daher zuerst erledigt werden.

A) Beschleunigungsperiode bei konstanter Kupplungskraft und konstanter Masse.

Bezeichnet:

P_m die Größe des Reibungswiderstandes im Kupplungsschluss, die kurz Kupplungskraft genannt werden soll,

M die zu beschleunigende Masse der angekuppelten Triebwerke, vereinigt gedacht im Abstande r des Angriffspunktes der Mittelkraft der Reibung von der Wellenachse,

p die Beschleunigung, welche die Umfangskraft P_m der Masse M erteilt,

c die Umfangsgeschwindigkeit der treibenden Kupplungshälfte im Angriffspunkte des Reibungswiderstandes, welche dem Beharrungszustande des Haupttriebwerkes entsprechend konstant ist,

v die Umfangsgeschwindigkeit der angetriebenen Kupplungshälfte im Abstande r nach der Zeit t,

T die Dauer der Beschleunigungsperiode bis zum Eintritt des Beharrungszustandes in der Kupplung, d. h. bis zu dem Augenblick, in welchem $v = c$

---

[1] Vorläufig sei hier nur bemerkt, dass sich eine derartige Wirkung durch Verbindung einer Klinkenkupplung mit einer Reibungskupplung erzielen lässt, sobald letztere, mit konstantem Anpressungsdruck geschlossen, durch die Klinkenkupplung, welcher lediglich die Aufgabe zufällt, die augenblickliche Einrückung zu vermitteln, sofort mit voller Kraft in Thätigkeit tritt.

wird und somit beide Kupplungshälften sich mit gleicher Umfangsgeschwindigkeit bewegen,

so ist:

$P_m\,c\,t$ die in der Zeit t von der verfügbaren Umfangskraft geleistete mechanische Arbeit;

$\dfrac{M v^2}{2}$ die in derselben Zeit auf die angekuppelten Massen übertragene lebendige Kraft, d. h. die Größe der inzwischen nutzbar gemachten Arbeit der Kupplungskraft,

und demnach

$P_m\,c\,t - \dfrac{M v^2}{2}$ der Arbeitsverlust in folge des teilweisen Gleitens der Reibungsflächen aufeinander, welche sich zur Zeit noch mit dem Geschwindigkeitsunterschiede $c - v$ gegeneinander bewegen.

Nach der Zeit T am Ende der Beschleunigungsperiode beträgt der Arbeitsverlust

$$A_v = P_m\,c\,T - \frac{M c^2}{2} \quad \ldots \ldots \quad (2).$$

Trägt man auf einer Abscissenachse, Fig. 1, die Strecke $\overline{A\,B} = T$ ab und verzeichnet die Ordinaten $\overline{A\,D} = \overline{B\,C} = P_m\,c$, so entspricht der Inhalt des Rechteckes $A\,B\,C\,D$

Fig. 1.

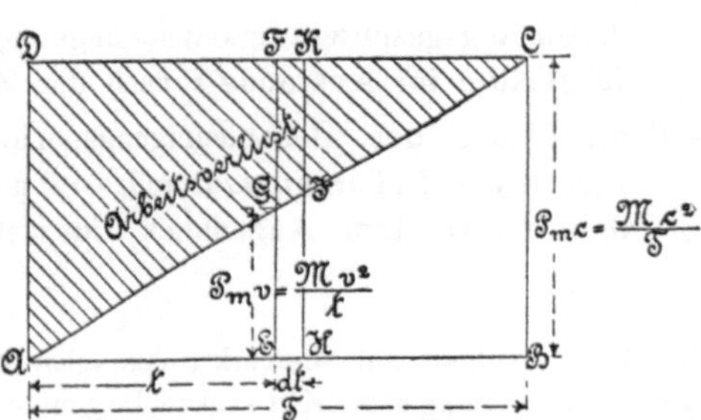

der während der ganzen Beschleunigungsperiode in die Kupplung eingeleiteten Gesammtarbeit und ebenso für jede Abscisse $\overline{A\,E} = t$ das zugehörige Rechteck $A\,E\,F\,D = P_m\,c\,t$ der bis zum Ende der Zeit t von der treibenden Kupplungshälfte geleisteten Arbeit[1]).

In folge der gleichförmigen Kupplungskraft P_m und der ebenfalls unveränderlich vorausgesetzten Massengröfse M ergiebt sich auch die Beschleunigung der letzteren p gleichmäfsig, und es bestehen die Beziehungen

$$P_m = Mp,$$
$$\text{ferner } c = p\,T,$$

mithin auch

$$P_m\,c = M\,p^2\,T = \frac{M\,c^2}{T} \text{ oder } P_m c\,T = M\,c^2 \ . \ . \ (3).$$

Zieht man die Diagonale $A\,C$, so ist der Inhalt des Dreieckes $A\,B\,C = \dfrac{P_m c\,T}{2} = \dfrac{M c^2}{2}$, entspricht also der von der Kupplung durchgeleiteten Nutzbeschleunigungsarbeit, während gleichzeitig die andere Hälfte des Parallelogrammes, das Dreieck $A\,D\,C$ den Arbeitsverlust $P_m c\,T - \dfrac{M c^2}{2}$ darstellt, welcher in der Beschleunigungsperiode durch das erst allmählich verschwindende Gleiten der Kupplungshälften auftritt.

Die Hälfte der zur Beschleunigung der Massen in die Kupplung eingeleiteten Gesammtarbeit geht durch Gleiten verloren.

Wir erhalten ferner aus den obigen Beziehungen, da auch $v = p\,t$,

$$\frac{M c^2}{T} : \frac{M v^2}{t} = \frac{M p^2 T^2}{T} : \frac{M p^2 t^2}{t} = \frac{T}{t} \quad . \ . \ (4).$$

---

[1]) Die hier gewählte, von dem gewöhnlichen Gebrauche abweichende Darstellung des Arbeitsdiagrammes, für welches man in anderen Fällen die wirkenden Kräfte als Ordinaten und die Wegstrecken, auf denen die Kräfte wirken, als Abscissen aufzutragen pflegt, empfiehlt sich, wie wir sehen werden, mit Rücksicht auf den leichteren Vergleich zwischen Arbeitsverlust und Nutzleistung für jeden beliebigen Zeitabschnitt.

Nach der Figur ist $BC = P_m c$ und nach Gl. (3) demnach auch

$$BC = \frac{Mc^2}{T} = P_m c \quad . \quad . \quad . \quad . \quad . \quad (5).$$

Ferner $\quad BC : EG = AB : AE = T : t$

und somit der Ordinatenabschnitt $EG = \dfrac{Mv^2}{t}$ $\quad . \quad . \quad .$ (6)

oder auch, da $\dfrac{Mv^2}{t} = \dfrac{Mpt}{t} \cdot v = P_m v$

$$EG = P_m v \quad . \quad . \quad . \quad . \quad . \quad . \quad (7).$$

Für jeden Zeitabschnitt $AE = t$ ergiebt sich demnach aus dem Diagramm in dem Inhalt des Dreieckes $AEG = \dfrac{Mv^2}{2}$ die während der Zeit t von der Kupplung übertragene Nutzbeschleunigungsarbeit und in dem darüber liegenden Trapez $AGFD = AEFD - AEG$ der gleichzeitige Arbeitsverlust $P_m c t - \dfrac{Mv^2}{2}$.

Es folgt ferner für die gewählte Darstellungsweise, dass die Kurve AGC, welche die Fläche der Gesammtarbeit in die zur Beschleunigung nutzbar gemachte Arbeit und in den hierbei auftretenden Arbeitsverlust zerlegt, für Kupplungen mit unveränderter Anpressung eine Gerade, und zwar die Diagonale des Parallelogrammes ist, welches die eingeleitete Gesammtarbeit darstellt.

Entspricht das Abscissenelement EH dem Zeitelement dt, so erhalten wir durch den Inhalt des Flächenelements $EHJG = P_m v\,dt$ die Nutzleistung der Kupplungskraft P_m während dt, d. h. den gleichwertigen Zuwachs an lebendiger Kraft $\dfrac{Mv^2}{t}\,dt$, welcher in dem Zeitelement von der mitgenommenen Kupplungshälfte aufgenommen wird.

Der Elementarstreifen $GFKJ = P_m (c-v)\,dt$ stellt den gleichzeitigen Arbeitsverlust während des Zeitelements dt dar, welcher durch den augenblicklichen Geschwindigkeitsunterschied $c-v$ der beiden Kupplungshälften entsteht; und wir ersehen, dass die Diagonale AC in jedem Augenblicke die

Diagrammordinaten $P_m c$ im Verhältnis der übertragenen Umfangsgeschwindigkeit v zur Geschwindigkeitsdifferenz $c - v$ der beiden Kupplungshälften teilt.

Aus den aufgestellten Beziehungen ist zu folgern, dass im vorliegenden Falle die Zeitdauer der Beschleunigung

$$T = \frac{Mc^2}{P_m c} = \frac{Mc}{P_m}$$ ist. Sie fällt also um so kürzer aus, je größer die verfügbare Kupplungskraft P_m im Verhältnis zur Masse und der Geschwindigkeit des Beharrungszustandes, und kann nur unendlich klein werden, wenn P_m im Vergleich zu Mc unendlich groß ist.

Demgemäß vermittelt jede Reibungskupplung Massenbeschleunigungen allmählich unter teilweisem Gleiten. Die hierbei auftretenden Arbeitsverluste bieten aber auch gleichzeitig das Schutzmittel gegen Bruchgefahren.

Das Diagramm giebt einen vollständig klaren Ueberblick über die jederzeit herrschenden Verhältnisse und lässt unter anderem erkennen, dass im vorliegenden Falle die Arbeitsverluste proportional der Zeit abnehmen, während die übertragene Bewegungsenergie umgekehrt ebenso gleichmäßig bis zum Eintritt des Beharrungszustandes wächst.

Auf dieselbe Weise lassen sich die Verhältnisse, wie wir sehen werden, für beliebig verwickelte Fälle zur Anschauung bringen, nur nehmen die Diagramme . entsprechend verwickeltere Formen an.

Der Kürze halber soll in Zukunft das Diagramm, welches die Gesammtarbeit der Beschleunigungskraft darstellt, als Beschleunigungsdiagramm, und die Linie, welche es in den Arbeitsverlust und in die Nutzleistung zerlegt d. h. diese gegeneinander abgrenzt, allgemein als Grenzkurve des Beschleunigungsdiagrammes bezeichnet werden.

Stolterfoht hat bereits darauf hingewiesen, dass der Arbeitsverlust der zur Massenbeschleunigung verfügbaren Kupplungskraft ganz unabhängig vom Wechsel des Reibungswiderstandes in der Kupplung sei, also für gleiche Werte von M und c stets gleich groß ausfalle, wie auch immer die Kupplung angepresst und eingerückt werden möge, und stets die Hälfte der ganzen Arbeit betrage, welche während der Beschleunigungsperiode in die Kupplung von der Beschleunigungskraft P_m eingeleitet wird. Dass die letztere Beziehung in dem vorstehend behandelten Sonderfalle stattfindet, geht aus den Erörterungen hervor. Das Gesetz lässt sich aber auch ganz allgemein unmittelbar nachweisen.

Allgemeines Gesetz für den Arbeitsverlust
der Beschleunigungskraft einer Reibungskupplung.
Erstes Hauptgesetz.

Verzeichnet man zu den Zeitabscissen t der Beschleunigungsperiode, Fig. 2, als Ordinaten die Werte $P_m c$, d. h. die Produkte aus der konstanten Umfangsgeschwindigkeit der treibenden Kupplungshälfte für den Beharrungszustand des Haupttriebwerkes und der nach irgend einem Gesetze in folge wechselnder Anpressung veränderlichen Kupplungskraft P_m, welche die Beschleunigung der Masse M vermittelt, so stellt der Inhalt der Diagrammfläche $AFCB$

$$A = \int_{t=0}^{t=T} P_m \, c \, dt$$

die Gröfse der Gesammtarbeit dar, die während der Beschleunigungsperiode T in die Kupplung eingeleitet ist.

Fig. 2.

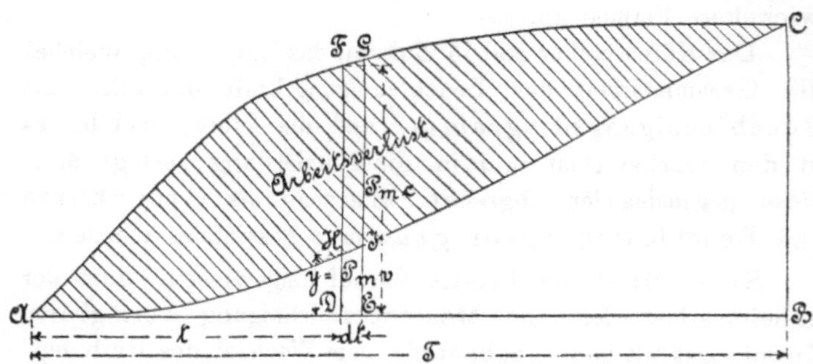

Bezeichnet p die mit P_m veränderliche Beschleunigung dieser Kraft und v wieder die Umfangsgeschwindigkeit der mitgenommenen Kupplungshälfte zur Zeit t, so ist

$$P_m = Mp \quad \text{und} \quad p = \frac{dv}{dt}$$

also

$$A = Mc \int_0^c dv$$

$$A = Mc^2 \quad \ldots \ldots \quad (8).$$

Da nun auf die angekuppelten Massen nur die Arbeitsgröfse $\frac{Mc^2}{2}$ als lebendige Kraft durchgeleitet wird, so ist der **Arbeitsverlust der beschleunigenden Kupplungskraft unter allen Umständen gleich ihrer Nutzleistung** $= \frac{Mc^2}{2}$.

Wir wollen dieses Gesetz als das erste Hauptgesetz der Reibungskupplungen bezeichnen.

**Allgemeine Bestimmung
der Grenzkurve des Beschleunigungsdiagrammes.**

Zweites Hauptgesetz.

Unter Benützung der Figur 2 und der zugehörigen Bezeichnungen bestimmt sich die zur Zeit t während des Zeitelementes dt in die mitgenommene Kupplungshälfte übertragene lebendige Kraft, d. h. der Zuwachs der von der Kupplung durchgeleiteten Bewegungsenergie, durch

$$\frac{M(v + dv)^2}{2} - \frac{Mv^2}{2} = Mv\, dv,$$

da das unendlich kleine Glied zweiter Ordnung $\frac{M}{2}(dv)^2$ gegen $Mv\,dv$ vernachlässigt werden kann. Dieser Wert möge in der Figur durch den Elementarstreifen $DHJE$ mit der Grundlinie $DE = dt$ dargestellt sein. Alsdann veranschaulicht der darüber liegende Elementarstreifen $HFGJ$ den gleichzeitigen Arbeitsverlust der Beschleunigungskraft in der Kupplung in folge des Gleitzustandes, und H ist ein Punkt der Grenzkurve des Beschleunigungsdiagrammes.

Bezeichnen wir die Ordinate DH mit y, so ergiebt sich

$$y = \frac{Mv\,dv}{dt} = Mvp$$

und v aus der Beziehung $dv = p\,dt$

$$v = \int_0^t p\,dt,$$

mithin

$$y = \frac{Mv\,dv}{dt} = Mp \int_0^t p\,dt = P_m \int_0^t \frac{P_m}{M}\,dt$$

$$\frac{y}{P_m c} = \frac{\int_0^t P_m c\,dt}{M c^2},$$

d. i.

$$\frac{\overline{DH}}{\overline{DF}} = \frac{\text{Fläche } ADF}{\text{Fläche } ABC} \quad \ldots \ldots \quad (9).$$

Die Ordinate der Grenzkurve des Beschleunigungsdiagrammes verhält sich in jedem Augenblicke zur entsprechenden ganzen Ordinate dieses Diagrammes wie das von der ganzen Ordinate abgeschnittene Diagrammflächenstück zur ganzen Diagrammfläche.

Dieses ist das zweite Hauptgesetz der Reibungskupplungen.

Die Beschleunigung p ist, konstante Masse vorausgesetzt, in derselben Weise wie P_m mit der Zeit veränderlich, also in jedem einzelnen Falle durch die Beziehung von der Form

$$p = f(t) \quad \ldots \ldots \quad (10)$$

gegeben. Hiernach ergiebt sich auch

$$v = \int_0^t f(t)\,dt \quad \ldots \ldots \quad (11)$$

und

$$y = \frac{Mv\,dv}{dt} = P_m v = M f(t) \int_0^t f(t)\,dt \quad \ldots \quad (12).$$

B) Beschleunigungsperiode bei gleichförmig anwachsender Kupplungskraft und konstanter Masse.

Ist der Anpressungsdruck der Kupplung anfänglich gleich Null, und wird die Kupplungskraft P_m erst allmählich, und zwar ungleichförmig gesteigert, so entspricht das Beschleunigungsdiagramm etwa der Darstellung Figur 2, deren Fläche die in die Kupplung eingeleitete Gesammtarbeit ausdrückt, und für welche sich, wie soeben allgemein nachgewiesen ist, eine Grenzkurve auffinden lässt, zur Zerlegung der ganzen Fläche in zwei Teile, von denen der eine die durchgeleitete Nutzarbeit, d. h. die übertragene lebendige Kraft, der andere den gleichzeitigen Arbeitsverlust bestimmt. Diese beiden Flächenteile müssen nach dem oben entwickelten ersten Hauptgesetze gleich grofs sein.

Von den verschiedenen Fällen, welche hierbei in betracht kommen können, ist der einer stetig und gleichmäfsig anwachsenden Kraft für die allgemeinere Verwertung der Untersuchungen am wichtigsten, weil bei einfachen Verhältnissen zunächst auch die Ergebnisse am klarsten zu übersehen sind, sodann, weil sich die verwickelteren Fälle für das praktische Bedürfnis mit genügender Genauigkeit auf den einfachsten Grundfall zurückführen lassen, indem man die Arbeitsintensitätskurve des Beschleunigungsdiagrammes durch einen gebrochenen Linienzug ersetzt, dessen einzelne Strecken dann je einer stetig gleichförmigen Kraftsteigerung entsprechen.

Bezeichnet

P_m den veränderlichen Wert der gleichförmig gesteigerten Kupplungskraft, welche bis zum Ende der Beschleunigungsperiode auf $P_m(\text{max})$ anwächst,

c die gleichmäfsige Umfangsgeschwindigkeit ihres Angriffspunktes, entsprechend dem Beharrungszustande der treibenden Welle,

T die Dauer der ganzen Beschleunigungsperiode,

t einen beliebigen Abschnitt derselben und

v die Umfangsgeschwindigkeit der mitgenommenen Kupplungshälfte zur Zeit t,

so ergiebt sich das Beschleunigungsdiagramm als ein Dreieck ABC, Figur 3, S. 20, mit der Grundlinie $AB = T$ und der Höhe $BC = P_m(\text{max})c$.

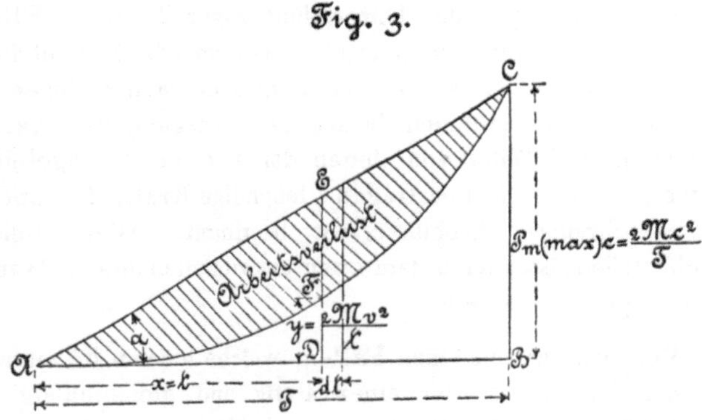

Die Steigung der Arbeitsintensitätskurve AC mit den
Ordinaten $P_m c$, die geradlinig ausfällt, weil P_m proportional
der Zeit wächst, bestimmt sich durch die Schnelligkeit des
Wachstumes von P_m, welche für einen bestimmten Fall gegeben
sein muss und durch die Gröfse des Winkels α ausgedrückt
wird.

Die Zeitdauer der ganzen Beschleunigungsperiode T und
somit auch der Grenzwert $P_m(\text{max})$ sind nach Mafsgabe der
Schnelligkeit, mit der P_m gesteigert wird, d. h. nach Mafsgabe des Winkels α, durch die Beziehung bestimmt, dass der
Inhalt des Beschleunigungsdiagrammes, wie ganz allgemein
durch Gl. (8) nachgewiesen ist, $= Mc^2$ sein muss. Die in
die Kupplung während der Einrückperiode eingeleitete Gesammtarbeit ist

$$A = \frac{BC \cdot AB}{2} = \frac{P_m(\text{max})\,c\,T}{2} = Mc^2$$

und somit, da $\operatorname{tg}\alpha = \dfrac{P_m(\text{max})\,c}{T}$

$$T = \frac{2Mc}{P_m(\text{max})} = c\sqrt{\frac{2M}{\operatorname{tg}\alpha}} \quad . \quad . \quad . \quad (13).$$

Aus der Gleichung für A folgt ferner, dass die Endordinate BC des Diagrammes

$$BC = P_m(\text{max})\,c = \frac{2Mc^2}{T} \quad . \quad . \quad . \quad (14).$$

Diese Grenzkurve, welche das Beschleunigungsdiagramm in die der übertragenen lebendigen Kraft gleiche Nutzleistung und in den Arbeitsverlust zerlegt, lässt sich im vorliegenden Falle unmittelbar aus der allgemeinen Bedingung, dass durch sie das ganze Diagramm in zwei gleiche Flächenhälften zerlegt werden muss, angeben. Dieser Forderung genügt eine kubische Parabel von der Form

$$y = a x^3$$

mit $A B$ als Scheiteltangente und Abscissenachse und A als Scheitel.

Bezeichnet man die Koordinaten eines beliebigen Kurvenpunktes F bezogen auf den Scheitel mit y und x, so ist das von der kubischen Parabel begrenzte Flächenstück

$$AFCB = \int y\, dx = \int_0^x a x^3 dx = \frac{a x^4}{4} = \frac{y x}{4}$$

und für die gleichzeitigen Grenzwerte $x = T$ und $y = P_m (\max) c$ die Fläche

$$AFCB = \frac{P_m (\max) c\, T}{4} = \frac{Mc^2}{2}$$

der vorliegenden Bedingung entsprechend gleich der von der Kupplung durchgeleiteten Nutzbeschleunigungsarbeit und gleich der Hälfte der eingeleiteten Gesammtarbeit $A = Mc^2$[1]).

Zur Zeit $t = AD$ ist die inzwischen durchgeleitete Bewegungsenergie $= \dfrac{Mv^2}{2}$, deren Größe nach der Entwicklung

---

[1]) Zu demselben Ergebnis gelangt man unter Benutzung der Gl. (10) und (12). Da im vorliegenden Falle die Kraft P_m also auch p proportional der Zeit wächst, haben wir

$$p = f(t) = Ct,$$

wenn C eine Konstante bezeichnet. Mithin die Ordinate y der Grenzkurve

$$y = MCt \int_0^t Ct\, dt = \frac{M}{2} \cdot C^2 t^3 = a t^3,$$

sofern man die Konstante $\dfrac{M}{2} C^2$ durch a ersetzt.

des Diagrammes durch das von dem kubischen Parabelbogen begrenzte Flächenstück ADF dargestellt wird. Da nun nach der geometrischen Beziehung Fläche $ADF = \dfrac{AD \cdot DF}{4} = \dfrac{t \cdot DF}{4}$ und, wie eben ausgeführt wurde, auch $= \dfrac{Mv^2}{2}$, so ergiebt sich die Ordinate $DF = \dfrac{2Mv^2}{t}$.

Für den Anfangspunkt, den Scheitelpunkt A der Grenzkurve, ist die Ordinate $y = 0$, entsprechend t und $v = 0$. Im ersten Augenblicke findet, wie selbstverständlich, vollständiges Schleifen der Kupplung statt.

Nach der Zeit T ist v in c übergegangen und die Ordinate $y = BC$, entsprechend dem Eintritt des Beharrungszustandes. Das Schleifen hört auf.

Zur Zeit t ist der inzwischen eingetretene Arbeitsverlust gleich dem Unterschiede der Flächen ADE und ADF, da Dreieck $ADE = \dfrac{P_m c t}{2}$ die in der Zeit t in die Kupplung eingeleitete Gesammtarbeit darstellt.

Zu beachten ist, dass bei gleichmäfsig von Null an gesteigerter Kupplungskraft, wie aus dem Vorstehenden erhellt, der Scheitel der kubischen Parabel, welche die Grenzkurve des Beschleunigungsdiagrammes bildet, im Nullpunkte der Beschleunigungsperiode liegt, und dass die Arbeitsverluste der konkaven, die Nutzleistung der konvexen Seite der Kurve zu entnehmen sind [1]).

---

[1]) Zur Verzeichnung der kubischen Parabel hat man die Gleichungen $y = ax^3$ und $P_m(\text{max})\,c = aT^3$, also

$$\frac{x^3}{T^3} = \frac{y}{P_m(\text{max})\,c} \quad \text{und} \quad x = T\sqrt[3]{\frac{y}{P_m(\text{max})\,c}}.$$

Schreibt man hierfür $2x = T\sqrt[3]{\dfrac{8y}{P_m(\text{max})\,c}} = AB\sqrt[3]{\dfrac{8y}{BC}}$, so erhält man leicht zu ermittelnde Zahlenwerte für x für eine genügende Anzahl von Bestimmungspunkten, wenn man die Strecke BC in

Der Vergleich der Diagramme Fig. 1 und 3, S. 12 u. 20, zeigt, dass bei gleichförmiger und bei gleichförmig gesteigerter Kupplungskraft das Verhältnis des Arbeitsverlustes zur Nutzleistung in jedem Augenblicke sich über die ganze Dauer der Beschleunigungsperiode in beiden Fällen in verschiedener Weise verteilt, wenn auch das Gesammtverhältnis nach dem ersten Hauptgesetze für gleiche Werte von M und c dasselbe bleibt.

Die Dauer der Beschleunigungsperiode ergab sich im vorliegenden Falle nach Gl. (13):

$$T = \frac{2Mc}{P_m(\max)}$$

und früher für konstante Kupplungskraft nach Gl. (5):

$$T = \frac{Mc}{P_m} \cdot$$

Wählt man also bei konstanter Kupplungskraft $P_m = P_m(\max)$, so fällt für gleiche Werte von M und c die Beschleunigungsdauer nur halb so grofs aus, wie bei allmählicher Steigerung der Kupplungskraft, oder umgekehrt muss zur Beschränkung der Beschleunigungsperiode auf gleiche Dauer die Kupplungskraft bei allmählicher Steigerung schliefslich doppelt so grofs sein, wie bei Wahl einer konstanten Anpressung von vornherein.

Diese Verhältnisse sind für die weiteren Untersuchungen von Wichtigkeit und lassen bereits an dieser Stelle erkennen, dass bei allmählicher Anpressung eher die Gefahr vorliegt,

---

8 gleiche Teile teilt und y der Reihe nach $= \frac{BC}{8}$, $\frac{2BC}{8}$ usw. einsetzt, da dann nur die dritten Wurzeln aus den natürlichen Zahlen aufzuschlagen sind. Es ergeben sich dann die zugehörigen Werte von $x = 0{,}5\,AB$, $0{,}63\,AB$ usw., welche sich bequem graphisch auftragen lassen, sobald man zu diesem Zweck AB selbst zuvor in 10 gleiche Teile teilt. Eine andere Methode zur Verzeichnung der kubischen Parabeln ergiebt sich aus den weiteren Entwicklungen und verdient im Zusammenhange mit den übrigen Verhältnissen, welche in verwickelteren Fällen zu berücksichtigen sind, wie wir sehen werden, den Vorzug.

dass Ueberanstrengungen der Welle eintreten, in folge des Bestrebens, die Einrückperiode abzukürzen. Die nachfolgenden Untersuchungen werden zeigen, dass andererseits bei zu langsamer Einrückung in folge der gewöhnlich gleichzeitig vorhandenen Widerstände der Transmissionslagerreibungen und des Nutzwiderstandes von eingerückten Arbeitsmaschinen eine wesentliche Erhöhung der Wärmeerzeugung eintritt.

II. Verhalten der Reibungskupplungen bei äufseren Arbeitswiderständen ohne Beschleunigungswiderstände.

Im Gegensatz zum Widerstande der Massenbeschleunigung möge der Widerstand der Triebwerke und Arbeitsmaschinen, soweit er von der Massenbeschleunigung unabhängig ist, kurz als äufserer Arbeitswiderstand bezeichnet werden. Er setzt sich zusammen aus dem Nutzwiderstande der angetriebenen Arbeitsmaschinen und den Reibungswiderständen der ganzen angekuppelten Triebwerke. Ausgeschlossen hiervon ist der Reibungswiderstand in der Kupplung selbst, welcher erst mittelbar abhängig von den sonstigen Widerständen gesondert in betracht zu ziehen und zu bestimmen ist. Von dem Reibungswiderstande des Schleifringes, welcher meist zur Anpressung der Kupplung benutzt wird, kann man für die vorliegenden Untersuchungen im allgemeinen absehen; wenn er berücksichtigt werden soll, ist er dem äufseren Arbeitswiderstande des Triebwerkes zuzuzählen.

Um die Grundgesetze der Einwirkung äufserer Arbeitswiderstände auf die Reibungskupplungen erkennen zu können, mögen zunächst nur die Fälle untersucht werden, in denen der äufsere Arbeitswiderstand während der Einrück- oder Beschleunigungsperiode konstant ist. Später werden wir dann die Fälle zu erörtern haben, in denen der äufsere Arbeitswiderstand während dieser Periode sich allmählich oder sprungweise ändert.

Im übrigen ist aber auch hier von vornherein die Art der Anpressung der Kupplung zu unterscheiden, d. h. die Untersuchung, sowohl für konstante, als für veränderliche Kupplungskraft durchzuführen.

A) Einrückperiode bei konstanter Kupplungskraft und konstantem äufseren Arbeitswiderstande.

Bezeichnen wir mit P_a den auf den Kupplungsumfang im Angriffspunkte des Kupplungsreibungswiderstandes reduzirten äufseren Arbeitswiderstand, so liegt auf der Hand, dass die Kupplungskraft $> P_a$ sein muss, um den Arbeitswiderstand überhaupt zu überwinden und das Triebwerk in Thätigkeit zu setzen. Anderenfalls bleibt die passive Kupplungshälfte vollständig in Ruhe, und es findet nur Reibungsarbeit und Wärmeerzeugung in der Kupplung statt, ohne dass irgend welche Nutzarbeit durchgeleitet werden kann.

Umgekehrt findet aber auch sofortige und vollständige Geschwindigkeitsübertragung ohne jeden Arbeitsverlust und ohne Wärmeerzeugung statt, sobald die Kupplungkraft $\geq P_a$ ist. Alsdann ist die Dauer der Einrückperiode $= 0$.

B) Einrückperiode bei allmählich anwachsender Kupplungskraft und konstantem äufseren Arbeitswiderstande.

Aus dem Vorstehenden folgt unmittelbar, dass bei allmählich anwachsender Kupplungskraft P die in die Kupplung eingeleitete Arbeit Pct sich so lange in Wärme umsetzt, bis $P = P_a$ wird, und dass von diesem Augenblicke an die eingeleitete Arbeit ohne weitere Verluste weiter übertragen wird.

In diesem Falle dehnt sich die Einrückperiode auf eine endliche Dauer aus, und der Arbeitsverlust wird um so gröfser, je langsamer die Einwirkung der Kupplung gesteigert wird.

Dem Vorgange entspricht das Diagramm Fig. 4, in welchem wie früher die Arbeitsintensitätskurve der Kupplungs-

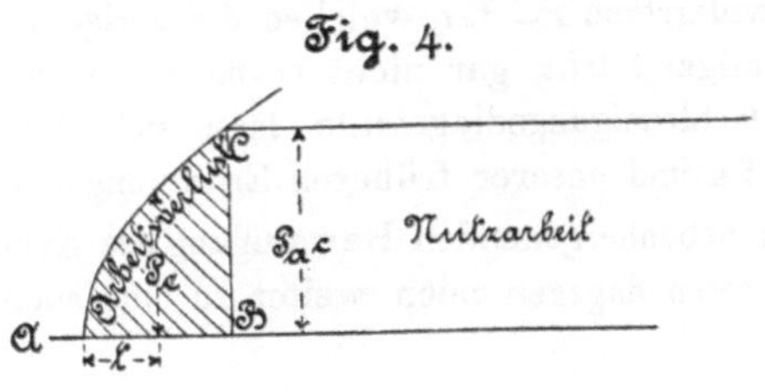

kraft AC mit den Ordinaten Pc für den veränderlichen Wert der Kupplungskraft P und den konstanten Wert der Umfangsgeschwindigkeit c der treibenden Kupplungshälfte zu den Zeitabscissen t aufgetragen ist.

Die schraffirte Fläche bestimmt den Arbeitsverlust

$$A_v = c \int_{P=0}^{P=P_a} P\, dt \ .$$

III. Verhalten von Reibungskupplungen bei gleichzeitiger Einwirkung von Beschleunigungs- und äuſeren Arbeitswiderständen.

Sind durch eine Reibungskupplung, wie in der Praxis stets, gleichzeitig Beschleunigungs- und äuſere Arbeitswiderstände zu überwinden, so veranlassen die ersteren, wie wir gesehen haben, unter allen Umständen ein anfängliches Schleifen, das erst mit dem Beginne des Beharrungszustandes aufhört.

Besitzt die Kupplungskraft zu irgend einer Zeit der Einrückperiode die Gröſse P und ist, entsprechend der bisherigen Bezeichnungsweise, der auf den Kupplungsumfang reduzirte äuſere Arbeitswiderstand $= P_a$, so steht zur Beschleunigung der Massen nur noch die Kraft

$$P_m = P - P_a \quad \ldots \ldots \quad (15)$$

zur Verfügung, während der Anteil von der Gröſse P_a zur Ueberwindung des äuſeren Arbeitswiderstandes in Anspruch genommen wird.

Nach dem Gesetze der Unabhängigkeit der Kraftwirkungen von einander muss der Kraftüberschuss $P_m = P - P_a$ genau so auf die Beschleunigung der Massen einwirken, wie wenn der Arbeitswiderstand P_a, für welchen die übrige Kupplungskraft in Thätigkeit tritt, gar nicht vorhanden wäre.

Das Beschleunigungsdiagramm lässt sich demnach unmittelbar auf grund unserer früheren Erörterungen entwerfen.

Bei der nebenhergehenden Bewältigung des Arbeitswiderstandes P_a treten dagegen noch weiter zu untersuchende Zustände ein.

Der hierzu verfügbare Anteil P_a der Gesammtkupplungskraft P überwindet zwar den gleich grofsen äufseren Arbeitswiderstand; da aber die mittelbar in Bewegung gesetzte Kupplungshälfte in folge des Beschleunigungswiderstandes selbst erst allmählich angetrieben wird und ihre Umfangsgeschwindigkeit v zur Zeit t erst bei Eintritt des Beharrungszustandes bis auf c anwächst, so ist die durchgeleitete Arbeitsstärke zur Zeit t nur $P_a v$, während $P_a(c-v)$ die gleichzeitige Arbeitsintensität der Gleitung von P_a bestimmt, durch welche die Wärmeerzeugung der Beschleunigungskraft P_m erhöht wird.

Die Erörterung der Hauptfälle wird die Vorgänge im einzelnen klarlegen.

A) Konstante Kupplungsanpressung bei gleichförmigem äufserem Arbeitswiderstande und gleichzeitigem Beschleunigungswiderstande einer Masse von unveränderlicher Gröfse.

Unter Benutzung der bisherigen Bezeichnungen und unter der Voraussetzung, dass die im ganzen verfügbare Kupplungskraft P konstant und gröfser als der Arbeitswiderstand P_a ist, beginnt die Beschleunigung unter der Einwirkung von $P_m = P - P_a$ und damit auch die Ueberwindung des Arbeitswiderstandes P_a, sobald die Kupplung in Thätigkeit tritt.

Die Dauer der Beschleunigungsperiode T ist ausschliefslich von der Geschwindigkeit c, bis auf welche die Triebwerkmasse zu beschleunigen ist, ferner von der Masse M und der Beschleunigungskraft P_m abhängig und, da das Beschleunigungsdiagramm sich als Rechteck mit der Grundlinie T und der Höhe $P_m c = (P - P_a) c$ darstellen muss, durch die Beziehung bestimmt

$$P_m c \cdot T = (P - P_a) c\, T = M c^2.$$

Die während der Beschleunigungsdauer T in die Kupplung eingeleitete Gesammtarbeit

$$A = T \cdot Pc$$

wird durch den Inhalt des Rechteckes $ABCD$, Fig. 5, S. 28, mit der Grundlinie $AB = T$ und der Höhe $BC = Pc$ dargestellt.

Trägt man auf den Ordinaten AD und BC die Werte $P_a c = AE = BF$ ab, so wird die ganze Fläche durch die Gerade EF in zwei Teile zerlegt, von denen das obere

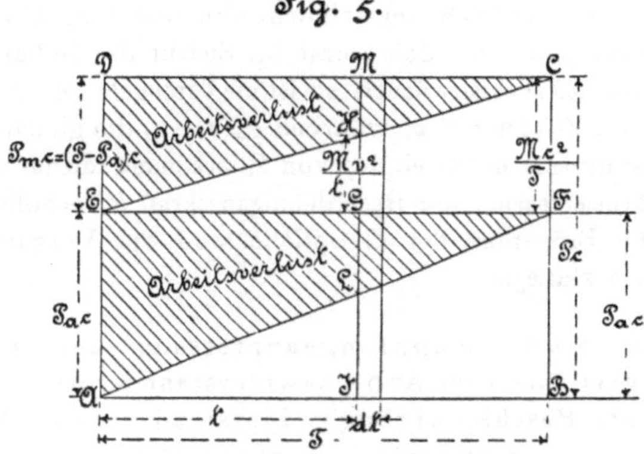

Rechteck $EFCD = (P - P_a)cT = P_m cT$ das Beschleunigungsdiagramm bildet, während der Inhalt des unteren Rechteckes

$$AEFB = T \cdot P_a c$$

die in die Kupplung während der Beschleunigungsperiode zur Ueberwindung des äufseren Arbeitswiderstandes eingeleitete Arbeit darstellt, von der ein Teil durch Gleiten der Kupplung während der Beschleunigungsperiode verloren geht, wie das in den allgemeinen einleitenden Erörterungen zu diesem Abschnitte bereits hervorgehoben ist.

Im Gegensatze zum Beschleunigungsdiagramm möge der untere Teil des Kupplungsdiagrammes kurz als **Arbeitsdiagramm der Kupplung** bezeichnet werden, weil aus ihm die zur Ueberwindung der äufseren Arbeitswiderstände durchgeleitete Nutzarbeit und der unmittelbar hiermit verbundene Arbeitsverlust zu entnehmen sind.

Durch die früheren Untersuchungen ist festgestellt, dass die zur Massenbeschleunigung in die Kupplung eingeleitete Arbeit der Kraft P_m zur Hälfte in Bewegungsenergie $\dfrac{Mc^2}{2}$ der angekuppelten Triebwerke umgesetzt, zur anderen Hälfte durch gleitende Reibung vernichtet und in Wärme verwandelt wird. Demnach wird in dem vorliegenden Beschleunigungsdiagramme die von der Kupplung durchgeleitete Bewegungsenergie von dem gleichzeitigen Arbeitsverluste durch die Diagonale EC geschieden.

Wir fanden ferner den in den Zeiten $t = EG$ und $T = EF$ durchgeleiteten Beschleunigungsarbeiten entsprechend

$$\text{die Ordinate } GH = \frac{Mv^2}{t} \text{ und } FC = P_m c = \frac{Mc^2}{T},$$

mithin, da nach der Figur $GH : FC = EG : EF$,

$$\text{auch} \qquad \frac{Mv^2}{t} : \frac{Mc^2}{T} = \frac{v^2}{t} : \frac{c^2}{T} = t : T$$

d. i.

$$\frac{v}{c} = \frac{t}{T} \qquad \cdots \cdots \cdots \quad (16)$$

in Uebereinstimmung mit der konstanten Wirkung der Kraft P_m, welche den Massen, auf welche sie einwirkt, auch eine gleichförmige Beschleunigung erteilen muss, der zu folge die übertragenen Geschwindigkeiten proportional der Zeit wachsen.

Der Anteil P_a der Kupplungskraft verrichtet in folge der konstanten Umfangsgeschwindigkeit c der treibenden Kupplungshälfte in jedem Zeitelement dt

$$\text{die Arbeit } P_a c \, dt = \text{ dem rechteckigen Elementarstreifen mit der Höhe } JG \text{ und der Grundlinie } dt.$$

Diese Arbeit zerfällt zur Zeit t in zwei noch näher zu bestimmende Teile:

$$\overline{JL} \, dt = \text{ der durchgeleiteten Nutzarbeit,}$$

und $\overline{LG} \, dt = $ dem Arbeitsverlust innerhalb der Kupplung.

Der Arbeitsverlust ist eine Folge des zur Zeit noch herrschenden Geschwindigkeitsunterschiedes $c - v$ zwischen beiden Kupplungshälften und demnach

$$\overline{LG} \, dt = P_a (c - v) \, dt$$

$$\text{also} \qquad \overline{LG} = P_a (c - v)$$

$$\text{und} \qquad \overline{JL} = \overline{JG} - \overline{LG} = P_a c - P_a (c - v) = P_a v.$$

Nach Gl. (16) ist

$$v = c \frac{t}{T},$$

mithin auch
$$JL = P_a c \frac{t}{T}$$

und schliefslich
$$JL : BF = P_a c \frac{t}{T} : P_a c = t : T,$$

d. h. die Grenzkurve ALF, welche das Arbeitsdiagramm in zwei Teile zerlegt und die zur Ueberwindung des Arbeitswiderstandes P_a mittels der Kupplung weitergeleitete Triebwerkarbeit von dem unmittelbar hiermit verbundenen Arbeitsverlust in der Kupplung scheidet, ist im vorliegenden Falle ebenfalls eine Gerade, nämlich die Diagonale AF. Auch für das Arbeitsdiagramm ist also in diesem Falle der Arbeitsverlust in der Kupplung gleich der geleisteten Nutzarbeit.

Hieraus folgt das zuerst von Stolterfoht aufgestellte wichtige Gesetz:

Bei Reibungskupplungen mit konstanter Anpressung und gleichbleibendem Arbeitswiderstande geht von der eingeleiteten Gesammtarbeit während der Beschleunigungsperiode bis zum Eintritt des Beharrungszustandes die Hälfte verloren. Der Verlust setzt sich in Wärme um.

Bezeichnet man den gesammten in Wärme umgesetzten Arbeitsverlust mit A_v, so ergiebt sich

$$A_v = c\,T\frac{P_m + P_a}{2} = \frac{P_m c\,T}{2}\left(1 + \frac{P_a}{P_m}\right)$$

oder da $P_m c = \dfrac{Mc^2}{T}$

$$A_v = \frac{Mc^2}{2}\left(1 + \frac{P_a}{P_m}\right) \quad \ldots \ldots \quad (17).$$

Diese Gleichung zeigt, dass A_v um so kleiner ausfällt, je gröfser P_m im Verhältnis zu P_a, d. h. je gröfser die Kupplungskraft P unter sonst gleichen Verhältnissen ist, da $P_m = P - P_a$. Nach Eintritt des Beharrungszustandes bleibt die Kupplung mit dem Kraftüberschusse $P_m = P - P_a$ geschlossen. Werden nachträglich neue Arbeitswiderstände eingeschaltet, so überwindet die Kupplung diese ohne weiteres und ohne Gleitverlust, so lange sie innerhalb der Grenzen des Kraftüberschusses bleiben, also die Uebertragungsfähigkeit der Kupplung nicht überschreiten. Treten gleichzeitig neue Beschleunigungswiderstände auf, so wiederholt sich der oben erörterte Vorgang in entsprechender Weise für den dann noch zur Beschleunigung verfügbaren Kraftüberschuss, falls diese Widerstände sich unmittelbar auf die Kupplung übertragen. Erfolgt die Einschaltung neuer Beschleunigungswiderstände durch Einrücken von Riementrieben oder durch besondere Reibungskupplungen, so entspricht die Rückwirkung auf die Hauptkupplungen, wie wir später sehen werden, der Einschaltung neuer äußerer Arbeitswiderstände, während sich der eigentliche Beschleunigungsvorgang in der Nebenkupplung, bezw. im Riementriebe abwickelt.

Das plötzliche Verschwinden des Beschleunigungswiderstandes beim Eintritt des Beharrungszustandes äußert sich im Betriebe durch Zurückfedern des Wellenstranges sammt der Kupplung in folge der Verminderung des zu übertragenden Drehungsmomentes.

Diese Rückfederung ist für jede Kupplungskonstruktion im Auge zu behalten und kann unter Umständen Dauer und Brauchbarkeit derselben empfindlich beeinträchtigen.

Die Rückfederung ist um so beträchtlicher, je größer der Wert $P_m = P - P_a$ und das Moment dieser Kraft im Verhältnis zum Wellendurchmesser sind. Sie erfolgt um so plötzlicher, je mehr die starr mit der Welle verbundenen Massen auf einzelne Punkte zusammengedrängt sind und je näher dieselben der Kupplung liegen.

Aus der Figur 5, S. 28, folgen im übrigen noch die Beziehungen:

$$JL = BF\,\frac{t}{T}, \quad LG = AE\,\frac{T-t}{T}, \quad GH = FC \cdot \frac{t}{T},$$

$$HM = ED \cdot \frac{T-t}{T};$$

mithin, da $BF = AE$ und $FC = ED$

$$\frac{JL}{LG} = \frac{GH}{HM},$$

d. h. in jedem Augenblicke verhalten sich die Ordinaten der Diagrammflächen, welche die von der

Kupplung übertragenen Nutzleistungen darstellen, wie die Ordinaten der zugehörigen Arbeitsverlustflächen.

B) Gleichförmig gesteigerte Kupplungsanpressung bei gleichförmigem äufseren Arbeitswiderstande und gleichzeitigem Beschleunigungswiderstande einer Masse von unveränderlicher Gröfse.

Erfolgt die Einrückung unter allmählich und gleichmäfsig gesteigerter Anpressung von Null bis zu einem gröfsten Werte, der erst mit Eintritt des Beharrungszustandes erreicht wird, so schleifen die Kupplungsflächen anfänglich längere Zeit vollkommen auf einander, bis die Kupplungskraft P die Gröfse des Arbeitswiderstandes P_a erreicht, und erst von diesem Augenblick an beginnt die Beschleunigungsperiode und damit auch die Ueberwindung des Arbeitswiderstandes.

Die ganze Dauer T der Einrückung zerfällt in zwei Abschnitte.

Es sei:

T_1 die Zeit des Schleifens ohne Bewegungsübertragung,

T_2 die Dauer der Beschleunigung bis zum Eintritt des Beharrungszustandes.

Fig. 6.

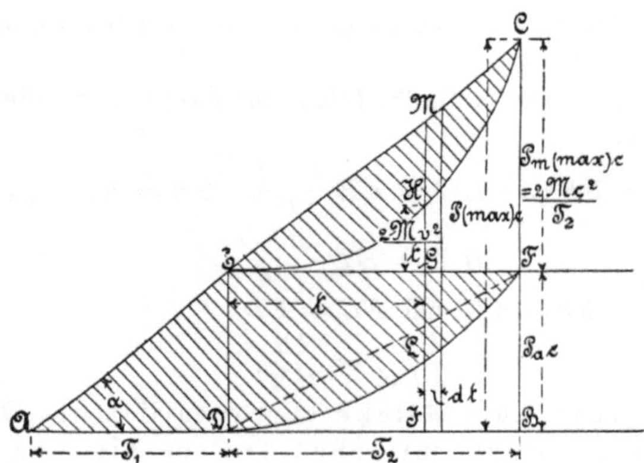

Im übrigen sollen die einzelnen Größen durch die im letzten Abschnitte benutzten Bezeichnungen ausgedrückt werden, wobei nur zu bemerken ist, dass P und demnach auch $P_m = P - P_a$ im vorliegenden Falle veränderliche Größen sind, welche gleichmäßig proportional der Zeit wachsen.

Das durch die Kurve der Arbeitsintensität mit den Ordinaten Pc zu den Zeitabscissen bestimmte Kupplungsdiagramm — Fig. 6 — der eingeleiteten Gesammtarbeit entspricht dem Dreieck ABC, da die Kurve der Arbeitsintensität nach Maßgabe der gleichmäßigen Steigerung der Kupplungskraft eine ansteigende Gerade ist, deren Steigungswinkel α von der Geschwindigkeit der Kraftsteigerung abhängig ist.

Dreieck ADE mit der Endordinate $DE = P_a c$ stellt den anfänglichen Arbeitsverlust während des vollkommenen Gleitens der Kupplung dar, und die Zeitdauer $AD = T_1$ dieser Periode ist durch Winkel α und die Größe der Ordinate $DE = P_a c$ bestimmt.

Rechteck $DEFB$ ist das Arbeitsdiagramm. Sein Inhalt ist gleich der zur Ueberwindung des äußeren Arbeitswiderstandes P_a während der Beschleunigungsperiode und des dabei in der Kupplung auftretenden Gleitwiderstandes eingeleiteten Arbeit. Die Größe der Grundlinie $DB = EF$ dieses Rechteckes ist gleich der Beschleunigungsdauer T_2. Die Größe dieses Wertes ergiebt sich aus dem Beschleunigungsdiagramme, Dreieck EFC, dessen Inhalt, wie allgemein nachgewiesen, $= Mc^2$ sein muss. Durch diese Beziehung ist für den als gegeben anzunehmenden Winkel α sowohl $EF = T_2$, wie $FC = \dfrac{2Mc^2}{T_2} = P_m \,(\text{max})\, c$, wie auch schließlich $BC = P\,(\text{max})\,c$, d. h. die Größe bestimmt, bis zu welcher die Kupplungskraft bei gleichmäßig fortgesetzter Steigerung am Ende der Einrückperiode angewachsen ist.

Die Grenzkurve des Beschleunigungsdiagrammes EFC muss nach den früheren Erörterungen eine durch E und C gelegte kubische Parabel sein, mit E als Scheitel und EF als

Scheiteltangente. Diese Kurve bildet die Grundlage zur Bestimmung des Arbeitsverlustes, welcher durch den Gleitungsweg der Kraft P_a während der Beschleunigungsperiode bedingt wird.

Besitzt die durch Reibung mitgenommene Kupplungshälfte zur Zeit $t = DJ$ nach Beginn der Beschleunigungsperiode die Umfangsgeschwindigkeit v, so ist die Nutzarbeit, welche während des augenblicklichen Zeitelementes dt von P_a verrichtet wird:

$$P_a v\, dt.$$

Dieser Wert ist im Diagramm durch den Elementarstreifen mit der Höhe $JL = P_a v$ und der Grundlinie dt dargestellt und somit weiter

$$JL : JG = P_a v : P_a c = v : c \quad . \quad . \quad . \quad (18).$$

Zur Zeitabscisse $DJ = t = EG$ gehört die Ordinate GH der kubischen Parabel, welche entsprechend der in der Zeit t von der Kupplung durchgeleiteten Bewegungsenergie und gemäſs dem Flächeninhalte des von dem Parabelbogen EH abgeschnittenen Dreieckes EGH den Wert hat:

$$GH = \frac{2Mv^2}{t}.$$

Weiter ist $\qquad GH : FC = EG^3 : EF^3$

oder

$$\frac{2Mv^2}{t} : \frac{2Mc^2}{T_2} = t^3 : T_2^3$$

$$\frac{v^2}{c^2} = \frac{t^4}{T_2^4}$$

$$\frac{v}{c} = \frac{t^2}{T_2^2} \quad . \quad . \quad . \quad . \quad . \quad . \quad (19).$$

Somit schlieſslich nach Gl. (18) auch

$$JL : JG \text{ oder } JL : BF = t^2 : T_2^2 \quad . \quad . \quad (20).$$

Die Kurve DLF, welche im Arbeitsdiagramm $DEFB$ die während der Beschleunigungsperiode von der Kupplung zur Ueberwindung des Arbeitswiderstandes P_a durchgeleitete Nutzleistung, d. h. die Fläche $DLFB$ von dem Arbeitsverluste scheidet, den der Widerstand P_a durch das teilweise Gleiten der Kupplung erzeugt, und der durch die Fläche $DLFE$

dargestellt wird, ist eine gewöhnliche Parabel mit D als Scheitel und DB als Scheiteltangente.

Aus der Figur folgt im übrigen

$$GM : GH = \frac{t}{T_2} FC : GH;$$

und da

$$GH = \frac{t^3}{T_2{}^3} FC,$$

$$GM : GH = T_2{}^2 : t^2.$$

Somit nach Gl. (20) auch

$$GM : GH = JG : JL \quad \text{oder} \quad JG : GM = JL : GH;$$

mithin

$$\frac{JG - JL}{GM - GH} = \frac{LG}{HM} = \frac{JL}{GH} \quad \cdots \quad (21).$$

Es verhalten sich also in diesem Falle die Ordinaten der Nutzleistungsflächen der Kupplungskraft in jedem Zeitpunkte wie die Ordinaten der zugehörigen Arbeitsverlustdiagramme. Die allgemeine Giltigkeit dieses Gesetzes für alle Reibungskupplungen soll nach Abschluss der weiteren Erörterungen, welche noch in diesem Abschnitte zu erledigen sind, nachgewiesen werden.

Der gesammte Arbeitsverlust A_v ist im vorliegenden Falle, da die Parabel bekanntlich $^2/_3$ des zugehörigen Rechteckes abschneidet,

$$A_v = \frac{T_1 P_a c}{2} + {}^2/_3\, P_a c\, T_2 + \frac{P_m(\max) c T_2}{4} \quad . \quad (22).$$

Vergleicht man diesen Wert mit dem früher in Gl. (17) für den Fall konstanter Kupplungskraft gefundenen, so ist für gleiche Werte von M, c und P_a der Verlust der Beschleunigungsarbeit zwar in beiden Fällen gleich grofs, da er überhaupt stets $= \frac{Mc^2}{2}$ ist; aber das anfängliche vollständige Schleifen der Kupplung während der Zeit T_1 erzeugt einen Arbeitsverlust, der bei konstanter Kupplungskraft gar nicht auftritt, und andererseits ist auch die Bewältigung des Arbeitswiderstandes von gröfseren Gleitverlusten begleitet.

Beschränkt man in den beiden in betracht gezogenen Fällen die eigentliche Beschleunigungszeit auf die gleiche Dauer, so ist dies erstens, wie früher nachgewiesen, nur

3*

möglich, wenn man zu diesem Zwecke bei allmählicher Steigerung der Kupplungskraft diese bis zum Eintritt des Beharrungszustandes um den vollen Betrag des Wertes von P_m anwachsen lässt, der bei konstanter Anpressung ausreicht, also die Kupplung und die zugehörige Transmission entsprechend höher anstrengt, und sodann erhöht sich selbst in diesem Falle noch der Arbeitsverlust bei Bewältigung des Arbeitswiderstandes um das Parabelsegment DLF, beträgt also im ganzen

$$\frac{T_1 P_a c}{2} + \frac{T_2 P_a c}{6} = P_a c \frac{3\,T_1 + T_2}{6}$$

mehr, als bei konstanter Kupplungskraft und gleicher Beschleunigungsdauer.

Will man aber die bedenkliche Erhöhung der Wellenanstrengung vermeiden und wählt $P_m(\text{max}) =$ dem Werte von P_m bei konstanter Anpressung, so dehnt sich dadurch die Beschleunigungsdauer auf das doppelte aus, und damit steigt gleichzeitig der Verlust bei Bewältigung des Arbeitswiderstandes auf

$$\tfrac{2}{3}\, 2\, T_2 P_a c,$$

wenn T_2 die zum Vergleich zu grunde zu legende Beschleunigungsdauer für eine konstante Kupplungskraft von der Gröfse P_m bezeichnet.

Es findet alsdann gegen den günstigsten Fall, welcher bei gleichmäfsiger Kupplungsanpressung eintritt, eine Erhöhung des Gesammtarbeitsverlustes um

$$\frac{T_1 P_a c}{2} + \tfrac{4}{3}\, T_2 P_a c - \frac{T_2 P_a c}{2} = \frac{T_1 P_a c}{2} + \tfrac{5}{6}\, T_2 P_a c$$

$$= P_a c \frac{3\,T_1 + 5\,T_2}{6}$$

statt, und diesem Werte entspricht auch die bezügliche Erhöhung der Wärmeerzeugung.

Aus der Erörterung der bisher behandelten beiden Grenzfälle ist deutlich zu ersehen, dass auch bei schnellerer Steigerung des Anpressungsdruckes bezüglich der Beschränkung der Arbeitsverluste und der Wärmeerzeugung niemals so günstige Verhältnisse erzielt werden können, als wenn man die statthafte gröfste Kupplungskraft gleich zu Beginn der Einrückperiode in Wirksamkeit setzt, und es ergiebt sich weiter, dass andererseits eine gewaltsame Steigerung der Anpressung zwar ein Mittel bietet, die Einrückperiode und damit die Wärmeerzeugung zu beschränken, welche sich durch die Gleitwirkung des Arbeitswiderstandes entwickelt, dass dies aber nur auf kosten erhöhter Triebwerkanstrengung möglich ist, womit die Gefahr der Ueberanstrengung wächst und Brüche leicht eintreten können.

Hervorzuheben ist, dass, sobald der Beharrungszustand eintritt, wie im erst behandelten Fall, die Beanspruchung der Kupplungskraft plötzlich auf P_a zurückgeht und auf dieser Höhe verharrt, so lange nicht neue Widerstände eingeschaltet werden.

Allgemeine Beziehung
zwischen den Ordinaten der beiden Grenzkurven eines Kupplungsdiagrammes, welche die Arbeitsverlustflächen von den Nutzleistungsflächen trennen.
Drittes Hauptgesetz.

Die bisherigen Erörterungen haben bereits darauf hingewiesen, dass zwischen den beiden Grenzkurven eines Kupplungsdiagrammes eine bestimmte Beziehung besteht, deren allgemeiner Nachweis von hervorragender Wichtigkeit ist und daher an dieser Stelle zunächst erledigt werden soll, um die weiteren Untersuchungen verwickelterer Fälle zu erleichtern.

Ist, Fig. 7, S. 38, BD die Grenzkurve des Beschleunigungsdiagrammes einer Reibungskupplung und AC die Grenzkurve des zugehörigen Arbeitsdiagrammes für den konstanten Arbeitswiderstand P_a, so ist in Uebereinstimmung mit unserer bisherigen Darstellungsweise $AB = P_a c$ und für einen bestimmten Augenblick zur Zeit $t = AE$ nach Beginn der Beschleunigungsperiode die Ordinate $EJ = Pc$, $GJ = (P - P_a)c = P_m c$.

Entspricht das Abscissenelement EK dem Zeitelement dt, so liefert der Elementarstreifen $GHNM$ den in diesem Zeitelement von der treibenden Kupplungshälfte auf die getriebene durchgeleiteten Zuwachs an lebendiger Kraft; mithin, wenn v die Geschwindigkeit der getriebenen Kupplungshälfte zur Zeit t:

$$GHNM = \frac{M}{2}\left[(v + dv)^2 - v^2\right] = \frac{M}{2}\left[2v\,dv + (dv)^2\right]$$

Fig. 7.

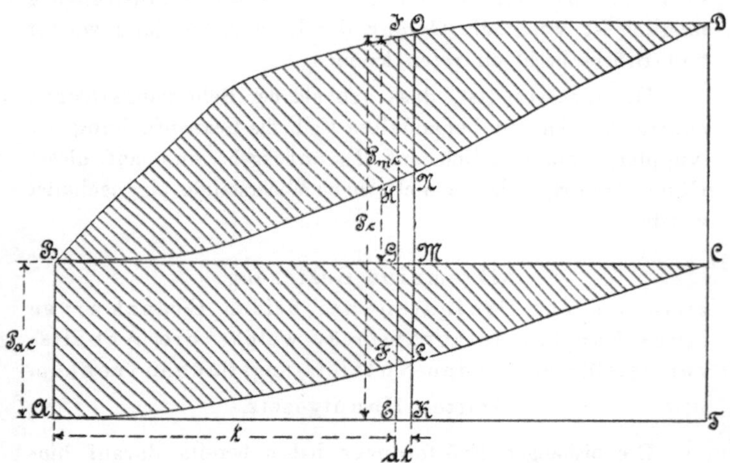

und die Ordinate $GH = Mv\dfrac{dv}{dt} + \dfrac{M}{2}\dfrac{dv}{dt}\,dv$, oder, da das zweite Glied auf der rechten Seite gegen das erste vernachlässigt werden kann,

$$GH = Mv\frac{dv}{dt}.$$

$M\dfrac{dv}{dt} = P_m$, da $\dfrac{dv}{dt}$ die Beschleunigung der Masse M durch die Kraft P_m, und somit schliefslich

$$GH = P_m v.$$

Andererseits ist nach unserer Darstellungsweise $GJ = P_m c$, also $HJ = P_m(v - c)$, in Uebereinstimmung mit dem augenblicklichen Arbeitsverlust, welcher durch die Kraft P_m auf der Gleitstrecke $(v - c)\,dt$ herbeigeführt wird.

Ebenso ist im Arbeitsdiagramm $EFLK = P_a v\, dt$, d. i.
$=$ der augenblicklichen Nutzleistung durch Ueberwindung des
Arbeitswiderstandes auf der Strecke $v\, dt$, und somit

$$EF = P_a v \quad \text{und} \quad FG = P_a (c - v).$$

Hieraus folgt

$$EF : GH = FG : HJ \; . \; . \; . \; . \quad (23).$$

Diese Beziehung besteht auch noch, wie ohne weiteres
ersichtlich, für den Fall, dass P_a und P_m gleichzeitig veränderlich sind. Es besteht demnach in der That das ganz
allgemein giltige Gesetz:

In dem Diagramm einer Reibungskupplung verhalten sich für jeden Augenblick die Ordinaten der
Flächen, welche die von der Kupplung übertragenen
Nutzleistungen bezüglich der Massenbeschleunigung
und der Ueberwindung des äufseren Arbeitswiderstandes darstellen, wie die Ordinaten der zugehörigen Arbeitsverlustflächen, d. h. die Grenzkurven
teilen die Ordinaten der zugehörigen Diagrammflächen im gleichen Verhältnis.

Diese Beziehung soll fernerhin als das dritte Hauptgesetz
der Reibungskupplungen bezeichnet werden. Das Gesetz bildet
das einfachste Mittel, durch proportionale Teilung der Ordinaten unmittelbar aus der oberen Grenzkurve des Kupplungsdiagrammes die untere oder — umgekehrt — die obere aus
der unteren zu bestimmen, und führt unter anderem zu einer
rein graphischen Konstruktion der in den weiteren Untersuchungen noch häufiger vorkommenden kubischen Parabeln
unter Zugrundelegung einer gewöhnlichen Parabel, da wir
bereits gefunden haben, dass dies zwei zusammengehörige
Grenzkurven sind [1]).

Die bisherigen Erörterungen lassen bereits erkennen, dass,
sobald man für die Konstruktion einer Reibungskupplung irgend
eine Einrückvorrichtung wählt, welche die erforderliche An-

---

[1]) Zur Konstruktion einer kubischen Parabel, von der aufser dem
Scheitel A — Fig. 8, S. 40 — die Koordinaten AB und BC eines

pressung erst durch Bewegung von Druckhebeln oder durch Vermittlung anderer Spanntriebwerke erzeugt, zur Beschränkung der Wärmeerzeugung und zum Schutze gegen Ueberanstrengung der Triebwerkteile zwei Forderungen in erster Reihe zu erfüllen sind:

---

zweiten Punktes C, bezogen auf die Scheiteltangente AB als Abscissenachse und den Scheitel als Anfangspunkt, gegeben sind, verzeichne man zunächst unter AB ein Rechteck $AEDB$ von beliebiger Höhe AE und trage in dieses nach einer der bekannten Konstruktionen eine gewöhnliche Parabel ein, so dass ihr Scheitel nach E senkrecht unter A fällt, ED Scheiteltangente wird und die Parabel im übrigen durch den Punkt B geht. Zieht man alsdann in einem beliebigen Punkte die Ordinate $FGHK$ und teilt die Strecke HK in J im gleichen Verhältnis von $FG : GH$, so ist J ein Punkt der gesuchten kubischen Parabel; denn wir haben in folge der proportionalen Teilung der Ordinatenstrecken die Beziehungen:

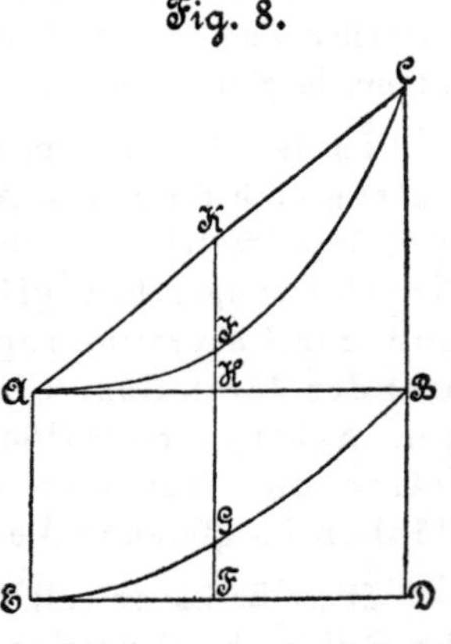

$$\frac{HJ}{HK} = \frac{FG}{FH} = \frac{FG}{DB} = \frac{\overline{EF^2}}{\overline{ED^2}} = \frac{\overline{AH^2}}{\overline{AB^2}},$$

entsprechend den Eigenschaften der gewöhnlichen Parabel.

Andererseits ist auch $\dfrac{HK}{BC} = \dfrac{AH}{AB}$.

Die Multiplikation mit der ersten Gleichung liefert die nachzuweisende Beziehung: $\dfrac{HJ}{BC} = \dfrac{\overline{AH^3}}{\overline{AB^3}}$.

Das vorliegende Problem lässt, vom rein mathematischen Standpunkte aus betrachtet, erkennen, dass man schrittweise die verschiedenartigsten Parabeln höherer Ordnung rein graphisch aus solchen niederer Ordnung herleiten kann.

1. dass die Anpressung überhaupt nur bis zu einem gewissen Grenzwerte gesteigert werden kann, welche für die Triebwerke die Gefahr der Ueberanstrengung mit Sicherheit ausschliefst, und

2. dass diese zulässige Anpressung unter ausreichender Rücksichtnahme auf stofsfreie Wirkung möglichst schnell erreicht wird, damit sich die Einrückperiode möglichst den günstigsten Verhältnissen nähert, welche bei konstanter Kupplungskraft auftreten.

Mit Rücksicht auf diese Forderung ist die Untersuchung eines Diagrammes von Wichtigkeit, das die Vorgänge zur Anschauung bringt, welche bei anfänglicher Steigerung der Kupplungskraft bis zu einer gewissen Grenze stattfinden, wenn diese Kraft dann schliefslich bis zum Eintritt des Beharrungszustandes konstant weiter wirkt.

C) Uebergang einer anfänglich gleichförmig gesteigerten Kupplungskraft in eine konstante, während der Einrückperiode, bei gleichbleibendem äufserem Arbeitswiderstande und gleichzeitiger Beschleunigung einer Masse von unveränderlicher Gröfse.

Setzen wir, um die Verhältnisse zunächst für den einfachsten derartigen Fall zu erörtern, voraus, dass die Kupplungskraft P während der Steigerungsperiode proportional der Zeit von 0 bis $P(\max)$ anwächst, dass ferner nach der Zeit T_1 die Kraft P die Gröfse des zu überwindenden äufseren Arbeitswiderstandes P_a erreicht und nach der Zeit $T_1 + T_2$ bis zum Grenzwert $P(\max)$ angewachsen ist, so ist nach der bisher benutzten Darstellungs- und Bezeichnungsweise für die Abscisse $AB = T_1$ — Fig. 9, S. 42 — die Ordinate der Arbeitsintensität $BC = P_a c$, und am Ende des Zeitabschnittes $T_2 = BD$ die Ordinate $DE = P(\max)c$. Von E aus verläuft die Arbeitsintensitätskurve alsdann parallel zur Abscissenachse, bis in einem Zeitpunkte J der Beharrungszustand in der Kupplung eintritt. Dieser Zeitpunkt ist durch die Bedingung bestimmt, dass der Flächeninhalt des Beschleunigungsdiagrammes, d. h. hier der

Inhalt des Trapezes $CENL$, $= Mc^2$ ist. Dreieck ABC stellt wieder den Arbeitsverlust $\dfrac{T_1 P_a c}{2}$ dar, welcher durch das vollständige Schleifen der Kupplung bis zum Beginne der Beschleunigungsperiode entsteht.

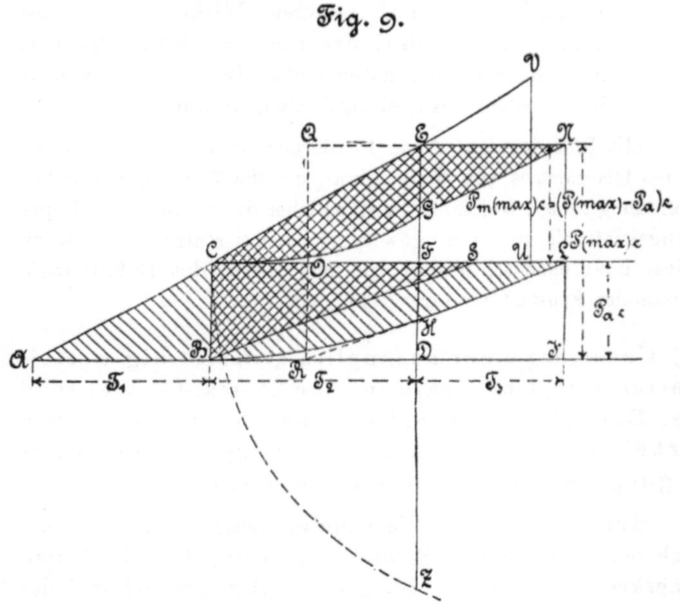

Fig. 9.

Vom Zeitpunkte B ab wird der Kraftanteil P_a der Kupplungskraft P zur Ueberwindung des äufseren Arbeitswiderstandes von gleicher Gröfse in Anspruch genommen, erleidet aber auch gleichzeitig auf seinem Gleitungswege einen entsprechenden Arbeitsverlust, während zur Massenbeschleunigung nur $P_m = P - P_a$ übrig bleibt und auch dieser Kraftanteil auf dem Gleitungswege der Kupplungshälften nur Reibungsarbeit verrichtet.

Die von $P_m = P - P_a$ während T_2 geleistete Gesammtarbeit $\dfrac{\overline{FE} \cdot \overline{CF}}{2} = \dfrac{P_m (\max) c\, T_2}{2}$ entspricht dem Dreiecke CFE, das durch den Bogen CG einer kubischen Parabel in zwei Teile zerlegt wird, in den Arbeitsverlust CGE und die in Bewegungsenergie umgesetzte Beschleunigungsarbeit CGF.

Ist v die Umfangsgeschwindigkeit der mitgenommenen Kupplungshälfte zur Zeit T_2, so ist die Ordinate FG der kubischen Parabel bestimmt durch

$$FG = \frac{2\,Mv^2}{T_2},$$

da alsdann der Inhalt des von dem Parabelbogen abgeschnittenen Dreieckes, welches die inzwischen übertragene Bewegungsenergie $\dfrac{Mv^2}{2}$ darstellt,

$$CGF = \frac{Mv^2}{2} = \frac{\overline{CF}.\overline{FG}}{4} = \frac{T_2\,\overline{FG}}{4}$$

ist, woraus der obige Wert von FG folgt.

Die augenblickliche Geschwindigkeit v lässt sich nach Gl. (11) rechnerisch ermitteln; die analytische Bestimmung kann aber auch zweckentsprechend, wie wir weiter unten sehen werden, durch eine rein graphische Konstruktion ersetzt werden.

Der Anteil P_a der Kupplungskraft hat in der Zeit T_2 die Gesammtarbeit $P_a c T_2$ verrichtet, deren Größe durch das Rechteck $BDFC$ dargestellt wird. Diese Fläche wird durch den Bogen BH einer gewöhnlichen Parabel in zwei Teile zerlegt, von denen $BHFC$ den Arbeitsverlust, BHD die zur Ueberwindung des äußeren Arbeitswiderstandes durchgeleitete Nutzarbeit darstellt.

Die Parabelordinate HD ist nach dem Hauptgesetz für die Proportionalität zwischen den Ordinatenstrecken des Kupplungsdiagrammes durch die Beziehung bestimmt

$$HD : DF = FG : FE.$$

Vom Zeitpunkte D ab herrscht in der Kupplung die konstante Kraft P_{max}. Dementsprechend müssen die Grenzkurven in dem Doppeldiagramm von G und H ab als Gerade GN und HL verlaufen.

Die schraffirten Flächen bestimmen den gesammten Arbeitsverlust.

Aus der Figur lässt sich im übrigen leicht bestimmen, um wie viel der Arbeitsverlust gröfser ist als derjenige, welcher eingetreten sein würde, falls von vornherein die Kupplungskraft $P(\max)$ zur Verfügung gestanden hätte.

Halbirt man CF in O und zeichnet das Rechteck $OQNL$, so hat dieses denselben Inhalt wie das Trapez $CENL$, ist also auch gleich der gesammten Arbeit, welche von der Beschleunigungskraft geleistet werden muss. Da nun die Gröfse dieser Arbeit, die sich stets zur Hälfte in lebendige Kraft, zur Hälfte in Wärmeerzeugung umsetzt, vollkommen unabhängig von der Art und Intensität der Kupplungsanpressung ist, so liefert die Strecke OL unmittelbar die Zeit T_z, in welcher sich die Beschleunigungsperiode abgewickelt haben würde, falls schon bei Beginn derselben der Kraftüberschuss $P(\max) - P_a$ zur Verfügung gestanden hätte. Für diesen Fall würde dann aber auch Rechteck $ROLJ$ die gleichzeitig durch den Kupplungskraftanteil P_a geleistete Gesammtarbeit und Dreieck ROL den zugehörigen Arbeitsverlust darstellen.

Demnach ist die Erhöhung des Gesammtarbeitsverlustes in folge der thatsächlich erst nach $T_1 + T_2$ Sekunden erzielten gröfsten Anpressung gleich der Fläche

$$ABHLC - ROL.$$

Der Unterschied tritt noch deutlicher hervor, wenn man das in Abzug zu bringende Dreieck ROL an BC anträgt, d. h. durch B eine Parallele BS zu RL zieht. Alsdann geben die doppelt schraffirten Flächen der Gröfse nach den Gesammtarbeitsverlust an, welcher bei konstanter Kupplungskraft $P = P(\max)$ eintreten würde, und CS die Dauer der ganzen Beschleunigungsperiode. Die einfach schraffirten Flächenstreifen veranschaulichen dagegen den Mehraufwand an Arbeit in folge der Verlängerung der Einrückperiode durch die erst allmählich vermittelte volle Ausnutzung der Kupplungskraft.

Zur vollständigen Erledigung der vorstehenden Aufgabe, d. h. zur genauen Verzeichnung der Grenzkurven CG und BH, muss nun, wenn man nicht den Weg der rechnerischen Bestimmung von FG oder DH durch Ermittlung des Wertes von v einschlagen will, um dann mit der graphischen Konstruktion vorgehen zu können, noch aufser den bekannten Kurvenscheiteln irgend ein zweiter Punkt der kubischen oder der gewöhnlichen Parabel aufgesucht werden.

Erwägt man, dass der Verlauf der Parabeln ausschliefslich durch das Steigerungsgesetz der Kupplungskraft beeinflusst wird, so müssen CG und BH Parabeln angehören, welche sich unter der Voraussetzung ergeben, dass sich die ganze Beschleunigungsperiode unter Einwirkung der gleichmäfsig weiter gesteigerten Anpressung vollzieht, da eine spätere Begrenzung der Kupplungskraft naturgemäfs nicht auf die anfänglichen Vorgänge zurückwirken kann.

Die Unabhängigkeit der von der Beschleunigungskraft $P - P_a$ geleisteten Gesammtarbeit von dem Gesetze, nach welchem sich P ändert, oder schliefslich auch einen konstanten Wert annimmt, gestattet aus dem vorliegenden Beschleunigungsdiagramme dasjenige zu entwickeln, welches die Fortsetzung der anfänglichen Verhältnisse bis zum Schlusse der Beschleunigungsperiode entsprechen würde. Es handelt sich hierbei nur um die geometrische Aufgabe, den Inhalt der gegebenen Beschleunigungsdiagrammfläche, des Trapezes $CLNE$, in ein inhaltsgleiches rechtwinkliges Dreieck CUV zu verwandeln, dessen Hypotenuse in die Richtung der anfänglichen Arbeitsintensitätslinie AE fällt.

Die Strecke CU liefert die Zeit T, in welcher sich die Beschleunigung abwickeln würde, falls sich der ganze Vorgang bis zu Ende unter gleichmäfsiger Fortsetzung der anfänglichen Kraftsteigerung vollzöge, und aus den früheren Entwicklungen ist zu entnehmen, dass die kubische Parabel durch den Punkt V, die gewöhnliche Parabel durch den Punkt U festgelegt ist, da im übrigen die Scheitel C und B beider Kurven und die Scheiteltangenten CU und BJ gegeben sind.

Zur Ausführung der Konstruktion schlage man um L mit $LC = T_3 + T_2$ einen Kreis, verlängere FD über D hinaus bis zum Schnitte Z mit dem Kreise und trage FZ auf CL in der Strecke CU ab; so ist $CU = T$, und das Lot UV auf CL bestimmt die gesuchte Dreiecksdiagrammfläche für den Vorgang bei stetig weiter gesteigerter Anpressungskraft.

Wir haben nämlich nach der Konstruktion

$$\overline{CU}^2 = \overline{FZ}^2 = \overline{CF}\,(2\,\overline{FL} + \overline{CF})$$

$$\frac{\overline{CU}^2}{\overline{CF}} = 2\,\overline{FL} + \overline{CF}$$

$$\frac{\overline{CU}^2 \cdot \overline{FE}}{2\,\overline{CF}} = \overline{FL}\,\overline{FE} + \frac{\overline{CF} \cdot \overline{FE}}{2}$$

oder da

$$\frac{\overline{FE}}{\overline{CF}} = \frac{\overline{UV}}{\overline{CU}}$$

$$\frac{\overline{CU} \cdot \overline{UV}}{2} = \overline{FL} \cdot \overline{FE} + \tfrac{1}{2}\,\overline{CF} \cdot \overline{FE}.$$

Die in Rede stehenden Diagrammflächen sind demnach, wie gefordert, inhaltsgleich.

Für die weitere Verzeichnung der Diagramme ist es am einfachsten, zunächst die gewöhnliche Parabel, die Grenzkurve des unteren Arbeitsdiagrammes, durch die Punkte B und U zu legen. Hierdurch erhält man den Schnittpunkt H auf der Ordinate DE, bis zu welchem die Parabel überhaupt nur in betracht kommt. Aus dem Parabelbogen BH lässt sich sodann der Bogen CG der kubischen Parabel eintragen, indem man auf grund der allgemeinen Beziehung zwischen den Ordinaten der beiden Diagrammgrenzkurven $FG : FE = DH : DF$ macht und für jeden vorhergehenden Punkt in gleicher Weise die Ordinate der kubischen Parabel aus der entsprechenden Ordinate der gewöhnlichen Parabel bestimmt.

Handelt es sich nur um die Ermittlung des Gesammtarbeitsverlustes, ohne dass man die Vorgänge zwischen der Zunahme der Bewegungsenergie und den hierbei auftretenden Arbeitsverlusten mit zur Darstellung bringen will, so kann man auf die Verzeichnung der oberen Grenzkurve überhaupt verzichten und sich auf die Konstruktion der unteren beschränken, da ja der Arbeitsverlust, der bei der Beschleunigungswirkung von $P - P_a$ eintritt, ein für allemal $= \dfrac{Mc^2}{2}$ ist.

D) Uebergang einer anfänglich ungleichförmig gesteigerten Kupplungskraft in eine konstante, während der Einrückperiode, bei gleichbleibendem äuſserem Arbeitswiderstande und gleichzeitiger Beschleunigung einer Masse von unveränderlicher Gröſse.

Ist $ABCDE$, Fig. 10, S. 48, die Kurve der Arbeitsintensität der Kupplungskraft, aufgetragen mit den Ordinaten Pc zu den zugehörigen Zeitabscissen, so kann man mit genügender Genauigkeit für das praktische Bedürfnis die Kurve nach dem Augenmaſs durch die gleichnamige gebrochene Linie ersetzen, derart, dass der Inhalt des Polygons $ABCDEE_1$ gleich dem Inhalte der gleichnamigen krummlinig begrenzten Fläche ist, welche die in die Kupplung während der ganzen Einrückperiode eingeleitete Gesammtarbeit darstellt.

Ist $B_1B = P_ac$, so ist AB_1B der anfängliche Arbeitsverlust vor Beginn der Beschleunigungsperiode. Nach T_1, im Zeitpunkte B_1, beginnt die Bewegungsübertragung in der Kupplung, und die Beschleunigung der Massen vollzieht sich unter Einwirkung des Anteiles $P - P_a$ der Kupplungskraft, während P_a durch den Arbeitswiderstand auſserhalb der Kupplung in Anspruch genommen wird. Die Arbeitsleistung dieser Kraft wird durch das Rechteck B_1BFE_1 dargestellt, wenn im Zeitpunkte E_1 der Beharrungszustand in der Kupplung eintritt.

Die Dauer der Beschleunigungsperiode $B_1E_1 = T_2 + T_3 + T_4 = BF$ ergiebt sich, wie stets, aus der Bedingung, dass der Inhalt des Beschleunigungsdiagrammes $BCDEF = Mc^2$ sein muss, dessen obere Kurvenbegrenzung in jedem einzelnen Falle gegeben ist.

Zur Ermittlung der Grenzkurve im Beschleunigungsdiagramm ist, wie im letzt behandelten Falle, davon auszugehen, dass die anfängliche Beschleunigung genau denselben Verlauf nehmen muss, als ob das während der Zeit T_2 vorhandene Steigerungsverhältnis der Kupplungskraft bis zum Eintritt des Beharrungszustandes in der Kupplungskraft gleichförmig fortdauerte.

Diesem Vorgange würde nach dem ersten Hauptgesetz als Arbeitsdiagramm Dreieck BGH entsprechen, unter der Voraussetzung, dass es dem Polygon $BCDEF$ inhaltsgleich ist.

Um zur Bestimmung dieses Dreieckes die im letzten Abschnitt ausgeführte Verwandlung eines Trapezes in ein inhaltsgleiches Dreieck benutzen zu können, verwandelt man zunächst das Polygon $BCDEF$ in ein inhaltsgleiches Trapez $BCUT$, indem das Trapez $CDEN$ in die Form der rechteckigen Verlängerung $FNUT$ des Grundtrapezes übergeführt wird.

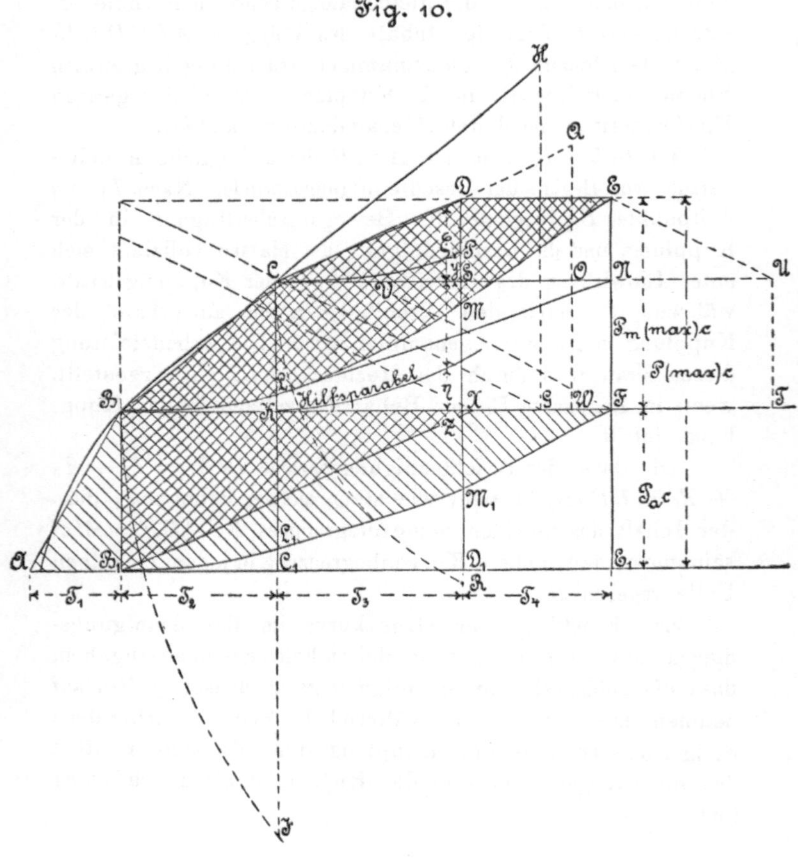

Fig. 10.

Hierfür besteht die Gleichung

$$\overline{NU} \cdot \overline{NF} = \overline{NE}(\overline{NS} + \tfrac{1}{2}\overline{SC})$$

oder
$$\overline{NE} : \overline{NU} = \overline{NF} : \overline{NS} + \tfrac{1}{2}\overline{SC}.$$

Zur Konstruktion dieser Proportion ist von F durch den Mittelpunkt V von SC ein Strahl VF und zu demselben von E eine Parallele gezogen, welche die Verlängerung von CN in U schneidet. Schliefslich ist aus NU und NF das Rechteck $NFTU$ hergestellt.

Die Umwandlung des Trapezes $BCUT$ in das Dreieck BGH erfolgt alsdann gemäfs der früher nachgewiesenen Konstruktion, indem man um T mit TB einen Kreis schlägt, CC_1 über C_1 bis zum Schnitt J mit demselben verlängert, die halbe Sehne KJ auf BF von B bis G abträgt und schliefslich die Senkrechte GH zieht.

Ferner ist in Uebereinstimmung mit den Ausführungen des letzten Abschnittes durch B_1 als Scheitel und G als zweiten Kurvenpunkt zu B_1E_1 als Scheiteltangente eine gewöhnliche Parabel zu legen, welche die Ordinate C_1C in L_1 schneidet, und der Parabelbogen B_1L_1 zu benutzen, um mit dessen Hilfe den kubischen Parabelbogen BL zu konstruiren, unter Verwertung der Beziehung, dass sich nach dem dritten Hauptgesetze die Ordinaten der beiden Parabeln zu einander verhalten wie $P_a c : P_m c$, d. i. $= P_a : P - P_a$.

Ist v die Umfangsgeschwindigkeit der mitgenommenen Kupplungshälfte nach der Zeit T_2, so ist die Ordinate

$$C_1 L_1 = P_a v$$
$$L_1 K = P_a (c - v)$$
$$KL = (P - P_a) v = P_m v$$
$$LC = (P - P_a)(c - v) = P_m (c - v).$$

Die weitere Wirkung der Kupplungskraft während der folgenden Zeitabschnitte T_3 und T_4 kann man sich in zwei Teile zerlegt denken, in die Wirkung einer konstanten Kraft, entsprechend dem Werte von $P_m = P - P_a$ zu Beginn des Zeitabschnittes T_3, und in die gleichzeitige Wirkung des dann noch verbleibenden Ueberschusses, welcher während der Zeit T_3 nach der Arbeitsintensitätskurve CD weiter anwächst und den in dieser Zeit erhaltenen Endwert während T_4 gleichmäfsig beibehält.

Beide Wirkungen addiren sich naturgemäfs sowohl bezüglich des Zuwachses an Bewegungsenergie wie bezüglich der Arbeitsverluste.

Dieser Vorstellung entsprechend lässt sich die Fläche $KCDEF$ in zwei Teile zerlegen, in das Rechteck $KCNF$ und in das Trapez $CDEN$.

Der konstanten Kraft P_m von der Gröfse, welche schon zu Beginn des Zeitabschnittes T_3 zur Verfügung steht, entspricht ein geradliniger Verlauf der Grenzkurve von ihrem zuletzt bestimmten Punkte L nach N. Die Ordinaten dieser Geraden sind nach oben um die Beträge zu verlängern, welche der weiteren Erhöhung der Bewegungsenergie durch den noch nicht in Rechnung gesetzten Kraftüberschuss entsprechen, der sich durch die Steigerung der Arbeitsintensität während T_3 und T_4 nach der Linie CDE bestimmt.

Die anfängliche Wirkung dieses letzteren Kraftüberschusses ist durch das Steigungsverhältnis der Strecke CD der Arbeitsintensitätskurve bestimmt, und ihr entspricht in dem zugehörigen Flächenstück CSD des Beschleunigungsdiagrammes als Grenzkurve zwischen Arbeitsverlust und Nutzleistung ein kubischer Parabelbogen CP.

Zur Konstruktion derselben verwandeln wir das Trapez $CDEN$ in ein inhaltsgleiches Dreieck COQ, das den Beschleunigungsverlauf darstellen würde, wenn die Steigerung der Kupplungskraft während T_3 noch bis zum Eintritt des Beharrungszustandes in der Kupplung fortwirkte.

Schlägt man, ähnlich wie oben, hier um N mit NC einen Kreis, verlängert die Ordinate DD_1 über D_1 hinaus bis zum Schnittpunkte R mit dem Kreise, trägt die halbe Kreissehne SR auf CU von C aus $= CO$ ab und errichtet die Senkrechte OQ, so ist damit auf grund früherer Nachweise der Bedingung genügt, dass Dreieck $COQ = CDEN$, und somit Q ein zweiter Punkt der zu konstruirenden kubischen Parabel, deren Scheitel im Punkte C ihrer Scheiteltangente CO liegt.

Die kubische Parabel selbst lässt sich alsdann mit Hilfe einer gewöhnlichen Parabel mit paralleler Scheiteltangente und gleicher Abscissenlänge verzeichnen, wenn man den Scheitel beider Kurven senkrecht unter einander legt.

Die Hilfsparabel kann also beispielsweise im unteren Arbeitsdiagramm durch C_1 und W, oder auch im Rechteck $CKWO$ durch K, als Scheitel, und O, als zweiten Punkt gelegt werden, da die absolute Ordinatenhöhe des Endpunktes die Hilfsparabel, wie früher in der Anmerkung, S. 40, allgemein nachgewiesen, beliebig ist.

In der Figur ist die Hilfsparabel durch die Punkte K und O gelegt und hieraus die kubische Parabel mit der für jeden Punkt geltenden Beziehung zwischen den Parabelordinaten

$$\frac{y}{\eta} = \frac{\zeta}{KC}$$

entwickelt.

Die Ordinaten y des kubischen Parabelzweiges CP sind dann nach Maßgabe der bereits angestellten Erwägungen als Verlängerungen der entsprechenden Ordinaten der geradlinigen Grenzkurve LN aufzutragen, welche nur die Beschleunigungswirkung der Kraftgröße $\dfrac{KC}{c}$ zum Ausdruck bringt.

Hieraus ergiebt sich der resultirende Zweig LM der Grenzkurve des Beschleunigungsdiagrammes, welche schließlich von M nach E geradlinig verläuft, da während des letzten Zeitabschnittes T_4 die Kupplungskraft nur noch in konstanter Größe $P(\max)$, also mit dem ebenfalls konstanten Anteil $P_m(\max) = P(\max) - P_a$ auf die weitere Beschleunigung der Massen bis zum Eintritt des Beharrungszustandes einwirkt.

Die entsprechende Grenzkurve $L_1 M_1 F$ im Arbeitsdiagramm ergiebt sich nach dem dritten Hauptgesetz aus der Beziehung

$$C_1 L_1 : C_1 K = KL : KC,$$

welche für jeden anderen Punkt in entsprechender Weise gilt und der zu folge also auch z. B.

$$D_1 M_1 : D_1 Z = ZM : ZD.$$

Die letzte Strecke $M_1 F$ dieser Grenzkurve ist selbstverständlich dann ebenfalls geradlinig.

Die schraffirten Flächen veranschaulichen den gesammten in Wärme umgesetzten Arbeitsverlust während der Einrückperiode. Sobald der Beharrungszustand in der Kupplung eingetreten ist, sinkt die Beanspruchung der Kupplungskraft auf die Gröfse des Arbeitswiderstandes P_a herab, und die Intensität der durchgeleiteten Nutzarbeit ist dann durch $P_a c$ gegeben, bis etwa durch erneute Einschaltungen abermals eine Aenderung im Verhalten der Kupplung eintritt, die alsdann den Kraftüberschuss $P_{max} - P_a$ zur Ueberwindung neuer Widerstände zur Verfügung hat.

Von Interesse ist noch der Vergleich zwischen den im vorliegenden Fall eingetretenen Arbeitsverlusten und ihrer Beschränkung für den Fall, dass von vornherein die Kupplungskraft $P(max)$ zur Wirkung gebracht wäre.

Für diesen Fall würde die ganze Beschleunigungsperiode sich auf eine Zeitdauer T_x beschränken, welche nach dem ersten Hauptgesetze sich aus der Bedingung ergiebt:

$$T_x \left[P(max) - P_a \right] c = M c^2 = \frac{\overline{BG} \cdot \overline{GH}}{2}$$

d. i.
$$T_x \cdot \overline{FE} = \frac{\overline{BG} \cdot \overline{GH}}{2} .$$

Konstruirt man aus der hieraus zu bildenden Proportion T_x graphisch, trägt den Wert von B auf $BF = BX$ ab und zieht die Gerade $B_1 X$, so liefert Dreieck $B_1 BX$ die Beschränkung des Arbeitsverlustes bei Ueberwindung des äufseren Arbeitswiderstandes in folge der Verkürzung der Beschleunigungsperiode. Da der Arbeitsverlust des Beschleunigungsdiagrammes sich zwar alsdann der Zeit nach anders verteilt, bezüglich der absoluten Gröfse aber unverändert bleibt, so lassen die doppelt schraffirten Flächen im Vergleich zu der ganzen schraffirten Fläche die Verminderung des gesammten Arbeitsverlustes und der davon abhängigen Wärmeerzeugung erkennen, welche durch volle Einwirkung der verfügbaren Kupplungskraft gleich von vorn herein bei Beginn der Einrückung zu erzielen wäre.

Hiermit gelangt zum klaren Ausdruck, dass, wie auch immer der Kupplungsdruck gesteigert werden möge, nur durch sofortige Einwirkung der vollen zulässigen Kupplungskraft die nachteiligen Arbeitsverluste in der Kupplung selbst auf den verhältnismäfsig kleinsten Wert beschränkt werden können.

E) Verhalten der Reibungskupplungen mit konstanter Kupplungskraft bei sprungweiser Aenderung des äufseren Arbeitswiderstandes und gleichzeitigem Beschleunigungswiderstande einer unveränderlichen Masse.

Ist der anfängliche äufsere Arbeitswiderstand im Augenblicke der Kupplungseinrückung P_a', so erfolgt auch die anfängliche Massenbeschleunigung unter der Einwirkung der Kraft $P_m' = P - P_a'$. Da eine spätere Aenderung der Verhältnisse auf den Anfangszustand keine Rückwirkung äufsern kann, so sind die Diagramme zunächst unter der Voraussetzung zu entwerfen, dass sich die Beschleunigungsperiode vollständig unter der Kraft P_m' in der Zeit T_x abwickelt.

Für T_x haben wir die Beziehung $T_x P_m' c = M c^2$.

Auf dieser Grundlage bestimmt sich zunächst das Diagramm der gesammten in die Kupplung während der Beschleunigungsperiode T_x eingeleiteten Arbeit durch das Rechteck $ABCD$, Fig. 11, S. 54, mit der Grundlinie $AD = T_x$ und der Höhe $AB = Pc$. Durch eine Parallele EF zur Grundlinie im Abstande $AE = DF = P_a'c$ wird das Kupplungsdiagramm in seine beiden Hauptteile, das Beschleunigungsdiagramm $EBCF$ und das Arbeitsdiagramm $AEFD$ zerlegt. Die Grenzkurven, welche diese Flächen weiter in die Nutzleistungen und die Arbeitsverluste zerlegen, sind nach den früheren Ergebnissen, in folge der Unveränderlichkeit der Werte P_a' und P_m', die Diagonalen EC und AF.

Tritt nach der Zeit $T_1 = AG$ eine plötzliche Erhöhung des äufseren Arbeitswiderstandes auf P_a'' ein, so vermindert sich die verfügbare Beschleunigungskraft ebenso plötzlich auf

$$P_m'' = P - P_a''.$$

Fig. 11.

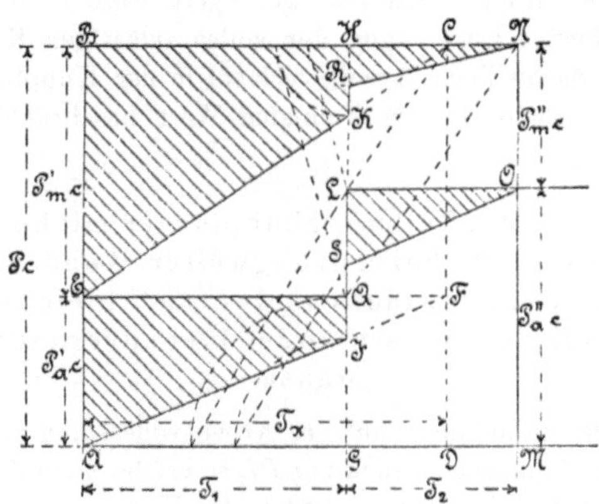

Das gezeichnete Diagramm hat nur bis zur Ordinate GH Giltigkeit und demgemäfs gelten auch die bisher bestimmten Grenzkurven nur auf den Strecken AJ und EK.

Trägt man auf der Ordinate GH den Wert $GL = P_a''c$ ab, so muss $LH = P_m''c$ sein. Durch die Verminderung der Beschleunigungskraft verlängert sich die Beschleunigungsperiode auf die Zeit $T_1 + T_2$, und dementsprechend vergröfsert sich auch die in die Kupplung bis zum Eintritt des Beharrungszustandes einzuleitende Gesammtarbeit. Sie entspricht für den zweiten Zeitabschnitt T_2, dessen Dauer noch zu ermitteln ist, einem Rechteck $GHNM$ von der Grundlinie $GM = T_2$ und wird durch LO in zwei Teile $GLOM$ und $LHNO$ zerlegt, welche die in der Zeit T_2 von P_a'' und P_m'' geleisteten Arbeiten darstellen.

Der Wert von T_2 bestimmt sich durch die Bedingung, dass das abgeänderte Beschleunigungsdiagramm $EQLONB$ nach dem ersten Hauptgesetze dem ursprünglichen $EFCB$ inhaltsgleich sein muss, nämlich $= Mc^2$, da M und c unveränderlich vorausgesetzt sind.

Diese Bedingung wird erfüllt, wenn $LHNO = QHCF$ ist.

Es handelt sich demnach nur um die Konstruktion der Proportion zwischen den bezüglichen Rechteckseiten. Zu diesem Zwecke legt man durch Q eine Parallele zu LC, welche in die Verlängernng von BC in N einschneidet. Es ist alsdann

$$HC : HN = HL : HQ$$

oder, wie verlangt: $HC \cdot HQ = HN \cdot HL$,

und somit $\qquad LO = GM = T_2$.

Die plötzliche Aenderung der Diagrammverhältnisse muss auch eine sprungweise Richtungs- und Lagenänderung der Grenzkurven herbeiführen.

Um diese aufzufinden, ist darauf zurückzugreifen, dass nach früheren Untersuchungen die Ordinate HK der Verlustfläche des Beschleunigungsdiagrammes den Wert $P_m{}' (c - v)$ darstellen muss, wenn v die Geschwindigkeit der mitgenommenen Kupplungshälfte am Ende der Zeit T_1 ist. Da sich nun zu dieser Zeit die Beschleunigungskraft selbst plötzlich auf $P_m{}'' = P - P_a{}''$ vermindert, während v innerhalb desselben Zeitmomentes seine Gröfse nicht ändert, weil die Erhöhung des äufseren Arbeitswiderstandes ohne gleichzeitige Massenvermehrung nur die Kraftverteilung innerhalb der Kupplung bezüglich der Ueberwindung des Arbeitswiderstandes und der weiteren Massenbeschleunigung ändert, so muss die Fortsetzung der Grenzkurve in einen Punkt R der Ordinate LH überspringen, welcher sich aus der Beziehung bestimmt

$$P_m{}'' (c - v) : P_m{}'' c = P_m{}' (c - v) : P_m{}' c;$$

d. h. $\qquad HR : HL = HK : HQ$,

oder $\qquad HR : HK = HL : HQ$.

In Fig. 11 ist die Konstruktion der Proportion durch punktirte Liuien angedeutet.

Ganz ähnlich bestimmt sich der Sprung der unteren Grenzkurve durch die Beziehung

$$P_a{}'' v : P_a{}'' c = P_a{}' v : P_a{}' c$$

oder $\qquad GS : GL = GJ : GQ$.

Auch hier ist die Konstruktion der Proportion durch Punktirung angedeutet.

Den Verlauf der Grenzkurven von R und S aus liefern die Geraden RN und SO, da sich während T_2 die Werte P_m'' und P_a'' nicht ändern.

Die schraffirten Flächen stellen den Gesammtarbeitsverlust der Beschleunigungsperiode dar, und aus dem Unterschiede der Dreieckflächen SLO und JQF ergiebt sich die Vergröfserung des Arbeitsverlustes in folge der Verlängerung der Beschleunigungsperiode durch das Auftreten des erhöhten äufseren Arbeitswiderstandes innerhalb derselben, der ohne jeden Verlust und ohne Erhöhung der durch die ursprünglichen Verhältnisse bedingten Wärmeerzeugung durch den Ueberschuss der Kupplungskraft nach Eintritt des Beharrungszustandes in der Kupplung überwunden worden wäre, falls man ihn erst nach der Zeit $T_x = AD$ eingeschaltet hätte.

Für eine gröfsere Zahl nach einander eingeschalteter Arbeitswiderstände bleibt das Verfahren in der Hauptsache dasselbe. Je gröfser die Zahl und der Zuwachs, je früher die Einschaltung der einzelnen neuen äufseren Arbeitswiderstände während der anfänglichen Beschleunigungsperiode erfolgt, um so mehr wachsen die Arbeitsverluste, und um so gröfser ergiebt sich die Wärmeerzeugung.

F) Verhalten der Reibungskupplungen bei ungleichförmiger Steigerung der Kupplungskraft und sprungweiser Aenderung des äufseren Arbeitswiderstandes, während der Einrückperiode, unter gleichzeitiger Einwirkung des Beschleunigungswiderstandes einer unveränderlichen Masse.

Fig. 12 stellt das Diagramm eines solchen Falles dar, dessen Konstruktion unmittelbar aus den Erörterungen in den beiden zuvor behandelten Abschnitten D und E folgt[1]).

------

[1]) Für den Anfangszustand sind die Verhältnisse des Diagrammes Fig. 10, S. 48, zu grunde gelegt und für beide Figuren derselbe Mafsstab gewählt.

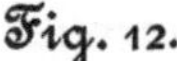

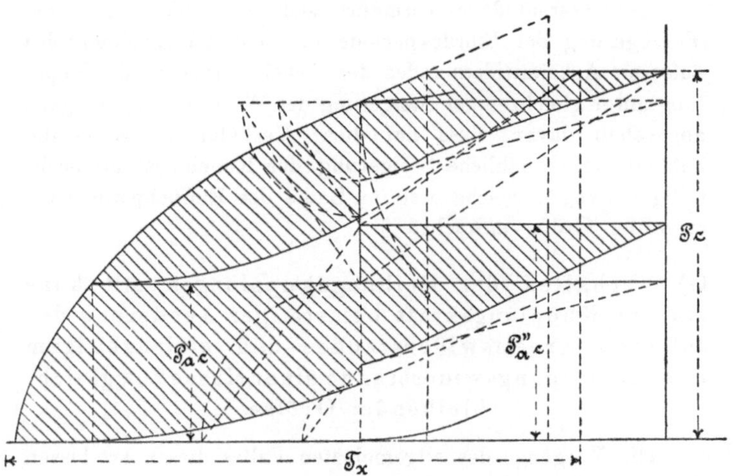

In jedem Augenblicke steht die Beschleunigungskraft $P - P_a$ zur Verfügung. Man hat zunächst das Beschleunigungsdiagramm genau so, wie im Abschnitte D klargelegt ist, zu entwickeln, als ob während der ganzen Einrückperiode der äußere Arbeitswiderstand konstant bliebe, und für diese Voraussetzung die zugehörigen Grenzkurven im Beschleunigungs- und im Arbeitsdiagramme zu verzeichnen. Alsdann ermittelt man nach dem im Abschnitt E entwickelten Verfahren die Verlängerung der Einrückperiode in folge der zu einer bestimmten Zeit eintretenden Erhöhung des äußeren Arbeitswiderstandes — in der Figur ist die hierzu erforderliche Proportionskonstruktion durch Punktirung angedeutet — und verzeichnet hiernach den abzuändernden Abschluss des Beschleunigungs- und Arbeitsdiagrammes, wobei für das erstere die Bedingung maßgebend ist, dass sein Gesammtinhalt in der neuen Gestalt gleich dem ursprünglichen, d. h. $= Mc^2$ ist. Den Abschluss der Konstruktion bildet die Bestimmung des Sprunges in den Grenzkurven, nach der im

Abschnitt E angewandten Methode, und die Verzeichnung der Endstrecken dieser Grenzkurven.

Selbstverständlich vermehrt sich auch hier durch die Verzögerung der Einrückperiode in folge der Erhöhung des äufseren Arbeitswiderstandes der Arbeitsverlust in der Kupplung unter gleichzeitiger Steigerung der Wärmeerzeugung, ganz abgesehen davon, dass auf diese Verhältnisse bereits die anfängliche allmähliche Steigerung der Kupplungskraft nachteilig einwirkt, welche erst im Laufe der Einrückperiode bis zu voller Gröfse anwächst. [1])

G) Verhalten der Reibungskupplungen mit konstanter Kupplungskraft bei stetiger Aenderung des äufseren Arbeitswiderstandes und gleichzeitigem Beschleunigungswiderstande einer Masse von gleichbleibender Gröfse.

Die Vorgänge des allgemeinsten Falles dieser Art lassen sich am klarsten aus dem einfachsten beurteilen und entwickeln.

Die einfachsten Verhältnisse ergeben sich für den Fall, dass der äufsere Arbeitswiderstand während der Beschleunigungsperiode gleichförmig von Null bis P_a (max) anwächst, und dass die konstante Kupplungskraft selbst $P = P_a$ (max) ist.

Das Diagramm der Gesammtarbeit der Kupplungskraft entspricht in diesem Falle, Fig. 13, dem Rechteck $ABCD$ mit der noch zu bestimmenden Beschleunigungsdauer $AD = T$ als Grundlinie und $AB = DC = Pc = P_m(\text{max})\, c = P_a(\text{max})\, c$ als Höhe.

---

[1]) Vergleicht man den Inhalt der doppelt schraffirten Flächen in Fig. 10 mit der Gröfse der Arbeitsverlustflächen in Fig. 12, so übersieht man, wie weit der Arbeitsverlust in der Kupplung beschränkt werden könnte, falls man von vornherein die volle Kupplungskraft P(max) wirken lässt und die Erhöhung des äufseren Arbeitswiderstandes erst nach Beendigung der Beschleunigungsperiode einschaltet.

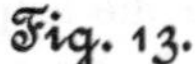

Fig. 13.

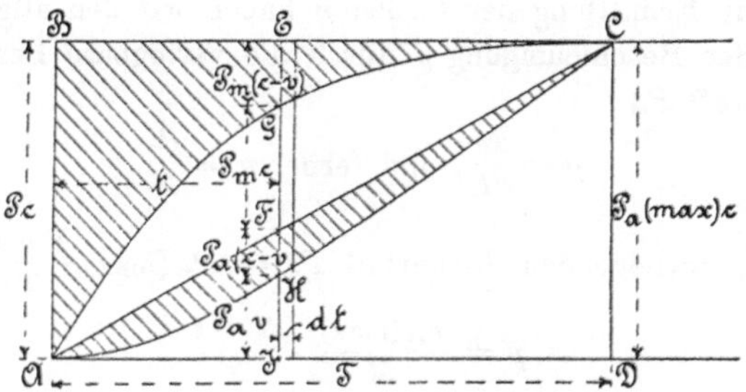

Das gleichmäfsige Anwachsen des äufseren Arbeitswiderstandes P_a von Null bis $P_a\,(\text{max}) = P$ vermindert die verfügbare Beschleunigungskraft P_m in umgekehrter Weise von $P_m\,(\text{max}) = P$ bis Null.

Somit ist Dreieck $ABC =$ der Gesammtarbeit der Beschleunigungskraft und $ADC =$ der Gesammtarbeit bei Ueberwindung des äufseren Arbeitswiderstandes.

Die Beschleunigungsdauer $T = \overline{BC}$ ist durch die Beziehung

$$\frac{Pc\,T}{2} = Mc^2$$

gegeben.

Die während des Zeitelementes dt zur Zeit t von der augenblicklich verfügbaren Beschleunigungskraft P_m verrichtete Gesammtarbeit ist

$$\overline{EF}\,dt = P_m c\,dt,$$

und, falls die augenblickliche Umfangsgeschwindigkeit der mitgenommenen Kupplungshälfte $= v$ ist, hierbei der Arbeitsverlust $P_m\,(c - v)\,dt = \overline{EG}\,dt.$

Die Ordinate $EG = P_m\,(c - v)$ bestimmt im Beschleunigungsdiagramm die Begrenzungskurve der Arbeitsverlustfläche, deren gröfste Ordinate $AB = P_m\,(\text{max})\,c$ der Zeit 0 entspricht, da im ersten Augenblicke die Kupplungshälften noch mit der vollen Antriebgeschwindigkeit c auf einander gleiten.

Zur Ermittlung der Gröfse v haben wir den allgemeinen Wert der Beschleunigung p durch die verfügbare Beschleunigungskraft P_m

$$p = \frac{dv}{dt}, \quad \text{und ferner } p = \frac{P_m}{M}.$$

Im vorliegenden Sonderfall $P_m = P_m\,(\text{max})\,\dfrac{T-t}{T}$,

also

$$p = \frac{P_m\,(\text{max})}{M} \cdot \frac{T-t}{T}$$

und

$$dv = p\,dt = \frac{P_m\,(\text{max})}{M}\,\frac{T-t}{T}\,dt$$

$$\int_0^v dv = \frac{P_m\,(\text{max})}{M \cdot T}\int_0^t (T - t)\,dt$$

$$v = \frac{P_m\,(\text{max})}{M \cdot T}\left(Tt - \frac{t^2}{2}\right) = \frac{P_m\,(\text{max})}{2\,M \cdot T}\,(2\,Tt - t^2).$$

Somit

$$P_m\,(c - v) = P_m\,(\text{max})\,\frac{T-t}{T}\left[c - \frac{P_m\,(\text{max})}{2\,M \cdot T}\,(2\,Tt - t^2)\right].$$

Andererseits ist nach dem ersten Hauptgesetze die Gesammtarbeitsleistung der Beschleunigungskraft

$$\frac{P_m\,(\text{max})\,c\,T}{2} = M c^2 \quad \text{oder} \quad \frac{P_m\,(\text{max})}{2\,M} = \frac{c}{T}.$$

Durch Einsetzen dieses Wertes ergiebt sich

$$P_m(c-v) = P_m(\text{max})\,c\,\frac{T-t}{T}\left[1 - \frac{2\,Tt - t^2}{T^2}\right] = P_m(\text{max})\,c\,\frac{(T-t)^3}{T^3},$$

d. i.
$$E\,G : B\,A = (T-t)^3 : T^3 \quad . \quad . \quad . \quad (24).$$

Es ist also auch in diesem Falle, d. h. bei allmählich gleichförmiger Abnahme der beschleunigenden Kraft, ebenso wie bei gleichförmigem Anwachsen derselben, die Grenzkurve des dreieckigen Beschleunigungsdiagrammes eine kubische Parabel; ein Ergebnis, das auch unmittelbar aus dem ersten Haupt-

gesetze folgt, wonach die Grenzkurve das Beschleunigungsdiagramm stets in zwei gleich grofse Teile zerlegen muss.
Aber zu beachten ist, dass sich alle Verhältnisse umkehren.
Der Scheitel liegt, statt wie früher im Anfangs-
punkte der Beschleunigungsperiode, jetzt hier in
ihrem Endpunkte. Ferner entspricht im vorliegenden
Falle die Beschleunigungsleistung dem Parabelsegment, und die Arbeitsverluste sind der Dreiecks-
fläche auf der konvexen Seite der Kurve zu entnehmen, während bei gleichförmig wachsender Beschleunigungskraft die Flächen gerade die um-
gekehrte Bedeutung haben.

Zur Bestimmung der Grenzkurve des Arbeitsdiagrammes
haben wir nach dem zweiten Hauptgesetz

$$\overline{JH} : \overline{JF} = \overline{FG} : \overline{FE}.$$

Hiermit ist die graphische Darstellung der Kurve ohne
weiteres möglich. Auf dem Wege der Rechnung ergiebt
sich weiter

$$\overline{JF} = \overline{CD} \cdot \frac{t}{T},$$

$$\overline{FE} = \overline{AB}\,\frac{T-t}{T},$$

$$\overline{FG} = \overline{FE} - \overline{GE},$$

oder nach Einsetzung des Wertes für EG aus Gl. (24)

$$\overline{FG} = \overline{FE} - \overline{AB}\,\frac{(T-t)^3}{T^3} = \overline{AB}\,\frac{T-t}{T}\left[1 - \frac{(T-t)^2}{T^2}\right].$$

Mit diesen Einzelwerten geht die erste Gleichung
über in

$$\overline{JH} = \frac{\dfrac{\overline{CD}\,t}{T} \cdot \overline{AB}\,\dfrac{(T-t)}{T}\left[1 - \dfrac{(T-t)^2}{T^2}\right]}{\overline{AB}\,\dfrac{T-t}{T}}.$$

Der Ausdruck vereinfacht sich zu der Beziehung

$$\frac{\overline{JH}}{\overline{CD}} = \frac{2\,T\,t^2 - t^3}{T^3} \quad \ldots \ldots \quad (25).$$

Bezeichnen wir die Abscisse der Kurve t mit x und die Ordinate JH mit y und setzen für $\overline{CD}$ den entsprechenden Wert $P_a\,(\text{max})\,c = P\,c$, so lautet die Gleichung der Kurve

$$y = \frac{2\,P\,c}{T^2}\,x^2 - \frac{P\,c}{T^3}\cdot x^3 \ . \ . \ . \ . \ (26).$$

Der Scheitel der Kurve liegt, da für denselben y und $x = 0$, in A.

Die während der Beschleunigungsperiode durch Ueberwindung des allmählich anwachsenden äußeren Arbeitswiderstandes P_a geleistete Nutzarbeit A ermittelt sich durch

$$A = \int_0^T y\,d\,x = \frac{2\,P\,c\,T}{3} - \frac{P\,c\,T}{4} = {}^5/_{12}\,P\,c\,T \quad (27)$$

und der hiermit unmittelbar verbundene Arbeitsverlust

$$A_v = \frac{P\,c\,T}{12} \ . \ . \ . \ . \ . \ . \ (28).$$

Die schraffirten Flächen des Kupplungsdiagrammes geben Aufschluss über den gesammten Arbeitsverlust. Wäre der äußere Arbeitswiderstand erst nach Vollendung der Beschleunigungsperiode eingeschaltet, so würde sich diese unter Einwirkung der konstanten Kupplungskraft in der Zeit $T_x = \dfrac{T}{2}$ vollzogen haben, und die absolute Erhöhung des Arbeitsverlustes in folge des gleich anfänglich auftretenden äußeren Arbeitswiderstandes beträgt also im Vergleich zum günstigsten Fall

$$A_v = \frac{P\,c\,T_x}{6} \ . \ . \ . \ . \ . \ (29).$$

Ist die konstante Kupplungskraft $P > P_a\,(\text{max})$, so ergiebt sich bei gleichförmig bis zum Ende der Beschleunigungsperiode anwachsendem äußerem Arbeitswiderstande das Arbeitsdiagramm wieder als Dreieck AED, Fig. 14, mit $AD =$ der Beschleunigungsdauer T als Grundlinie und $DE = P_a\,(\text{max})\,c$ als Höhe, während das Beschleunigungsdiagramm sich als ein Trapez $ABCE$ darstellt, mit der Anfangsordinate $AB = P\,c$ und der Endordinate $EC = (P - P_a\,\text{max})\,c$.

Die Beschleunigungsdauer T selbst, d. h. die Diagramm-abscisse $AD = BC$, ist durch das erste Hauptgesetz bestimmt, wonach der Inhalt des Beschleunigungsdiagrammes

Fig. 14.

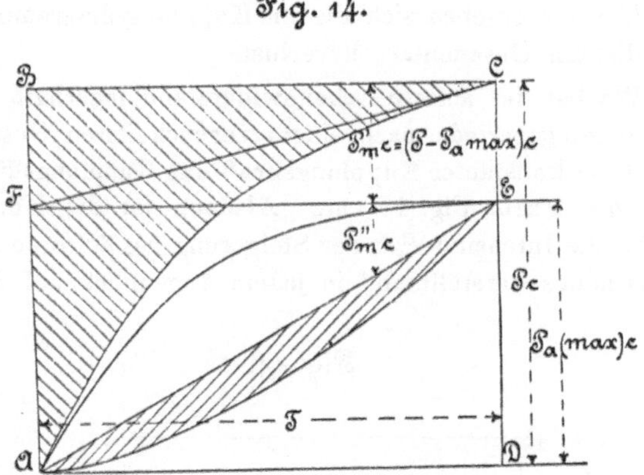

$ABCE = Mc^2$ sein muss. Die verfügbare Beschleunigungskraft kann man sich für jeden Augenblick in zwei Teile zerlegt denken, nämlich:

den konstanten Anteil $P_m' = P - P_a(\text{max})$

und den gleichförmig abnehmenden $P_m'' = P_a(\text{max}) - P_a$.

Dementsprechend ist dann auch das Beschleunigungsdiagramm in zwei Flächenteile zu zerlegen, in das Rechteck $FBCE$ von der Höhe $\overline{FB} = [P - P_a(\text{max})]\,c = P_m'\,c$, dessen Grenzkurve die Diagonale FC bildet, und in das Dreieck AFE, dessen Ordinaten $P_m''\,c$ von $P_a(\text{max})\,c$ bis 0 abnehmen, und dem als Grenzkurve, nach den kurz zuvor entwickelten Erörterungen, eine kubische Parabel AE entspricht, mit dem Scheitel in E und EF als Scheiteltangente. Diese Kurve ist im übrigen noch durch den Punkt A bestimmt.

Die resultirende Grenzkurve AC des Beschleunigungsdiagrammes ergiebt sich alsdann durch einfache Addition der zueinander gehörigen Ordinatenstrecken, und aus dieser ist nach dem Beziehungsgesetze zwischen der Grenzkurve des Beschleunigungsdiagrammes und der des Arbeitsdiagrammes die Grenzkurve für das letztere in der wiederholt durchgeführten Weise durch rein graphische Proportionskonstruktionen für eine genügende Anzahl von Punkten zu verzeichnen.

Hieraus ergeben sich die im Kupplungsdiagramm veranschaulichten Gesammtarbeitsverluste.

Wächst der äußere Arbeitswiderstand innerhalb der Beschleunigungsperiode nach einem verwickelteren Gesetze, so nimmt bei konstanter Kupplungskraft das Kupplungsdiagramm etwa die Form Fig. 15, an. Alsdann ist die Kurve AE, welche die Intensität $P_a c$ der Steigerung des äußeren Arbeitswiderstandes darstellt und in jedem Augenblick auf der kon-

Fig. 15.

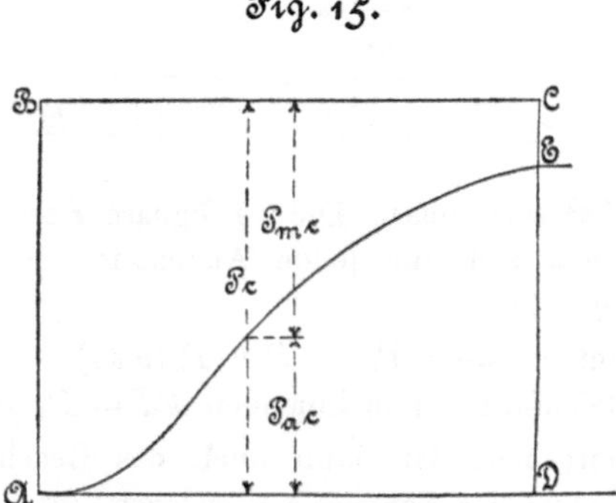

stanten Ordinate $P c$ der Arbeitsintensität der gesammten Kupplungskraft P die für denselben Zeitpunkt noch verfügbare Arbeitsintensität $P_m c = (P - P_a) c$ der Beschleunigungskraft abschneidet, zunächst durch einen gebrochenen Linienzug von genügender Annäherung zu ersetzen. Hierauf lassen sich die einzelnen Teile des Diagrammes nach Maßgabe der bereits erörterten einzelnen Fälle weiter behandeln.

Wachsen schließlich Kupplungskraft und äußerer Arbeitswiderstand gleichzeitig und nach verschiedenen Gesetzen, so entspricht das Kupplungsdiagramm dem allgemeinen Charakter der Fig. 16. Auch dieser Fall lässt sich auf die erörterten einfacheren Fälle zurückführen, indem man die Kurven zunächst durch gebrochene Linien ersetzt und das Beschleunigungsdiagramm mit seiner doppelten Kurvenbegrenzung auf eine gerade Abscissenachse als Grundlinie zurückführt, da für die

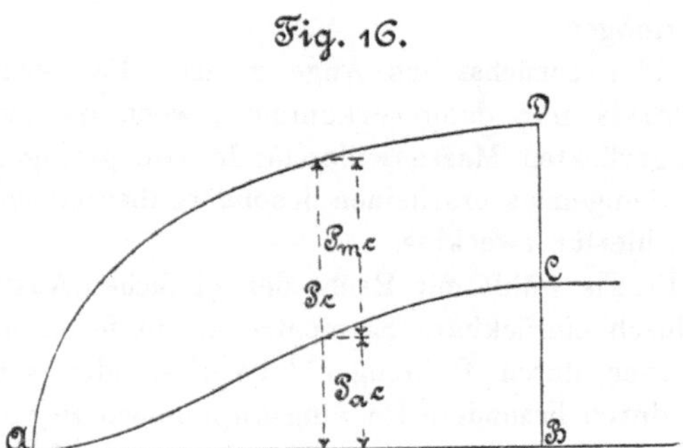

Fig. 16.

Entwicklungen nur die absolute Gröfse der Ordinaten für jeden einzelnen Zeitpunkt entscheidend ist, und die Flächengröfse des Diagrammes $= Mc^2$ ein für allemal in der zugehörigen Grundlinie die Beschleunigungsdauer T bestimmt.

H) Verhalten von Reibungskupplungen während der Beschleunigungsperiode, bei Einschaltung nach einander eingerückter Massenwiderstände.

Da nach der allgemeinen Beziehungsgleichung zwischen mechanischer Arbeit und lebendiger Kraft $Pvt = \dfrac{Mv^2}{2}$ eine plötzliche Beschleunigung der Masse M bis zu einer gewissen Geschwindigkeit v aus dem Ruhezustand in unendlich kurzer Zeit nur durch eine im Verhältnis zu M unendlich grofse Kraft P vermittelt werden kann, ist in der Praxis das Einschalten neuer Massen in ein bereits in Bewegung befindliches Triebwerk durch unmittelbares Einrücken eines starren Eingriffes, durch Zahnräderwerke oder dergl., von vornherein ausgeschlossen oder doch wenigstens ebenso beschränkt, wie die Anwendung von Klauenkupplungen für den gleichen

Fall. Die durch solche Verhältnisse bedingte Bruchgefahr wird, wie schon früher auseinandergesetzt ist, nur insoweit eingeschränkt, als die in Mitleidenschaft gezogenen Triebwerkteile die Stofswirkung des plötzlichen Massenbeschleunigungswiderstandes in federnde Formänderungsarbeit umzusetzen vermögen.

Der hier zunächst ins Auge gefasste Fall kann daher in der Praxis nur dann vorkommen, wenn die auf solche Weise eingerückten Massenwiderstände von geringer Größe sind, und demgemäß erscheinen besondere theoretische Untersuchungen hierfür zwecklos.

Die Praxis wählt mit Recht den einfachen Ausweg, den Antrieb durch einrückbare Riementriebe mit fester und loser Scheibe, oder durch Reibungsräderwerke, oder schliefslich wiederum durch besondere Reibungskupplungen zu vermitteln, da Riementriebe und Reibungsräder im wesentlichen, d. h. bezüglich der Beschleunigung der Massen, ganz ähnlich wie Reibungskupplungen wirken und die Beschleunigung unter allen Umständen allmählich unter anfänglicher Gleitung ihres Kraftschlusses herbeiführen. Die zum Antriebe solcher Nebentriebwerke mit eigenen Massenbeschleunigungswiderständen zu leistende Gesammtarbeit äufsert sich in ihrer Rückwirkung auf die Hauptreibungskupplung als eine entsprechende Erhöhung des äufseren Arbeitswiderstandes, und das Verhalten der Kupplung ist also nach den für diesen Fall bereits erörterten Vorgängen zu beurteilen. An diesen Verhältnissen ändert sich im wesentlichen auch nichts, wenn mit der neuen Masseneinrückung in dem Nebentriebwerke auch gleichzeitig neue äufsere Arbeitswiderstände auftreten. Hierdurch wird in bezug auf die Hauptkupplung der Gesammtwiderstand der äufseren Arbeit nur in entsprechender Weise erhöht.

So lange die nachträglich eingerückten Massen noch nicht in den Beharrungszustand übergeführt sind, wird der volle Umfangswiderstand der Reibungskraft, welche den Antrieb der neuen Massen vermittelt, in Anspruch genommen, da so lange, genau wie in allen bisher erörterten Fällen, auch an der zweiten Kraftübertragungsstelle noch teilweises Gleiten stattfindet. Daraus folgt, dass der Widerstand, welcher auf die Hauptkupplung zurückwirkt, eine konstante oder wenigstens annähernd konstante Größe hat, entsprechend der Reibungskraft, welche der Reibungsschluss des Nebentriebwerkes, z. B. der Riemen, auf dem Umfang der Riemenscheibe vermöge seiner Spannung überhaupt zu äußern vermag.

Es ergiebt sich also für einen derartigen Fall das Hauptdiagramm, z. B. nach Fig. 11 oder 12. Wächst der bekannte äußere Arbeitswiderstand P_a im Umfange der Hauptkupplung über die Grenze der Umfangskraft P, so wird die bereits eingeleitete Bewegungsenergie allmählich vernichtet, d. h. durch zu starken Reibungsschluss in den mittelbar in Thätigkeit gesetzten Transmissionsabzweigungen, im Vergleich zum Reibungsschluss der Hauptkupplung, kann die Gefahr herbeigeführt werden, dass die letztere zur Bewegungsübertragung überhaupt unfähig wird.

Es ist ferner noch darauf hinzuweisen, dass die Beschleunigungsperiode der erst in zweiter Linie durch nachträgliche Einrückung angetriebenen Massen niemals beendigt sein kann, bevor das von der Hauptkupplung unmittelbar angetriebene Triebwerk in den Beharrungszustand eingetreten ist, da ja bis zu diesem Augenblicke noch eine weitere Steigerung der Geschwindigkeit eintritt. Dagegen kann der Beharrungszustand der erst nachträglich durch besondere Reibungstriebwerke mittelbar in Bewegung gesetzten Massen sehr wohl erst eintreten, nachdem die Beschleunigungsperiode der Hauptkupplung bereits beendet ist.

Obwohl im allgemeinen, besonders bei Riementrieben, welche hauptsächlich in Betracht kommen, das Diagramm der mittelbar eingeschalteten Widerstände nicht zu verzeichnen sein wird, da für das Hauptdiagramm nur die Größe ihrer konstanten Rückwirkung von Einfluss ist, ist es doch für die vollständige Klarlegung der Verhältnisse von Interesse, darauf aufmerksam zu machen, dass sich die Vorgänge bei der Beschleunigung der mittelbar angetriebenen Massen etwas anders gestalten, als für die von der Hauptkupplung unmittel-

5*

bar in Bewegung gesetzten. Auf letztere wirkt die Kupplungskraft in folge der konstanten Umfangsgeschwindigkeit c der treibenden Kupplungshälfte mit der Arbeitsenergie Pc ein. Für die Beschleunigung der mittelbar angetriebenen Massen tritt dagegen die sekundäre Antriebkraft, beispielsweise die Umfangskraft der Riemenscheibe, welche wir mit $\mathfrak{P}$ bezeichnen wollen, nur mit einer Geschwindigkeit v_1 in Wirksamkeit, entsprechend der augenblicklichen Geschwindigkeit der mitgenommenen Hälfte der Hauptkupplung, die erst allmählich auf c_1 anwächst, wenn v_1 und c_1 die auf den Angriffspunkt der Kraft P reduzirten Umfangsgeschwindigkeiten der passiven Hälfte der Hauptkupplung bestimmen.

Das Arbeitsdiagramm des Nebentriebwerkes wäre demnach mit den Werten von $\mathfrak{P}\,v_1$ zu den entsprechenden Zeitabscissen zu verzeichnen und muss in folge der Veränderlichkeit von v_1 unter allen Umständen von einer Kurve begrenzt sein. Die Werte von v und demnach auch von v_1 lassen sich aus dem Hauptdiagramm entnehmen. Ist dieses z. B. durch die Fig. 11, S. 54, dargestellt, d. h. erfolgt nach der Zeit T_1 die Einwirkung des Nebentriebwerkes, so liefern die Ordinaten LR bis ON die Werte $P_m{}''v$, und somit die von v, da $P_m{}''$ selbst bekannt ist. Nach der Zeit T_2 würde in dem betreffenden Falle v den konstanten Endwert c beibehalten.

Das Arbeitsdiagramm des Nebentriebwerkes zerfällt dann weiter in zwei Teile, genau wie das für die bisher besprochenen Hauptdiagramme nachgewiesen ist, in ein Beschleunigungsdiagramm und in das Diagramm der äußeren Arbeit. Für das Beschleunigungsdiagramm gilt auch hier das erste Hauptgesetz, dass der Arbeitsverlust gleich der durchgeleiteten Bewegungsenergie sein muss, also der Inhalt dieses Diagrammes $= Mc^2$ durch die Grenzkurve in ·zwei gleiche Teile zerlegt wird. Hieraus ist sowohl die Beschleunigungsdauer, wie die Grenzkurve selbst bestimmbar und aus der letzteren dann weiter nach dem dritten Hauptgesetz die Grenzkurve des zweiten Diagrammteiles für die Leistung bei Ueberwindung des zugehörigen äußeren Arbeitswiderstandes zu entwickeln.

IV. Allgemeine Schlussfolgerungen für die Konstruktion von Reibungskupplungen.

Die Kupplungsdiagramme und die zugehörigen Auseinandersetzungen führen zu folgenden allgemeinen Ergebnissen:

1. Unter der ausschliefslichen Einwirkung von Massenbeschleunigungswiderständen verhalten sich alle verschiedenen Reibungskupplungen in bezug auf den gesammten Arbeitsverlust und die damit verbundene Wärmeerzeugung, welche in folge des teilweisen Gleitens der Kupplungshälften bis zum Eintritt des Beharrungszustandes auftreten, gleich. Bezeichnet M die auf den Umfang der Kupplung reduzirte Masse der unmittelbar durch die Kupplung angetriebenen Maschinen- und Triebwerksteile, c die Umfangsgeschwindigkeit der treibenden Kupplungshälfte im Beharrungszustande, so ist der Arbeitsverlust

$$A_v = \frac{M c^2}{2},$$

also unabhängig von der Kupplungskraft und dem Gesetze, nach welchem diese sich ändert.

2. Wirkt neben dem Beschleunigungswiderstand ein äufserer Arbeitswiderstand auf den Umfang der Reibungskupplung ein, so bleibt nur der Anteil $P_m = P - P_a$ von der gesammten Kupplungskraft zur Vermittlung der Massenbeschleunigung übrig. In folge dessen verzögert sich der Eintritt des Beharrungszustandes, und zwar um so mehr, je gröfser P_a im Verhältnis zu P, je gröfser M und c, und je langsamer die Kupplungskraft bei allmählicher Steigerung bis zur erforderlichen und zulässigen Grenze anwächst.

Zu den Arbeitsverlusten, welche in solchen Fällen die Arbeitsintensität $P_m c$ der Beschleunigungskraft erleidet, gesellen sich die Gleitverluste der Wirkung des Kupplungskraftanteiles, der die Ueberwindung des äufseren Arbeitswiderstandes vermittelt, und dieser Arbeitsverlust wächst mit der Verlängerung der Beschleunigungsperiode.

3. Der Gesammtarbeitsverlust und die Wärmeerzeugung fallen daher unter sonst gleichen Verhältnissen um so kleiner aus, je schneller die Kupplungskraft bis zur äufsersten Grenze gesteigert wird, und somit am kleinsten, wenn dieser Grenzwert von vornherein bei Beginn der Kupplungseinrückung in Wirksamkeit tritt.

Von den zur Zeit vorhandenen Kupplungen gewähren die Reibungskupplungen mit Klauen- oder Klinkeneinrückung und konstantem Reibungsschluss diesen Vorteil, bei denen die Hauptkupplung als Reibungskupplung mit bestimmt geregeltem konstanten Anpressungsdruck durchgeführt ist. Am ungünstigsten verhalten sich in bezug auf die Wärmeerzeugung die Konstruktionen mit langsam wirkenden Spannvorrichtungen, und dieser Nachteil tritt um so mehr hervor, je gröfser der Massenbeschleunigungswiderstand ist.

Wechselt die Gröfse der unmittelbar durch die Kupplung zu beschleunigenden Massen stark, wie beispielsweise bei Drahtseilbahnen, welche bald voll belastet, bald leer eingerückt werden, so verkürzen Kupplungen mit konstanter Anpressung, die für den gröfsten Widerstand eingestellt sein müssen, die Beschleunigungsperiode für die kleinsten Widerstände so sehr, dass der Antrieb sich mit einem nur wenig abgeschwächten Stofs vollzieht. In solchen Fällen verdienen Kupplungen mit jeweilig nach Bedürfnis regelbarer Anpressung den Vorzug.

4. Gröfsere Arbeitswiderstände sind möglichst erst nach Eintritt des Beharrungszustandes des unmittelbar von der Kupplung in Bewegung gesetzten Triebwerkes einzuschalten, da sie nach Beendigung der Beschleunigungsperiode durch den dann verfügbaren Kraftüberschuss P_m des Kupplungsschlusses ohne Störung des Beharrungszustandes in der Kupplung überwunden werden, falls nicht gleichzeitig neue Beschleunigungswiderstände auftreten, während ihre Einwirkung vor Beendigung der Beschleunigungsperiode diese selbst und damit auch den Arbeitsverlust und die Wärmeerzeugung vergröfsern.

5. Zur möglichsten Abkürzung der Beschleunigungsdauer ist die Kupplungskraft so grofs zu wählen, wie mit Rücksicht

auf die Triebwerkverhältnisse und möglichst stofsfreie Einrückung statthaft. Die zulässige Grenze ist einerseits durch die zulässige Anstrengung der Triebwerkteile gegeben, welche durch die Kraft beansprucht werden, andererseits durch die Erwägung, dass der Kupplungswiderstand nur soweit gesteigert werden darf, als die Betriebsmaschine mit ihren Schwungmassen zur Ueberwindung dieses Widerstandes Kraft abzugeben vermag. Ferner ist darauf Rücksicht zu nehmen, dass der Ueberschuss der Kupplungskraft nach beendeter Einrückperiode nicht störend grosse Rückfederungen der Welle hervorruft.

6. Ueberschreitungen des zulässigen Grenzwertes der Kupplungskraft sind bei konstanter Anpressung durch geeignete Regelung des Anpressungsdruckes beim Montiren zu verhüten. Wird der Anpressungsdruck erst bei jeder einzelnen Einrückung von Hand, oder durch besondere Hilfstriebwerke vermittelt, so ist durch die besondere Konstruktion des Spannwerkes möglichst dafür Sorge zu tragen, dass die Druckwirkung zwischen den Reibungsflächen der Kupplung nur bis zu der aus Festigkeitsrücksichten zulässigen Grenze gesteigert werden kann, wie auch immer die Spannvorrichtung gehandhabt werden möge.

7. Da auch bei Kupplungen mit richtig und fest begrenztem gröfsten Anpressungsdrucke durch Abnutzung der Kupplungsflächen im Laufe der Zeit die Kupplungskraft selbst sich abschwächt und daraus eine Verlängerung der Beschleunigungsperiode und eine Vermehrung der Wärmeerzeugung folgt, so ist die Anbringung von Signalvorrichtungen dringend zu empfehlen, welche während der Gleitperiode der Kupplung ertönen. Dieselben gestatten eine leichte Ueberwachung, ob sich die Kupplung im normalen Zustande befindet oder durch zu schwachen Schluss verspätet den Beharrungszustand erreicht und einer Revision bedarf, oder ob etwa irgendwo plötzlich unstatthaft grofse Widerstände im Betriebe auftreten, deren Beseitigung geboten erscheint.

Diese Vorkehrung ist durch eine Glocke an der einen

Kupplungshälfte und einen Anschlagstift für den Klöppelhebel
an der anderen in einfachster Weise zu treffen.

8. Um Betriebsstörungen durch geringfügige Abnutzungen
bei Kupplungen mit festbegrenztem Anpressungsdruck zu verhüten, sind in das Spannwerk geeignete federnde Zwischenglieder einzuschalten, welche den Anpressungsdruck auch bei
eintretender Abnutzung zunächst auf ausreichender Höhe erhalten, bis das Fortschreiten der Abnutzung schliefslich das
Nachstellen des Spannwerkes nach längerer Betriebsdauer
notwendig macht.

9. Alle Diagramme lassen erkennen, dass der Gesammtarbeitsverlust unter sonst gleichen Verhältnissen von der
Arbeitsintensität Pc der Kupplungskraft, welche in jedem
Augenblicke verfügbar ist, abhängt. Hierbei ist es gleichgiltig, ob P grofs und c klein gewählt wird, oder umgekehrt,
so lange der Wert des Produktes nur unverändert bleibt.

Da nun bei Vergröfserung des Kupplungsdurchmessers
unter sonst gleichen Verhältnissen die Kupplungsumfangs-
kraft P in eben dem Mafse kleiner wird, wie ihre Umfangsgeschwindigkeit wächst, so ergiebt sich, dass die Gröfsen des
Arbeitsverlustes und der absoluten Wärmeerzeugung an sich
vom Kupplungsdurchmesser unabhängig sind.

10. Hieraus folgt weiter, dass die Wärmeerzeugung auch
unabhängig von der spezifischen Pressung zwischen den
Kupplungsflächen ist, welche sich unter sonst gleichen Verhältnissen mit der Vergröfserung des Kupplungsdurchmessers
in folge des gröfseren Umfanges der Reibungsflächen und der
gleichzeitigen Verkleinerung der erforderlichen Kupplungskraft vermindert.

11. Die Wahl der spezifischen Pressung ist daher ausschliefslich von der Rücksicht abhängig, dass, je kleiner sie
angenommen wird, um so kleiner auch die Flächenabnutzung
ausfällt, und dass sie unter allen Umständen klein genug gewählt werden muss, um eine zuverlässige Schmierung der
Kupplungsflächen zu sichern, und zu verhindern, dass das zu-

geführte Schmiermaterial entweder überhaupt nicht zwischen die Gleitflächen eintreten kann oder während des Betriebes durch den Anpressungsdruck vollkommen herausgepresst wird. Hierfür sind die Erfahrungen zu grunde zu legen, welche über die zulässigen spezifischen Pressungen bei Zapfen vorliegen.

12. Die unter allen Umständen auftretende Wärmeerzeugung wird während der Erzeugungszeit nur zum kleinsten Teil unmittelbar an die umgebende Luft abgegeben; sie speichert sich daher in der Hauptsache im Kupplungskörper selbst auf, aus dem sie dann erst wieder allmählich verschwindet. Da nun eine Temperaturerhöhung selbstverständlich nur innerhalb verhältnismäfsig enger Grenzen zulässig ist, muss der Kupplungskörper selbst ausreichende Masse besitzen, um entsprechend der spezifischen Wärme des Eisens die absolute Wärmeerzeugung ohne zu grofse Temperaturerhöhung aufspeichern zu können.

Gelangt man durch diese Rücksicht zu unzulässig schweren Konstruktionen — was bei sonst geeigneter Ausführung nur der Fall sein dürfte, wenn die Kupplung mit kurzen Unterbrechungen wiederholt ein- und ausgerückt wird oder immer wieder neue Beschleunigungswiderstände auf sie einwirken — so dürfte man unter Umständen genötigt sein, zu künstlicher Wasserkühlung zu greifen, um Ueberhitzungen zu vermeiden oder zu beseitigen.

13. Die Rücksichten auf die unter 11. und 12. auseinandergesetzten Verhältnisse, wie die Beschränkung der Kupplungskraft P mit Rücksicht auf die verfügbare Kraft zur Bewegung der Spannvorrichtung sind mafsgebend für die Wahl des Kupplungsdurchmessers und der Abmessungen in achsialer Richtung.

Die Wahrnehmung, dass in der Praxis Kupplungen mit Spannvorrichtungen, die an sich eine stärkere Wärmeerzeugung verursachen, gleichzeitig auch im ganzen in verhältnismäfsig grofsen Abmessungen und Gewichtsverhältnissen ausgeführt werden, dürfte, abgesehen von dem Umstande, dass in einzelnen

Fällen schon die Unterbringung der Spannvorrichtung im Kupplungskörper gröfsere Abmessungen erheischt, zum teil auf die Erfahrung der Konstrukteure zurückzuführen sein, dass die Wärmeerzeugung entsprechend grofse Massen verlangt. Der Nachteil der gröfseren Wärmeerzeugung wird also in solchen Fällen, sofern die Kupplungen sich sonst im Betriebe zufriedenstellend halten, nur durch den anderen Nachteil störender Gewichtsvermehrung unschädlich gemacht.

14. Die Erfahrung, dass der Reibungswiderstand bei höheren specifischen Pressungen, innerhalb der zulässigen Grenzen, und bei kleineren Geschwindigkeiten gleichmäfsiger ausfällt, als für gröfsere Geschwindigkeiten und kleinere Pressungen, spricht, abgesehen von der Gewichtsverminderung, für möglichste Beschränkung des Kupplungsdurchmessers. Dazu kommt, dass je kleiner der Durchmesser der Reibungskörper, um so leichter genaue Körperformen herzustellen und gesunde Gussstücke zu erzielen sind.

15. Einfache Formen, gute Schmiervorrichtungen und Schutz gegen einfallenden Staub, sowie gegen störende Veränderungen der ursprünglichen Gestaltung der Reibungskörper, bilden die erste Bedingung für dauernd gleichmäfsige und sanfte Reibungswirkung.

16. Die Diagramme zeigen übereinstimmend den Einfluss der jeweiligen Massenbeschleunigungswiderstände und der gleichzeitigen äufseren Arbeitswiderstände auf die Dauer der Beschleunigungsperiode und der Wärmeerzeugung während derselben, sowie auf das Anwachsen des Anpressungsdruckes, wenn dieser bis zum Eintritt des Beharrungszustandes zunimmt. Zur sachgemäfsen Auswahl und Durchbildung einer Kupplungskonstruktion genügt demnach die Kenntnis der im Beharrungszustande durchzuleitenden Arbeitsstärke, des Wellendurchmessers und der Umdrehungszahl der Transmission nicht, sondern es müssen vielmehr die besonderen Verhältnisse der Betriebsanlage möglichst genau bekannt sein, um in geeigneter Weise berücksichtigt werden zu können.

Die in Preisverzeichnissen verschiedener Firmen für bestimmte Wellendurchmesser und Tourenzahlen zusammengestellten Normalkupplungsabmessungen der einzelnen Systeme bieten daher nur für mittlere Verhältnisse einen Anhalt und weichen zudem, abgesehen von dem Einfluss der Einzelausführung auf die Gesammtkonstruktion, ziemlich stark von einander ab.

17. Soll eine Reibungskupplung gleichzeitig als Schutzvorkehrung benutzt werden, d. h. bei eintretenden Unglücksfällen von gröfserer Entfernung ausgerückt werden können, so muss der Ausrückwiderstand möglichst gering sein und die Ausrückung selbst sich sofort vollziehen lassen.

Hieraus ergiebt sich, dass auch für solche Fälle verwickeltere Spannvorrichtungen, welche nur langsam in Thätigkeit treten und sich dementsprechend auch nur langsam lösen lassen, abgesehen von ihren sonstigen Nachteilen, nicht zweckentsprechend sind.

18. Schutzkupplungen müssen schliefslich zur vollständigen Erfüllung ihres Zweckes nicht nur leicht ausrückbar sein, sondern auch noch mit einer Bremswirkung ausgestattet werden, welche gleichzeitig mit der Ausrückung in Thätigkeit tritt, um durch schnelle Vernichtung der Bewegungsenergie der ausgeschalteten Triebwerke deren beabsichtigten Stillstand in kürzester Zeit herbeizuführen.

In welcher Weise diesen verschiedenen Anforderungen bisher in der Praxis genügt ist, soll durch Erörterung der hauptsächlichsten verschiedenartigen Ausführungen im zweiten Abschnitte nachgewiesen werden. Diese Untersuchungen führen gleichzeitig zur Klarlegung weiterer allgemeiner Gesichtspunkte, die sich erst aus dem gegenseitigen Vergleich der konstruktiven Einzelnheiten entwickeln lassen.

Zweiter Abschnitt.

Ausgeführte Kupplungen.

I. Klauen- und Klinkenkupplungen.

In der allgemeinen Einleitung zu den theoretischen Erörterungen über die Vorgänge beim Einrücken von Kupplungen ist bereits hervorgehoben, dass die einfachen Klauen- und Klinkenkupplungen für gröfsere Kraftübertragungen und Umlaufgeschwindigkeiten nicht geeignet sind, sobald die Forderung zu erfüllen ist, den Betrieb jederzeit wieder einrücken zu können. Das gilt ganz besonders von den Klauenkupplungen. Dementsprechend hat dieses System auch in der Praxis keine nennenswerten Aenderungen der bekannten, durch Fig. 17, S. 80, veranschaulichten Grundformen erfahren [1]) und findet bei Transmissionsanlagen nur Anwendung, wenn auf Einrückungen während des Betriebes verzichtet wird.

Die beschränkte Anwendbarkeit der Klinkenkupplungen für Ein- und Ausrückung während des Betriebes ist am Schluss des Kapitels bei Besprechung der Kraftmaschinenkupplungen zu erörtern.

Die Mitnehmerkupplung für Riemscheiben von P. Hieber, D. R.-P. 39508 [2]), kennzeichnet sich als eine verfehlte Konstruktion, bei der die einfache Verschiebbarkeit der Klauenkupplungen durch radiale Verschiebung eines Mitnehmerbolzens ersetzt ist, um ihn in den Bereich einer festen Klaue des Triebwerkes zu bringen oder ihrer Einwirkung zu entziehen. Ohne den nachteiligen Stofs beim Zusammenprallen der beiden

---

[1]) Die Figur ist Bach's Maschinenelementen Taf. 20 entnommen.
[2]) Zeitschr. d. Ver. deutscher Ingenieure 1887 S. 856.

starren Körper irgend wie zu mildern, ist hier durch eine verwickeltere Ein- und Ausrückvorrichtung, über welche die S. 79
angeführte Quelle und die Patentschrift näheren Aufschluss
geben, an stelle der gewöhnlichen Ausführung eine noch
weniger brauchbare gesetzt.

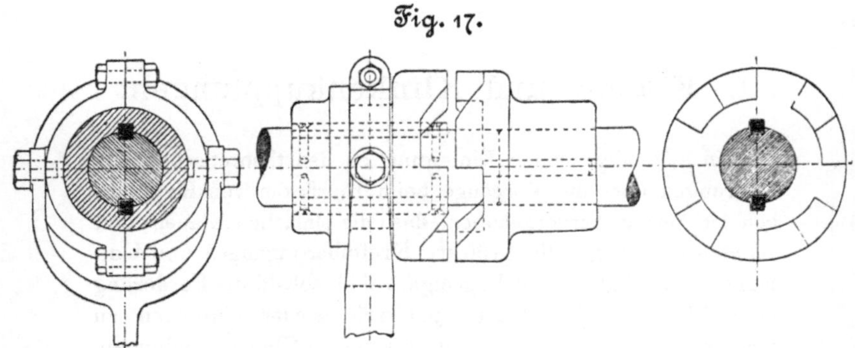

Fig. 17.

Auch auf die D. R.-P. 36105 und 36763 von Gutsmuths
ist hier nicht näher einzugehen, da diese Konstruktionen für
ganz bestimmte Arbeitsmaschinen, Präge- und Stanzwerke,
ohne Rücksicht auf allgemeinere Verwendbarkeit entworfen
sind und unter Benutzung des gewöhnlichen Klaueneingriffes
für die Einrückung das Hauptgewicht auf die Bremsung, bezw.
Sperrung, der ausgeschalteten Welle nach einer bestimmten
Zahl von Umdrehungen legen[1]).

Für die begrenzte Aufgabe der Konstruktion von Kupplungen, welche in erster Linie nur die Eigenschaft leichter
Lösbarkeit besitzen sollen, um mit Rücksicht auf die gewöhnlichen Betriebsverhältnisse oder zum Schutze gegen Unfälle
schnelles Ausrücken der Krafttransmission zu ermöglichen,
tritt die Verwertung des Klauen- oder Klinkeneingriffes
mit Rücksicht auf die Einfachheit der Gesammtkupplungs-

---

[1]) Zeitschr. d. Ver. deutscher Ingenieure 1886 S. 887 und 1029
und Dingler 1887 Bd. 263 S. 360.

anordnung und auf möglichst billige Herstellung in den Vordergrund. Die Praxis verzichtet in solchen Fällen, vorzüglich
bei grofsen Kraftübertragungen, wie z. B. bei Walzwerken,
meist auf die Wiedereinrückbarkeit der Kupplung während
des Betriebes und nimmt im Hinblick auf die voraussichtliche
Seltenheit der Kupplungsbenutzung lieber die vorübergehende
Abstellung der Betriebsmaschine oder der Haupttransmissionen
in den Kauf, als von vornherein jederzeit wieder einrückbare
Reibungskupplungen anzuordnen, welche für so grofse Verhältnisse sehr teuer ausfallen.

Unter dem Einflusse der Unfallgesetzgebung gewinnen
ferner die Klauen- und Klinkenkupplungen für die Praxis als
ausschliefsliche Ausrückkupplungen noch eine gröfsere Bedeutung, als ihnen früher beigelegt wurde, und dementsprechend
haben wir uns mit ihrer Ausbildung eingehender zu beschäftigen, um vor allem eine Entscheidung zu treffen, welches von
beiden Systemen den Vorzug verdient.

Dass im übrigen die Ausrückung des Triebwerkes in
Fällen der Gefahr meist nur einen Teil der zu ergreifenden
Schutzmafsregeln bildet und gleichzeitig für möglichst schnelle
Vernichtung der lebendigen Kraft der ausgerückten Trans-
mission durch Bremsen Sorge getragen werden muss, wurde
bereits früher angedeutet und ist hier nochmals zu betonen,
da sich die nachfolgenden Erörterungen zunächst nur auf die
Ausrückung allein beziehen.

A. Ausrückbare Klauenkupplungen.

Die überall nicht aufser acht zu lassende Beschränkung
der Gewichtsverhältnisse zwingt zu Beschränkungen der Kupplungsdurchmesser. Mit Rücksicht hierauf ordnet man den
Klaueneingriff in verhältnismäfsig geringem Abstande von der
zugehörigen Welle an. Als Folge hiervon ergeben sich, dem
zu übertragenden Moment entsprechend, meist schon zwischen
den Klauenflächen selbst sehr grofse Druckkräfte, welche
die Ausrückbarkeit erschweren. Aber selbst wenn man diesen

Uebelstand durch gröfsere Durchmesserwahl zu beseitigen
sucht, bleibt doch zu beachten, dass die verschiebbare Kupplungshälfte das Drehmoment auf die Welle nur durch den
gegenseitigen Eingriff von Feder und Nut überträgt, und dass
hier abermals Druckkräfte und Reibungswiderstände auftreten.
Diese lassen sich nicht wesentlich herabmindern und fallen
in folge des kurzen Kraftarmes des Wellenradius unter allen
Umständen wesentlich gröfser aus, als die Widerstände zwischen den Klauenflächen. Unter den günstigsten Verhältnissen,
bei Anwendung zweier Federn, ergiebt sich der Widerlagdruck
der Federn noch immer mindestens doppelt so grofs, wie der
Klauendruck, im allgemeinen beträchtlich gröfser.

Hieraus erklärt sich zur genüge das rasche Anwachsen der
Reibungswiderstände bei Klauenausrückkupplungen für gröfsere
Kraftübertragungen, und es erscheint die Erfahrung nicht über-
raschend, dass selbst bei Kupplungen für 8 bis 10 Pfkr. und
100 Min.-Umdr. die Ausrückung mit einfachem Handhebel
nicht immer gelingt.

Bei gröfseren Kraftübertragungen lässt sich die Ausrückung von Klauenkupplungen von hand daher nur durch
Verbindung von Hebel- und Schraubenspindelvorgelege vermitteln, und bei ganz grofsen Kupplungen muss schliefslich
die Einwirkung der Triebwelle selbst zum Lösen des Kupplungsschlusses herangezogen werden.

Die hier und da zur Erleichterung der Ausrückung
empfohlene keilförmige Anordnung des Klaueneingriffes, derart,
dass die Druckflächen mit schwacher Neigung gegen die Ver-
schiebungsrichtung ausgeführt werden, ohne dabei die Gröfse
des Reibungswinkels zu überschreiten [1]), ist praktisch nicht
wohl verwertbar, weil sich alsdann die Kupplungen in folge
der unvermeidlichen Wellenerzitterungen im Betriebe selbstthätig lösen.

So bleibt denn die bereits oben angedeutete Einwirkung
der Betriebswelle auf die Ausrückung der Kupplung noch die
verhältnismäfsig beste Lösung.

---

[1]) Reuleaux, Konstrukteur IV. Aufl. S. 391.

Zu dem Zwecke rüstet man beide Kupplungshälften mit starken Flanschen f, f_1 aus, Fig. 18, sodass beide eine Ringnut bilden, und lässt die Dicke des einen der beiden Flanschen nach innen zu, schraubenförmig um die Höhe der Eingriffstiefe der Klauen wachsen. Es genügt alsdann der Vorschub eines festen Körpers von aufsen in die Ringnut, um durch

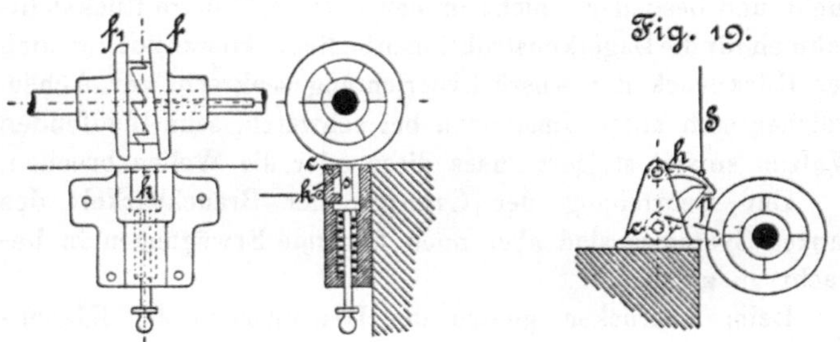

Fig. 18.

Fig. 19.

das Anstreifen der Schraubenfläche die bewegliche Kupplungshälfte unter der Einwirkung der Wellendrehung bis zur vollständigen Auslösung selbsthätig zurückzudrängen. Bei der in Rede stehenden Konstruktion des österreichischen Gewerbeinspektors v. Rosthorn [1]) tritt der Ausrückbolzen s in Thätigkeit, sobald die um c drehbare Riegelklappe k durch den Schnurzug ausgelöst und damit die Druckwirkung der gespannten Spiralfeder unter dem Bolzen freigegeben wird.

Solider ist die Ausführung nach Fig. 19, wo durch Auslösen eines Sperrhakens die Pratze p in die Ringnut einfällt und der Einwirkung der Schraubenflächen gegenüber besser abgestützt erscheint.

Aebnliche Ausführungen liefert schon seit längerer Zeit die Duisburger Maschinenbau-Aktiengesellschaft, welche die Anordnung noch dadurch verbessert hat, dass sie die Eingrifflage der Klinke in die Richtung der Umfangsreibung verlegt, so dass diese Kraft, ohne Biegungsbeanspruchung der Klinke,

---

[1]) Zeitschr. d. Ver. deutscher Ingenieure 1889 S. 318.

unmittelbar auf das Pratzengelenk übertragen wird und hier durch Pfannenlagerung der Pratzenschulter auch der Drehzapfen entlastet bleibt.

Zu beachten ist, dass, wenn es auch auf diesem Wege gelingt, die Klauenkupplung selbstthätig durch einen Schnurzug aus gröfserer Entfernung auszurücken, doch naturgemäfs die Rückwirkung des starken Reibungswiderstandes parallel zur Welle diese selbst in ihrer Achsenrichtung zu verschieben sucht und besondere, nicht immer leicht erfüllbare Rücksichtnahmen für die Lagerkonstruktionen bedingt. Hierzu kommt noch der Rückdruck der Ausrückvorrichtung senkrecht zur Achse, welcher sich unter Umständen bei schweren, schnelllaufenden Walzen soweit steigert, dass diese oder die Wellen brechen.

Zur Beurteilung der Grenzen der Brauchbarkeit des ganzen Systemes sind aber noch folgende Erwägungen in betracht zu ziehen.

Beim Ausrücken gleiten die Druckflächen der Klauenmuffen an einander entlang, und die Flächenberührung nimmt hierbei bis zu dem Augenblicke, in welchem die äufseren Klauenkanten sich von einander trennen, allmählich auf Null ab. Dementsprechend wächst die spezifische Pressung von dem ursprünglich endlichen Werte bis zu unendlicher Gröfse. Zunächst entweicht unter der zunehmenden Flächenpressung das Schmiermaterial und erhöht den Reibungswiderstand mit fortschreitender Ausrückung in erheblichem Mafse, gleichzeitig treten aber auch an den äufseren Kanten Formänderungen durch Drucküberanstrengung auf, die zum Abbröckeln der Kanten führen und bei häufiger Wiederkehr entweder die Kupplung ganz unbrauchbar machen oder wenigstens die Flächen so verändern, dass die Kupplung zu selbstthätigen Ausrückungen neigt. In solchen Fällen fangen die Ausrückhebel an, stark zu zittern und schliefslich hin- und herzuschlagen, wenn sie nicht festgestellt sind.

Die Beseitigung oder Beschränkung dieser Uebelstände lässt sich nur durch Beschleunigung der Ausrückung anstreben. Hier bietet sich ein Fall, in dem aus den Festigkeitseigenschaften der Materialien Nutzen zu ziehen ist, dass jede Formänderung eine gewisse Zeitdauer zu ihrer Ausbildung in Anspruch nimmt und daher nur teilweise zur Ausbildung gelangt, wenn die Kraftwirkung kürzere Zeit wirksam ist[1]).

Die Misserfolge, welche die Praxis bei Versuchen mit Klauenkupplungen zum Ausrücken des Walzenantriebes während der Walzarbeit zu verzeichnen hat, dürften, abgesehen von den bereits hervorgehobenen Missständen, auch auf die Schwierigkeit zurückzuführen sein, die schweren Kupplungsmuffen schnell genug aus einander zu schieben, um hierdurch die Zerstörungswirkungen in den letzten Augenblicken des Eingriffes zu verhindern.

Auch dies drängt dazu, schwere Klauenkupplungen unter allen Umständen wenigstens selbstthätig auszurücken und durch wachsende Steigung der Schraubenlinie den Abschluss der Ausrückung zu beschleunigen. Aber dieses Mittel hat ebenfalls seine Grenzen, da die Rückwirkungen, welche hieraus in der Kupplung, wie in der Ausrückpratze und in der Welle entstehen, schliefslich zu unbrauchbar schwerfälligen Konstruktionen führen, wenn man Brüche vermeiden will.

B. Ausrückbare Klinkenkupplungen.

Wesentlich günstiger gestalten sich die gesammten Verhältnisse, wenn man die Klauen durch drehbare Klinken ersetzt, wie sich aus nachfolgenden Erörterungen ergiebt.

Klinkenausrückkupplung von Lohmann & Stolterfoht.

Die Konstruktion von Lohmann & Stolterfoht, Fig. 20 bis 22, S. 86, ist eine Vereinfachung der später zu erörternden zusammengesetzten Klinkenreibungskupplung derselben Firma, D. R.-P. 35721, bei der, in folge des Verzichtes auf die Einrückbarkeit während des Betriebes, der Reibungsschluss fortgelassen ist.

---

[1]) Vergl. Bach, Elasticität und Festigkeit. Julius Springer, Berlin 1889 S. 12, ferner S. 35 u. 36.

Die Kupplung besteht aus einem mit der treibenden Welle
fest verbundenen Sperrrade *c* und der trommelförmig gestalte-
ten zweiten Kupplungshälfte *a* auf der getriebenen Welle,
in welcher die als Mitnehmer wirkenden Sperrklinken *g* um
Gabelzapfen drehbar gelagert sind. Der Eingriff der Klinken
wird durch kräftige Spiralfedern herbeigeführt und gesichert.

Fig. 20.   Fig. 21.   Fig. 22.

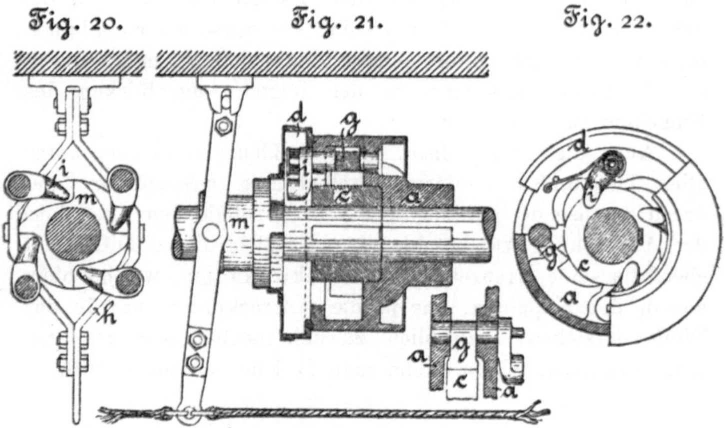

Zum Ausrücken ist eine durch den Handhebel *h* an der
Drehung gehinderte, aber im übrigen auf der Welle frei verschiebbare Muffe *m* mit Hubdaumen angeordnet. Die Form
der Daumen ist so gewählt, dass während jeder Viertelwellen-
umdrehung die tiefsten Punkte der Daumenlücken vor die
Ausrückarme *i* der Klinken treten. In dieser Stellung lässt
sich die Ausrückmuffe frei vorschieben und vermittelt alsdann
die Auslösung der Klinken, indem die mit der Kupplung umlaufenden Arme *i* an den Hubflächen der vorgeschobenen
Daumen emporgleiten. Sobald die Ausrückarme auf dem
Scheitel der Hubdaumen anlangen, drängt der während der
ganzen Zeit angepresste Handhebel die Muffe weiter in das
Innere der Kupplung vor und bringt dadurch die cylindrische
Mantelfläche des äufseren Muffenrandes unter die Arme, sodass diese nunmehr in der gespreizten Ausrücklage ver-
harren und nur noch so lange auf der Abstützfläche entlang

gleiten, bis die Kupplungstrommel mit der getriebenen Welle zur Ruhe gelangt.

Wählt man *a* treibend statt *c*, so muss man zur Verhinderung des dauernden Schleifens der Ausrückarme auf der Ausrückmuffe auf letztere einen losen Laufring aufsetzen, der dann seinerseits, durch den Anpressungsdruck der Arme mitgenommen, sich um die Muffe dreht.

Aus dem Vorstehenden und aus der Zeichnung folgt sofort, dass die Klinkenanordnung dem Klaueneingriff gegenüber den Vorteil radialer Ausrückung bietet, und somit jede Rückwirkung in achsialer Richtung, welche Wellenverschiebungen hervorrufen könnte, von vornherein ausgeschlossen ist. Die Wellenlager bleiben unbeeinflusst von der Kupplung, da sich auch die radialen Drucke aufheben.

Der Widerlagerdruck der Klinken in den Zapfenlagern ihrer Drehachsen tritt an stelle des Druckes, welcher bei Klauenmuffen zwischen Feder und Nut entsteht. Abgesehen von dem Vorteil der leichteren Herstellung der cylindrischen Widerlagflächen bietet die Anordnung sodann den Vorzug, dass der Rückdruck in den Lageraugen nur eben so grofs ist, wie der Angriffdruck zwischen Klinke und Zahn, während bei den Klauenmuffen der Druck zwischen Feder und Nut am Wellenumfange, nach den früheren Auseinandersetzungen, wesentlich gröfser ausfällt, als zwischen den weiter von der Wellenachse entfernten Klauenflächen. Aufserdem ist aber auch noch der Reibungsweg der Klinkenzapfen im Verhältnis ihrer Radien zur Länge der Klinke kürzer, als der Reibungsweg an den Zahnflächen, und zwar nach den Ausführungsabmessungen etwa im Verhältnis von $1:3$ bis $1:4$, während der Verschiebungsweg der Klauenflächen und Nutenwiderlager gleich grofs ausfällt. Unmittelbar hieraus folgt weiter die vorteilhafte Steigerung der Geschwindigkeit der Klinkenflächenbewegung im Vergleich zur Reibungsgeschwindigkeit in den Widerlagern, deren Flächendruck unverändert bleibt.

Hierdurch, wie durch passende Form der Hubdaumen und Daumenzahl, lässt sich die Ausrückgeschwindigkeit soweit steigern, dass die höchst nachteiligen Wirkungen, welche bei langsamen Klauenverschiebungen im letzten Zustande der Ausrückung auftreten, durch die Abkürzung der Kraftwirkungsdauer von den Klinkenkanten fern gehalten werden können.

In bezug auf die konstruktive Durchbildung der Einzelheiten ist noch zu bemerken, dass Stolterfoht den Durchmesser der Klinkenräder im Verhältnis zur Welle klein wählt, um möglichst tadelloses Material zu verwenden, das Gesammtgewicht zu beschränken und die Räder ohne Gefahr härten zu können. Die Drehzapfen der Klinken sind dann ihrerseits auch wieder möglichst nahe an den Klinkenradumfang herangerückt, um den Klinkendruck nicht unnötig zu vergröfsern, der um so gröfser ausfällt, je mehr sich die Klinkenrichtung der radialen nähert.

Die Angriffflächen der Klinken und Sperrzähne sind durch sauber bearbeitete cylindrische Flächen gebildet und der Klinkenzahn nur ganz wenig, etwa $1/2$ mm, unterschnitten, um selbstthätige Auslösungen zu verhindern. Hierdurch ist eine wesentliche Verbesserung der Klinkenform gegenüber den sonst in der Praxis verbreiteten ebenen Angriffflächen gewonnen, weil sich die Flächen vom ersten Augenblicke des Angriffes in einander schmiegen. Vor allem ist aber mit Recht die gefahrvolle und doch in der Litteratur oft empfohlene, stark unterschnittene Zahnform vermieden und der Zahnrücken weithin kräftig fortgeführt.

Bei mittleren Kupplungen wendet Stolterfoht 4 Daumen an, empfiehlt aber für gröfsere 6 bis 8, da nach seinen Erfahrungen sich in folge der teilweisen Ausgleichung kleinerer Ungenauigkeiten durch die Elastizität des Materiales eine gröfsere Anzahl einzelner Klinken leichter zum vollen Angriff bringen lässt, als nur zwei Klinken mit gleich grofser Gesammtangriffläche, die an sich, mit Rücksicht auf die zulässigen Grenzen der spezifischen Pressung, nicht beliebig beschränkt werden darf.

Die eiförmige Gestalt der Schleifköpfe an den Ausrückarmen i, Fig. 22, S. 86, ist mit Rücksicht auf den leichten Angriff der Hubdaumen beim Vorschieben der Ausrückmuffe gewählt.

Zu beachten ist schliefslich noch, dass die Klinken ausreichend hoch über die Kanten der Sperrzähne emporgehoben werden müssen, um einen nochmaligen Eingriff mit dem nächsten Zahne, nach erfolgter Ausrückung, zu verhindern, der durch das plötzliche Zurückfedern der Klinke und der getriebenen Welle, in folge der Entlastung im Augenblicke der Kupplungsausrückung, sonst leicht herbeigeführt werden kann.

Die Vorteile des Systemes sind durch die sorgfältige konstruktive Durchbildung der ganzen Ausführung in vollem Mafse gesichert, sodass die Stolterfoht'sche Ausrückkupplung Vorzüge besitzt, die zur Zeit wenigstens von anderen Konstruktionen für den gleichen Zweck nicht erreicht werden.

Bezüglich der Abmessungen, welche Klauen- und Klinkenkupplungen erhalten müssen, ist zu erwägen, dass der starre Kupplungseingriff alle Kraftschwankungen aufzunehmen hat, welche während des Betriebes in der Transmission durch wechselnde Beschleunigungen fest mit den Wellen verbundener Massen oder durch plötzliche, gewaltsame Hindernisse auftreten. Dementsprechend werden wesentlich kräftigere Konstruktionen notwendig, als den Beanspruchungen durch die Widerstände der Nutzleistung entsprechen. Die Federungsarbeit, welche in solchen Fällen innerhalb der Wellenstrecken auftritt, ist bis zu einem gewissen Grade für die Haupttransmission unschädlich; erstrecken sich aber die Formänderungen in merkbarer Weise auf einzelne Teile der Kupplung selbst, so wird dadurch ihre Gebrauchsfähigkeit in frage gestellt und die Ausrückbarkeit unter Umständen aufgehoben. Eine Steigerung der Anstrengung bis zur Gefahrgrenze kann leicht den Verlust einer an sich immerhin kostspieligen Schutzvorkehrung zur folge haben. Aus diesen Gründen sollten derartige Kupplungen mit der unmittelbar zugehörigen Welle stets kräftiger konstruirt werden, als die übrige Transmission, wenn nicht etwa die Kraftabgabe hinter der Kupplung durch Riementrieb vermittelt wird, der an sich durch den Reibungsschluss eine Sicherheit gegen Ueberanstrengungen innerhalb der Kraftübertragungsgrenzen des Riemens bietet.

Bei Reibungskupplungen ist dieser Schutz durch den Reibungsschluss in der Kupplung selbst geboten und daher hier auf zufällige Kraftschwankungen, welche die Uebertragungsfähigkeit des Reibungsschlusses überschreiten, keine Rücksicht zu nehmen.

Ferner ist an dieser Stelle bereits darauf hinzuweisen, dass zwischen den Verhältnissen, unter denen sich die Ausrückung bei Reibungs- und Klinkenkupplungen vollzieht, ein wesentlicher Unterschied besteht.

Die Kraft, welche zum Ausrücken einer Klinken- oder Klauenkupplung erforderlich ist, wächst mit der Gröfse der Kraftübertragung in der Transmission und ist daher allen Schwankungen unterworfen, wie diese. Auch sie kann also, sobald aus einer der oben angedeuteten Ursachen der Widerstand hinter der Kupplung plötzlich steigt, wesentlich gröfser ausfallen, als den normalen Betriebsverhältnissen entspricht.

Ein Teil der Fälle, in welchen in der Praxis die Ausrückbarkeit derartiger Kupplungen versagt hat, dürfte auf das Aufserachtlassen dieser Eigenschaften beim Konstruktionsentwurf zurückzuführen sein.

Bei den Reibungskupplungen liegt die Sache umgekehrt. Hier ist an sich die Ausrückarbeit unabhängig von der Kraftübertragung, und die Kupplung löst sich sogar um so schneller, je stärker sie im Augenblicke der Ausrückung belastet ist, je mehr sich der Nutzwiderstand der Leistungsgrenze der Kupplung nähert.

C. Kraftmaschinen-Klinkenkupplungen mit selbstthätiger Ein- und Ausrückung.

Der Vollständigkeit halber und mit Rücksicht auf die Beurteilung, welche sonst in der Litteratur verbreiteten Anschauungen gegenüber geboten erscheint, mögen schliefslich hier noch die älteren Klinkenkupplungen besprochen werden, die als sogenannte Kraftmaschinenkupplungen konstruirt sind und den Zweck haben, bei Verwendung zweier Betriebsmaschinen mit gemeinsamer Haupttransmission die eine Maschine unabhängig von der anderen abstellen und jederzeit wieder anlassen zu können.

In der Regel handelt es sich hierbei um Verbindung des Antriebes eines Wasserrades oder einer Turbine mit einer Dampfmaschine, welche nur zeitweise mit in Betrieb zu setzen ist, und die Klinke bietet als einseitig wirkendes Sperrwerk das einfachste Mittel, um die Kupplung der Hilfsmaschine mit der Haupttransmission selbstthätig zu bewirken, sobald sie in volle Wirksamkeit tritt, während andererseits sich auch die Ausschaltung in der Transmission selbstthätig beim Abstellen der Dampfmaschine vollzieht.

Kraftmaschinenkupplung von Pouyer.

Das Sperrrad s der Pouyer'schen Kupplung, Fig. 23 [1]), sitzt fest auf der ständig umlaufenden Welle, auf welcher aufserdem noch ein Zahnrad z lose angeordnet ist, das den Antrieb der Hilfsmaschine aufnimmt und durch die in seiner Scheibe drehbar gelagerten Klinken auf das Sperrrad, und somit auf

Fig. 23.

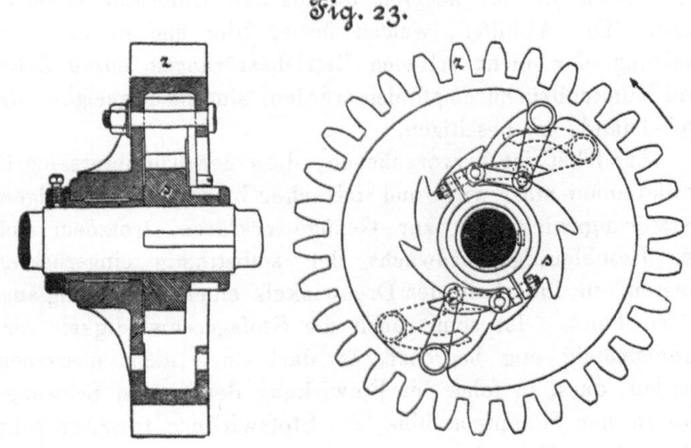

---

[1]) Die Zeichnung ist einer älteren Sammlung Reuleaux'scher Skizzen für die Studirenden der ehemaligen Gewerbeakademie in Berlin entnommen.

die Hauptwelle überträgt, sobald das Rad gegen die Welle vorzueilen beginnt.

Zur Vermeidung des unangenehmen Geräusches und der schädlichen Klinkenabnutzung durch dauerndes Schleifen bei ausgerückter Kupplung lüftet Pouyer die Klinken selbstthätig durch Vermittlung eines Bremszaumes, welcher in die Ringnut des Sperrrades eingreift und durch seine Klemmung dem ständigen Umlaufe der Hauptwelle zu folgen sucht.

Sobald das Stirnrad hinter der Wellengeschwindigkeit zurückbleibt und in Stillstand übergeht, sucht der Bremszaum den Klinkendrehhebel hinter sich herzuziehen und lüftet dadurch die Klinke vollständig, bis er schliefslich selbst durch die Hebelverbindung mit dem Stirnrade zurückgehalten wird. Umgekehrt stützt sich beim Anlassen der Dampfmaschine der Klinkendrehhebel gegen den Bremszaum ab, sobald das Stirnrad der Welle vorzueilen strebt, und legt dadurch die Klinke wieder selbstthätig ein.

Die Konstruktion hat sich in der Praxis nicht in der Weise bewährt, wie ihre fortdauernde Berücksichtigung auch noch in der neueren technischen Litteratur erwarten lässt. Die Abhilfen, welche ferner hier und da zur Vermeidung der nicht seltenen Betriebsstörungen durch Zahn- und Klinkenbrüche empfohlen werden, sind nicht geeignet, die Uebelstände zu beseitigen.

Zunächst ist hervorzuheben, dass der Kupplungseingriff vollkommen starr wirkt und sich schon hieraus allein häufigere Zerstörungswirkungen zur Genüge erklären, trotzdem sich der Beschleunigungszuwachs der selbstthätig eingerückten Massen nur innerhalb des Drehwinkels einer Zahnteilung ausbilden kann. Ist somit auch die Stofsgeschwindigkeit verhältnismäfsig eng begrenzt, so darf doch nicht übersehen werden, dass, in folge der Einwirkung der ganzen Schwungmassen der Dampfmaschine, die Stofswirkung trotzdem sehr erheblich ausfallen kann.

Der Vorschlag Reuleaux's[1]), die Stofswirkung durch Wahl

---

[1]) Reuleaux, Konstrukteur IV. Aufl. S. 403.

einer ungeraden Zähnezahl bei zwei symmetrisch angeordneten Klinken abzuschwächen, wobei der Eingriff sich innerhalb einer halben Zahnteilung vollziehen muss, dürfte die Gesammtverhältnisse kaum günstiger gestalten, weil alsdann der Stofs nur durch eine der beiden Klinken allein aufgenommen wird und diese einseitige Stofskraft gleichzeitig eine Biegungsanstrengung in der ohnehin schon auf Drehung beanspruchten Welle hervorruft. Der Rückstofs gefährdet in solchen Fällen nach vorliegenden Betriebserfahrungen selbst die benachbarten Lager.

So lange man die Stofswirkung nicht durch Einschaltung eines Reibungsschlusses abschwächt, ist wenigstens dafür Sorge zu tragen, dass in erster Linie die Zahn- und Klinkenkonstruktion möglichst sachgemäfs ausgeführt wird. Auch in dieser Beziehung weisen sowohl die verbreiteten Zeichnungen der Kupplung, wie z. B. die vorliegend benutzte Darstellung, wie manche Ausführungen in der Praxis erhebliche Mängel auf, die hauptsächlich auf dem sehr gewöhnlichen Irrtume beruhen, dass die Abmessungen und die Form der Sperrzähne von der auftretenden Scheerbeanspruchung abhängen, während in Wahrheit die Biegungsanstrengung mafsgebend ist[1]).

Hierdurch verbieten sich, wie bereits weiter oben angedeutet, die starken Unterschneidungen der Zähne, welche die Skizze aufweist. Die geringe Geschwindigkeit, mit der die Klinken-Ein- und -Auslösung unter der Einwirkung des kleinen Geschwindigkeitsunterschiedes zwischen den beiden Kupplungshälften erfolgt, begünstigt ferner im höchsten Mafse die nachteiligen Steigerungen der Druckwirkungen in den knappen Angriffflächen bei Beginn der Einrückung und ebenso beim Abschluss der Ausrückung, welche sich keineswegs frei vollzieht, da auch hier wieder die Rückfederung der bis dahin belasteten Welle das Sperrrad gegen die sich auslösende Klinke zurückdrängt.

Das häufig beobachtete Hängenbleiben der Klinken an den Zahnspitzen wird unter solchen Umständen durch starke Unterschneidungen der Zähne und schlank zulaufende Klinken

---

[1]) Bach, Elasticität und Festigkeit S. 208.

nicht beseitigt, sondern eher begünstigt, und auch diese Erwägung spricht gegen die gewählte Zahnform[1]).

Die Praxis hat die störenden Wirkungen der langsamen Einrückung der Klinken durch den Bremszaum zum teil durch vollständige Beseitigung des letzteren angestrebt und statt dessen für die Einklinkung kräftige Spiralfedern angeordnet. Hierdurch wird aber die Auslösung erschwert, und die Klinken schleifen während des Stillstandes der einen Kupplungshälfte dauernd unter starkem Federdruck auf dem weiterlaufenden Sperrrade.

Dass schliefslich noch die in der Zeichnung gewählte steile Stellung der Klinke für die Eingrifflage, in folge der weiten Entfernung des Drehpunktes von dem Sperrradumfange, den Klinkendruck selbst ungünstig erhöht, ist ebenfalls schon bei Erörterung der Stolterfoht'schen Kupplungen hervorgehoben.

Es vereinigen sich also in den Pouyer'schen Kupplungen mit dem an sich gefahrvollen starren Kupplungsschlusse noch hier und da bei den Ausführungen weitere konstruktive Fehler in den Einzelheiten, die dazu beigetragen haben, das Urteil der Praxis über den zweifelhaften Wert der Konstruktion noch ungünstiger zu gestalten.

Kraftmaschinenkupplung von Uhlhorn.

Die Uhlhorn'sche Kupplung, Fig. 24[2]), S. 95, ist im wesentlichen nur eine Abänderung der Pouyer'schen unter Verwendung eines innen verzahnten Sperrrades.

Die Klinken sind in einer mit der treibenden Welle fest verbundenen Scheibe gelagert und werden in ihrer Lagerung durch einen in die Scheibe eingelassenen Ring gesichert. Die Aussparungen für den Klinkeneingriff liegen im inneren Umfange der Kupplungstrommel. So lange letztere stillsteht oder langsamer umläuft als der linke Wellenstrang, werden

---

[1]) Ganz unzulässig ist die Spiefsform der Klinken in der von Reuleaux im Konstrukteur IV. Aufl. S. 403 Fig. 455 gewählten Darstellung.

[2]) Reuleaux, Konstrukteur IV. Aufl. S. 404 Fig. 456.

die Klinken durch den über sie fortgleitenden Trommelmantel
in ihre eigene Scheibe zurückgelegt, d. h. selbstthätig ausgerückt; sobald aber die rechte Welle mit ihrer Trommel im
Sinne des Pfeiles vorzueilen beginnt, stofsen die am inneren
Umfange derselben angebrachten Federn gegen die Klinkenkanten und leiten den selbstthätigen Eingriff ein, welcher
durch die Zentrifugalkraft der Klinken unterstützt wird und
sich vollkommen vollzieht, sobald die Klinke von der ent-
gegentretenden Kante der Aussparung erfasst wird.

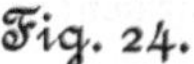

Fig. 24.

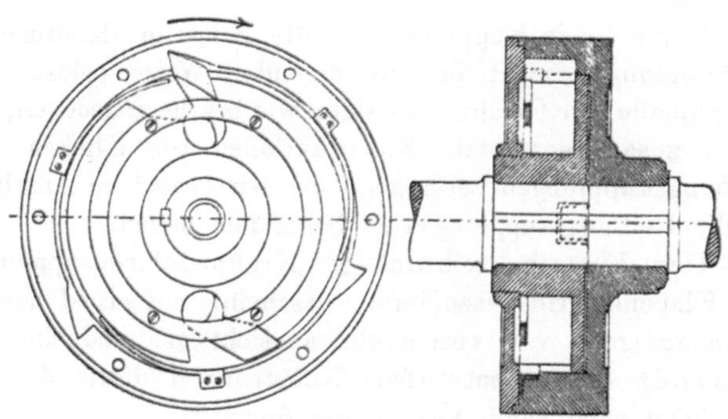

Die allgemeinen Uebelstände der Pouyer'schen Konstruktion sind bis auf die zuverlässigere Bewegung der
Klinken und etwas gröfsere Geschwindigkeit ihrer Verstellung
auch hier vorhanden. Ein neuer Missstand erwächst aus
der Zerbrechlichkeit der Stofsfedern. Mittner in Reichenbach
hat diesen Nachteil wieder dadurch zu beseitigen gesucht,
dass er auf die Einschaltung des Pouyer'schen Bremszaumes
zur selbstthätigen Einrückung der Klinken zurückgreift, dadurch die Konstruktion aber wohl schwerlich verbessert [1]).
Mehr zu empfehlen ist es, bei schnelllaufenden Wellen die Federn zu beseitigen und die Einrückung der Klinken lediglich
ihrer Zentrifugalkraft zu überlassen. Dass im übrigen die in der

---

[1]) Uhland, Der praktische Maschinenkonstrukteur 1886 S. 239
und Skizzenblatt 25 Fig. 1 bis 3.

benutzten Quelle gewählte ungerade Zahnlückenzahl nicht zu empfehlen ist, folgt aus den entsprechenden Bemerkungen über den gleichen Fall bei der Pouyer'schen Kupplung, und es liegt hier um so weniger Veranlassung zu diesem Auswege vor, als ohne Schwierigkeit eine gröfsere Anzahl Zahnlücken in dem Trommelumfange untergebracht werden könnte.

Die vollständig geschlossene Form der Kupplung und die Einkapselung aller bewegten Teile erschwert die Ueberwachung des betriebsfähigen Zustandes der Konstruktion und kann nicht als ein Vorzug, der Pouyer'schen Anordnung gegenüber, angesehen werden.

Durch beide Kupplungen ist die Frage der Kraftmaschinenkupplungen nicht in befriedigender Weise gelöst. Die Hauptquelle der Gefahr lässt sich, wie bereits angedeutet, nur durch zusammengesetzte Konstruktionen von Klinken- und Reibungskupplungen beseitigen, die wir später im Anschluss an die Reibungskupplungen zu behandeln haben.

Der Versuch, selbstthätige Kraftmaschinenkupplungen mit Klaueneingriff auszuführen, erscheint, auf grund unserer Betrachtungen, von vornherein aussichtslos, und die von C. Arndt hierfür entworfene Konstruktion dürfte dementsprechend auch kaum Verbreitung finden.[1]

---

[1] Zeichnung der Konstruktion findet sich in Uhland's Skizzenbuch 1888 Taf. 1276 Fig. 5 bis 7.

II. Reibungskupplungen.

Für die Klarlegung der geschichtlichen Entwicklung und für die Beurteilung der Fortschritte in der Konstruktion ein- und ausrückbarer Transmissionskupplungen kommen vor allem die ausgeführten Reibungskupplungen und die Verbindung von Klauen- oder Klinkenkupplungen mit Reibungskupplungen in betracht.

Für die Einteilung des ganzen Stoffes ergeben sich zunächst die beiden angeführten Hauptsysteme der einfachen und zusammengesetzten Anordnung als Hauptgruppen.

Im übrigen ist für die vergleichende Beurteilung die Form der Reibungsflächen, d. h. eine Einteilung in Kegel-, Cylinder- und Scheiben- oder Lamellenkupplungen von untergeordneterer Bedeutung, als die Anordnung und der Antrieb des Spannwerkes, durch welches der Kupplungsschluss bewirkt wird. Dieser Anschauung gemäfs sind daher auch nachstehend die verschiedenen Kegel-, Cylinder- und Lamellenkupplungen nur soweit gruppenweise zusammengestellt, wie sich aus der Art ihrer Spannwerke eine Zusammengehörigkeit ergiebt.

Die Zeit der Entstehung konnte bei der Reihenfolge im grofsen und ganzen nicht als unbedingte Richtschnur dienen, da die einzelnen Verbesserungen desselben Systems zerstreut, und zum teil mit Anordnungen anderer Systeme gemischt, auftreten. Dagegen bin ich bemüht gewesen, die Urheberschaft der wichtigeren Fortschritte, soweit mir das Quellenmaterial hierüber Aufschluss gab, besonders hervorzuheben.

A. Kupplungen mit Anpressung von Hand.

a) Kegelkupplungen mit Rückwirkung des Anpressungsdruckes auf die Wellen.

Die einfachste Ausführung einer Reibungskupplung entspricht der Fig. 25[1]), S. 99. Der Hohlkegel ist auf den Kopf der treibenden Welle aufgekeilt, der Vollkegel zum Ein- und Ausrücken auf der getriebenen Welle in Feder und Nut verschiebbar. Die Verschiebung erfolgt durch einen doppelarmigen Einrückhebel von Hand, Fig. 26, S. 99. Um eine genügend grofse Druckfläche zwischen dem Hebel und der nach der Einrückung sich mit der Triebwelle drehenden Kupplungshälfte zu erzielen, d. h. die spezifische Pressung und den Verschleifs ausreichend zu beschränken, ist ein sogenannter Schleifring eingeschaltet, welcher zweiteilig ausgeführt, einerseits in die Ringnut der Kupplungsnabe eingreift, andererseits von dem kurzen gabelförmigen Arme des Hebels umfasst wird und durch zwei Zapfen mit ihm verbunden ist.

Bezeichnet

M_d das zu übertragende Moment,
α den Kegelwinkel der Kupplungskörper,
r den mittleren Kegelhalbmesser,
μ den Reibungskoëffizienten,

so bestimmt sich der erforderliche Anpressungsdruck P des Schleifringes durch

$$P = \frac{M_d}{r} \frac{\sin\alpha + \mu\cos\alpha}{\mu},$$

wo μ mit Rücksicht auf die notwendige Schmierung für Gusseisen höchstens $= 0{,}12$ gesetzt werden darf.

Die Beziehung zeigt, dass durch Verkleinerung des Winkels α auch P kleiner wird; aber sowohl die Rücksicht, dass bei zu kleiner Wahl von α die Kupplungshälften, in folge unvermeidlicher Abnutzung, sehr rasch tiefer in einander dringen,

---

[1]) Bach, Maschinenelemente Taf. 20 Fig. 288.

wie die Gefahr, dass die Klemmung sich bis zur Unlösbarkeit steigert, beschränken meist den unteren Grenzwert von α auf etwa 12° bis 15° [1]).

Die Gröfse des auszuübenden Druckes, wie die Notwendigkeit, den Anpressungsdruck während der ganzen Kupplungsdauer aufrecht zu erhalten, führen dazu, unter Umständen den Handhebel mittels Schraubenspindel und Handrad zu bewegen und durch die Selbsthemmung der Schraube festzustellen.

Die Anordnung ist mit dem Uebelstande verbunden, dass die dauernde Anpressung zwischen Schleifring und

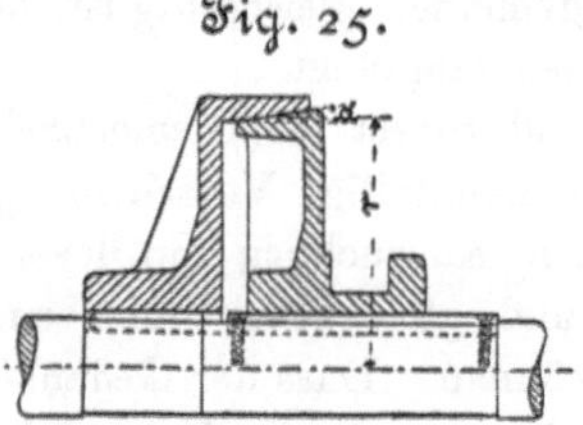

Fig. 25.

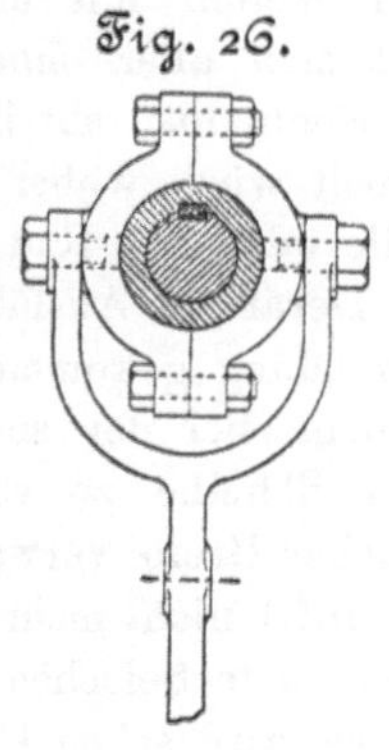

Fig. 26.

Kupplungsmuffe einen stetigen Verschleifs herbeiführt und die Welle in achsialer Richtung zu verschieben sucht. Dem Vorteil, dass die Kupplung von Hand je nach Bedürfnis eingestellt werden kann, steht der Nachteil gegenüber, dass man hierbei ganz und gar von der Umsicht des Arbeiters abhängig ist. Zu schwache Anpressungen führen zu dauerndem teilweisem Schleifen unter mangelhafter Bewegungsübertragung, die erst bei groben Fehlern oder nach stärkeren Abnutzungen dem Auge wahrnehmbar wird. Zu starke Anpressungen haben

---

[1]) P. Sturm, Oberingenieur der Fabrik von Karl Krause in Leipzig, beschränkt die Mantelfläche des inneren Kegels auf vier Sektoren und gestaltet die Nabenarme im Schnitt nach der Wellenachse S-förmig. Beim Ausrücken biegt alsdann der Reibungswiderstand des Kupplungsschlusses die Arme federnd zurück, sodass die Kegelsektoren sich zuerst hinten von der äufseren Mantelfläche ablösen und der Kegelwinkel ohne Gefahr des Festklemmens bis auf 5° vermindert werden kann. Die Ausführung hat sich für kleinere Arbeitsübertragungen bis zu 1 Pfkr. bewährt.   7*

die Gefahr von Ueberanstrengungen des Triebwerkes im Gefolge. Der Mangel federnder Zwischenglieder erschwert die genaue Einstellung und führt, wenn die Spannhebel nicht genügend durchfedern, zu schroffen Schwankungen des Anpressungsdruckes. Diese Bemerkungen gelten für alle ähnlichen Einrückungen von Hand und lassen die Anordnung für die unmittelbare Uebertragung von grofsen Kräften nicht empfehlenswert erscheinen.

Die vorliegende Konstruktion dient zunächst dem Zwecke, zwei Wellen mit einander ausrückbar zu verbinden. Sie lässt sich aber ohne weiteres so abändern, dass die Welle mit einem lose auf ihr sitzenden Rade oder einer Scheibe gekuppelt wird, wobei es im allgemeinen gleichgiltig ist, ob die Welle oder das Rad den Antrieb empfängt.

Derartige Ausführungen sind zuerst für Riementriebe in Anwendung gekommen, um die nachteilige Verschiebung des Riemens bei der sonst üblichen Ausrückung mit loser und fester Scheibe zu vermeiden und gleichzeitig Scheiben von einfacher Breite verwenden zu können. Dass der Gedanke bereits 1858 nicht mehr neu war, beweist die in diesem Jahre in mehreren technischen Zeitschriften veröffentlichte Beschreibung der Garand'schen Cylinderreibungskupplung für ein Riemenscheibenwendegetriebe mit offenem und gekreuztem Riemen[1]).

In neuerer Zeit ist von Einzelnen der Gedanke ausgebildet, den ausgerückten Riemen auch gleichzeitig ganz aufser Betrieb zu setzen. Schliefslich hat man auch noch die Berührung zwischen der festgestellten Leerlaufscheibe und der Welle beseitigt, um auch an dieser Stelle bei ausgerücktem Betriebe jede unnötige Abnützung auszuschliefsen.

Zu den Konstruktionen, welche zwar die Riemenverschiebung beibehalten, aber besondere Kupplungen einschalten, um den Riemen ganz abzustellen, gehören die beiden nächsten Ausführungen. Andere Anordnungen, welche die weitergehenden, vorstehend angedeuteten Ziele verfolgen, gelangen in späteren Abschnitten zur Erörterung.

---

[1]) Zeitschr. d. Ver. deutscher Ingenieure 1858 S. 26 und Dingler 1858 Bd. 149 S. 23.

Aus- und Einrückvorrichtung für Riementriebe von Gerhard Engel in Berlin, D. R.-P. 44336[1]).

Engel zerlegt die Scheibe von doppelter Riemenbreite, welche bei den gewöhnlichen Anordnungen ausrückbarer Riementriebe auf die treibende Welle aufgekeilt ist, in zwei getrennte Scheiben, eine lose c, Fig. 27, und eine feste b, während auf der getriebenen Welle a' in alter Weise ebenfalls eine lose und eine feste Scheibe c' und b' neben einander angeordnet sind. In der gezeichneten Stellung befindet sich der Riemen auf den beiden gegenüberstehenden losen Scheiben und ist daher in Ruhe, während die treibende Welle a in der Nabe von c sich frei dreht. Zum Einrücken des Riemens wird zunächst die Scheibe c durch Anpressen der Muffe d mit der Welle gekuppelt und dann der laufende Riemen auf die festen Treibscheiben übergeführt. In umgekehrter Reihenfolge wird die Abstellung vermittelt. Der achsial gerichtete Anpressungsdruck ist also hier nur ganz vorübergehend während der Ueberführung des Riemens von einer Scheibe auf die andere in Thätigkeit und fällt zudem sehr gering aus, da es sich nur um den Antrieb der Leerscheiben handelt. Andererseits ist aber allerdings auch zu befürchten, dass, bei der geringsten Vermehrung der Reibung in der Nabe von c, gegenüber der von c', die treibende Welle die Leerscheiben selbst, ohne Einrückung der Kupplung, in Bewegung setzt, sodass immerhin

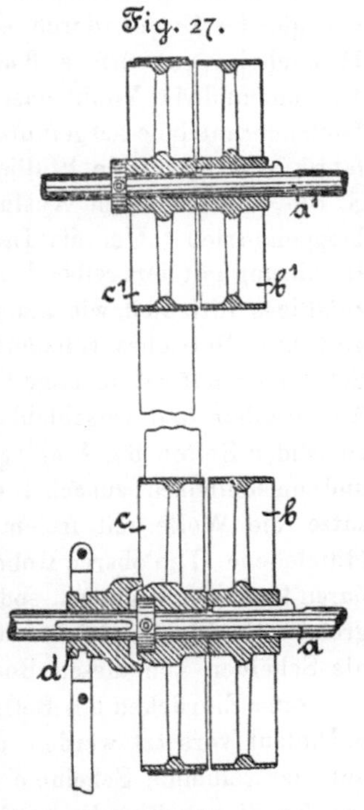

---

[1]) Zeitschr. d. Ver. deutscher Ingenieure 1888 S. 1036.

der ausgerückte Riemen leicht unerwartet in Bewegung geraten kann, wenn auch die Arbeitsmaschine dabei abgestellt bleibt.

Ausrückbare Kupplung von Pfarr in Heidenheim zur vollständigen Ausschaltung von Riementrieben.

Vollständiger, als durch die vorstehende Anordnung, wird der gleiche Zweck durch eine vom Oberingenieur **Pfarr** in Heidenheim entworfene Kupplung erreicht, welche von der Maschinenfabrik Voith daselbst bereits mehrfach für grofse Holländerantriebe ausgeführt ist, unter anderem für die Papierfabrik von Kraufs in Pfullingen. Bei der in Fig. 28 und 29, S. 103, dargestellten Ausführung handelt es sich um einen Doppelantrieb. Um die Leerlaufscheiben selbst ganz aufser Berührung mit der treibenden Welle W zu bringen und hierdurch zufälliges Mitlaufen, wie unnötigen Verschleifs, während des ausgerückten Betriebes vollständig auszuschliefsen, sind die losen Scheiben a auf rohrförmige Hülsen h besonderer Bockgestelle b frei drehbar und verschiebbar aufgesetzt. Diese Böcke stehen zu beiden Seiten des Traglagers der Welle unterhalb derselben und umschliefsen zunächst durch ihre halbrohrförmigen Ansätze die Welle mit freiem Spielraum bis zur wagerechten Mittelebene. Die oberen Rohrhälften h sind an einen aufschraubbaren Deckel angegossen, sodass das Ganze im Aeufseren einem grofsen Bocklager gleicht, nur dass nicht die Welle, sondern die Scheiben von diesen Bocklagern getragen werden.

Zum Einrücken des Betriebes muss zuerst die lose Scheibe in Umlauf versetzt werden, um die Ueberführung des Riemens auf die treibende Scheibe c zu ermöglichen.

Zu diesem Zwecke wird die lose Scheibe durch ein doppeltes Wurmgetriebe mit den Schnecken e und den Schneckenrädern f, deren Naben die Spannschrauben g aufnehmen, von der Handkurbelwelle d aus, gegen die aufsen liegende Treibscheibe c angepresst.

Aus der Zeichnung ist ersichtlich, wie die Spannschrauben g mit einem in die Nabe der losen Scheibe eingreifenden Schleifringe i verbunden sind, und wie andererseits die Schneckenräder f mit ihren langen Naben im Bockgestell zwischen

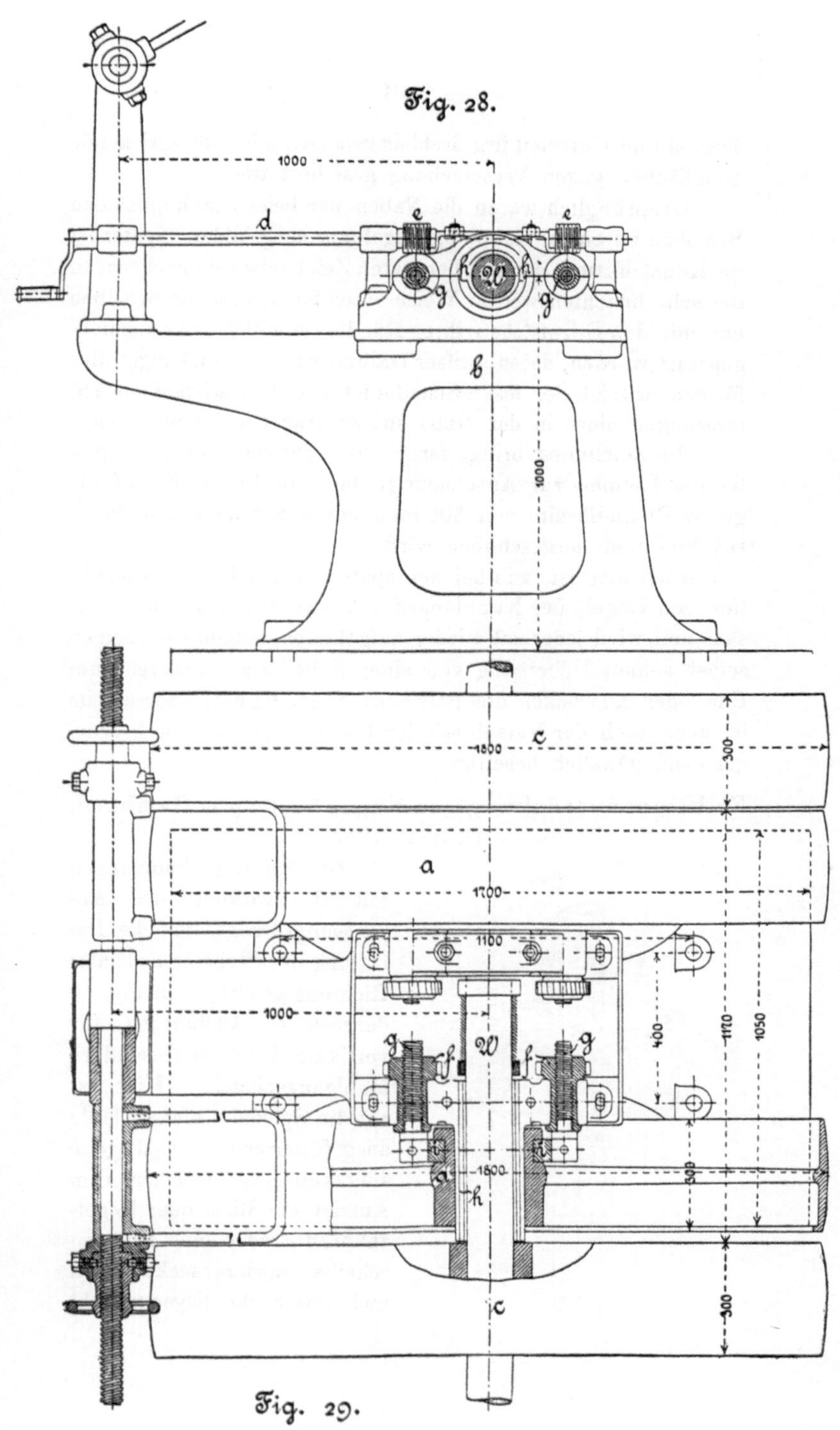

Fig. 28.
1000
d
e
e
h W
g
g
b
1000
c
1800
a
1700
1100
1000
W
g
g
f
f
400
1120
1050
1800
h
300
300
300
Fig. 29.

Deckel und Unterteil frei drehbar gelagert, durch vorspringende Ringflächen gegen Verschiebung gesichert werden.

Ursprünglich waren die Naben der beiden zu kuppelnden Scheiben zu einem Kupplungskegelpaar ausgebildet. Später ist die Konstruktion, der hier benutzten Zeichnung entsprechend, in der sehr beachtenswerten Weise vereinfacht, dass die Scheiben nur mit den Stirnflächen ihrer Ränder unmittelbar zusammengepresst werden, deren grofser Halbmesser weit wirkungsvoller für den Antrieb der losen Scheibe ist, als die beschränkten Abmessungen eines in der Nabe untergebrachten Kegelschlusses.

Die Zeichnung bringt ferner noch das Steuerungsgestänge für die Riemen zur Anschauung, das, mit Rücksicht auf die grofse Riemenbreite von 300 mm, durch Schraube und Handrad hin- und hergeschoben wird.

Auch hier ist, wie bei der später entstandenen Konstruktion von Engel, der Kupplungsdruck nur vorübergehend wirksam und wird jedesmal wieder aufgehoben, sobald der Riemen selbst seinen Uebergang von einer Scheibe zur anderen zum Ein- oder Ausrücken des Betriebes vollendet hat; andererseits ist aber auch der Verschleifs der Leerlaufscheibe, wie hervorgehoben, gänzlich beseitigt.

Friktionsausrückung von Nagel & Kämp in Hamburg, D. R.-P. 1857.

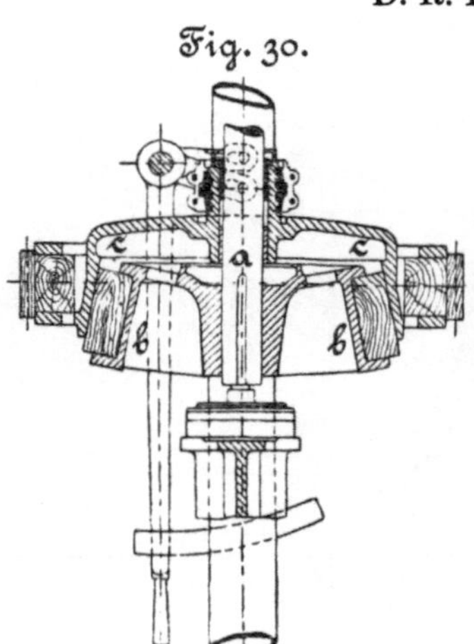

Zu den Kegelkupplungen mit Rückwirkung des Anpressungsdruckes auf die Belastung der Welle in achsialer Richtung gehört die in Fig. 30 dargestellte Ausführung für vertikale Wellen, insbesondere Mahlgangspindeln. Hier ist auf die Spindel *a* ein mit Holz ausgefütterter Reibungskegel *b* aufgekeilt, auf welchen zum Antrieb ein Stirn- oder Kegelzahnrad *c* oder eine Riemenscheibe niedergesenkt wird und durch ihr Eigengewicht den Kupplungsschluss bewirkt. Das Getriebe hängt in einem zweiteiligen Halsringlager an einem Hebel und läuft bei ausgerückter Kupplung leer.

Die Anordnung liefert für den vorliegenden Zweck eine sehr einfache Lösung der Aufgabe. Der Anpressungsdruck ist durch das Eigengewicht des Rades ein ganz bestimmt begrenzter und daher nur das Gewicht dem Zweck anzupassen. Die Belastung der Welle in achsialer Richtung erscheint nicht besonders störend, da die Spindel so wie so in einem Spurzapfenlager laufen muss.

b) Kegelkupplungen ohne Rückwirkung des Anpressungsdruckes auf die Welle.

Die vorzüglich bei gröfseren Kräften nachteilige Rückwirkung des Anpressungsdruckes auf die Welle, welche dadurch mit ihren Stellringen und Bunden gegen die Lagerstirnflächen gepresst wird, lässt sich in mannigfacher Weise beseitigen, und dieses Bestreben bildet den leitenden Grundgedanken einer ganzen Reihe verschiedenartiger Ausführungen. Da der Anpressungsdruck und dessen Rückwirkung stets gleich grofs sein müssen, handelt es sich nur darum, entweder beide Kräfte dadurch, dass sie ausschliefslich in der Kupplung selbst zur Wirkung gelangen, hier durch ihre entgegengesetzte Richtung zu vernichten, oder beide Kräfte auf dieselbe Welle zu übertragen, wodurch sie ebenfalls unschädlich werden.

Entlastete Kegelkupplung für Wellenköpfe.

Eine der ältesten derartiger Konstruktionen stellt Fig. 31, S. 106, dar[1]). Die Einrückung erfolgt durch Drehung des Handrades, dessen Tragzapfen mit Schraubengewinde in den Wellenkopf selbst eingreift und den in Feder und Nut verschiebbaren Vollkegel *c* in den lose auf der angetriebenen Welle *a* sitzenden Hohlkegel *b* einpresst. Auf die Nabe des Hohlkegels ist das mit der Welle zu kuppelnde Rad aufzukeilen. An-

---

[1]) Reuleaux, Konstrukteur IV. Aufl. S. 395.

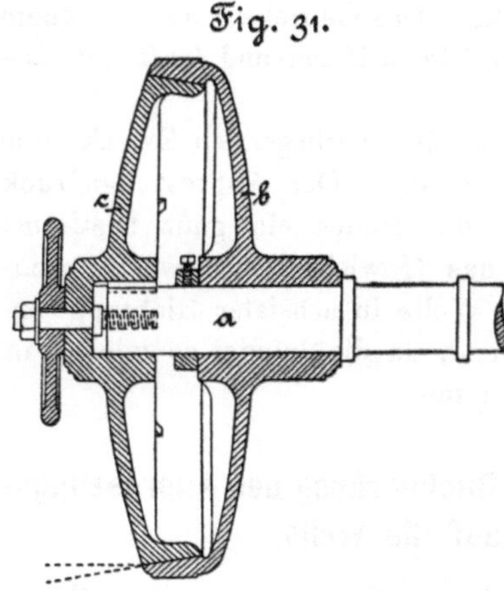

pressungsdruck und Rückwirkung vernichten sich hier in der Welle selbst.

Die ganze Konstruktion ist, abgesehen von der fliegenden Anordnung, die verhältnismäfsig selten anwendbar ist, nur für kleine Kräfte und geringe Umlaufgeschwindigkeiten brauchbar, da sonst die spezifische Pressung der Handradschraube zu grofs ausfällt und aufserdem die Bedienung des Handrades gefährlich wird, welches beim Einrücken sofort an der Drehung teilnimmt.

Riffelscheibenkupplung von Reuleaux [1]).

Fig. 32, S. 107, veranschaulicht eine von Reuleaux angegebene Abänderung der vorstehenden Anordnung zur Kupplung zweier Wellen. Das Handrad greift mit Muttergewinde über die Nabe der auf der getriebenen Welle in Feder und Nut verschiebbaren Kupplungshälfte, welche sich beim Einrücken mit ihrem vorgeschraubten Riffelscheibenrand in die andere auf die treibende Welle aufgekeilte Kupplungshälfte einpresst und die beiden Wellenköpfe gegen einander zieht, sodass auch hier die entgegengesetzten Druckkräfte im Wellenstrange selbst vernichtet werden.

Abgesehen von der Schwierigkeit, welche die genaue Herstellung der Riffelscheiben bietet, die hier an stelle einfacher Kegel verwendet sind, macht sich ferner auch der Mangel einer Schmierung für den Stützzapfen der Wellenköpfe störend fühlbar. Gegen die Ein- und Ausrückung mittels des Handrades sind dieselben Bedenken wie oben zu erheben. In dieser Beziehung ist noch darauf hinzuweisen, dass je nach der Steigungs-

---

^[1]) Reuleaux, Konstrukteur IV. Aufl. S. 397.

richtung des Muttergewindes das Handrad beim Schliefsen oder
Oeffnen der Kupplung im Drehsinne der angetriebenen Welle
schneller als diese gedreht werden muss, um überhaupt die
Spannschraube zur Einwirkung zu bringen. Also auch hieraus

Fig. 32.

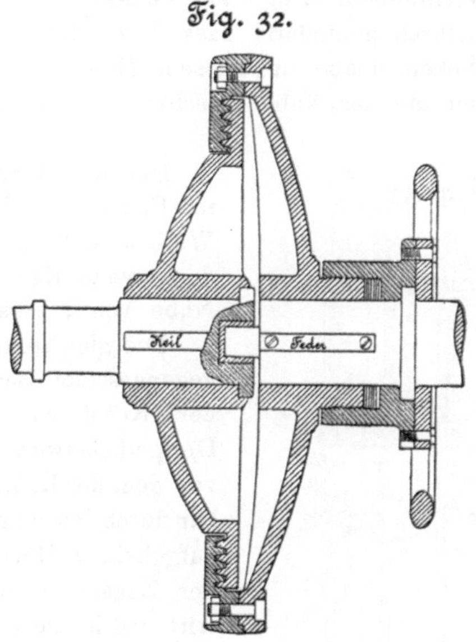

folgt bereits die Beschränkung der Umdrehungszahlen, für
welche die Konstruktion noch ausführbar bleibt; zudem macht
sich ferner der Uebelstand geltend, dass durch die verhältnismäfsig geringe Relativbewegung das Anpressen oder Lösen
wesentlich verzögert wird und mit der langsamen Wirksamkeit der Umsteuerung die Wärmeerzeugung in der Kupplung
erheblich anwächst.

**Doppelkegel-Reibungskupplung von Ch. Mansfeld
in Leipzig-Reudnitz, D. R.-P. 38650[1]).**

Mansfeld presst zur Verhütung achsialer Wellenverschiebungen gleichzeitig zwei Vollkegel von entgegengesetzten

---

[1]) Zeitschr. d. Ver. deutscher Ingenieure 1887 S. 503.

Seiten in einen Doppelhohlkegel, der in Fig. 33 die treibende Riemenscheibe h bildet. Die Scheibe sitzt frei drehbar auf der Nabe des rechten Kupplungskegels a, wird aber andererseits durch einen mit der Stirnplatte m der getriebenen Welle b verschraubten Ring i an Verschiebung in achsialer Richtung dadurch gehindert, dass dieser lose in die Stirnfläche der Scheibennabe eingelassene Ring von aufsen durch einen zweiten mit der Nabe verschraubten Ring k überdeckt wird.

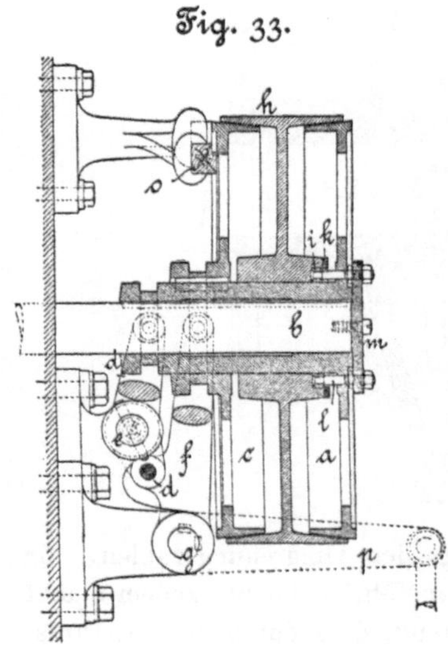

Fig. 33.

Der Kupplungskegel a ist in Feder und Nut auf der Welle b, und in gleicher Weise der zweite Kegel c auf der Nabe von a verschiebbar.

Die gleichzeitige und entgegengesetzte Bewegung beider Kegel wird durch ein Doppelhebelwerk vermittelt, von dem der Hebel f unmittelbar durch den auf seine Achse g aufgekeilten Hebel p mittels der Zugstange in Thätigkeit tritt und in die Ringnut von c eingreift, während der zweite Gabelhebel d den Kegel a erfasst und sich um den festgelagerten Zapfen e dreht, der bei d an den Haupthebel f angekuppelt ist.

Beim Ausrücken kann der Kupplungskegel c mit seiner äufseren Stirnfläche bis zur Berührung mit dem Bremsklotz o zurückgezogen werden, um die ausgeschaltete Welle möglichst schnell zum Stillstande zu bringen.

Abgesehen von dieser letzten Neuerung finden sich in der Praxis schon früher ähnliche Konstruktionen mit demselben Grundgedanken. Die Ausführung hält zwar die Rückwirkung des Anpressungsdruckes von der Welle fern; aber während der ganzen Dauer der Kupplung stehen die beiden

Schleifringe der Einrückhebel unter der Einwirkung dieses Druckes und sind daher, bei unnötigem Kraftverbrauche, schnellem Verschleifs ausgesetzt.

Dieser Uebelstand bleibt auch bestehen, wenn man, wie Biffar, die Konstruktion dahin vereinfacht, dass man nur zwei Kupplungskörper, z. B. zwei auf den Stirnflächen geriffelte Scheiben, anwendet und beide in Feder und Nut auf der Welle, bezw. auf zwei gegenüberstehenden Wellenköpfen verschiebbar, durch ein Doppelhebelwerk gegen einander presst [1]).

Hierher gehört auch noch das D. R.-P. 45643 [2]) von Nordmann, welches den Entwurf einer Doppelkegel- bezw. einer Lamellenkupplung zum Gegenstande hat, die durch ein dicht an der Welle gelagertes Kniehebelwerk oder durch ein Stahlband gespannt werden soll, indem man über diese Spannvorrichtung eine Muffe fortschiebt.

Die Anordnung ist zwar eigenartig, dürfte aber kaum weiteres Interesse verdienen.

Kupplung von P. Pfleiderer in London für Riemen-Scheibenwendegetriebe, D. R.-P. 3253.

Die Kupplung von Pfleiderer, Fig. 34 bis 37, S. 110 und 111, ist dem Grundgedanken nach eine Abänderung der Kupplung Fig. 31, S. 106, zu dem besonderen Zwecke, je nach Bedürfnis die eine oder die andere lose Scheibe eines Wendegetriebes mit offenem und gekreuztem Riemen fest mit der Welle zu verbinden. Die wechselweise Kupplung erfolgt durch Verschieben der zwischen den Riemenscheiben auf der Welle in Feder und Nut gleitenden Mitnehmerscheibe A, welche dabei mit ihren konischen Rändern c oder c_1 sich unmittelbar in den Kranz der benachbarten Scheiben B und B_1 einpresst. Bei der Anordnung nach Fig. 34, S. 110, wird die Verschiebung durch ein Handrad H in der bereits früher erörterten

---

[1]) Meissner-Hartmann, Die Kraftübertragung 1887 S. 560 und Taf. 5 Fig 1 bis 3 und Uhland Skizzenbuch 1888 Taf. 1276 Fig. 1 bis 4.

[2]) Zeitschr. d. Ver. deutscher Ingenieure 1889 S. 207.

Weise vermittelt, dass die Nabe dieses Rades mit Muttergewinde in den Nabenkopf der Mitnehmerscheibe *A* eingreift.

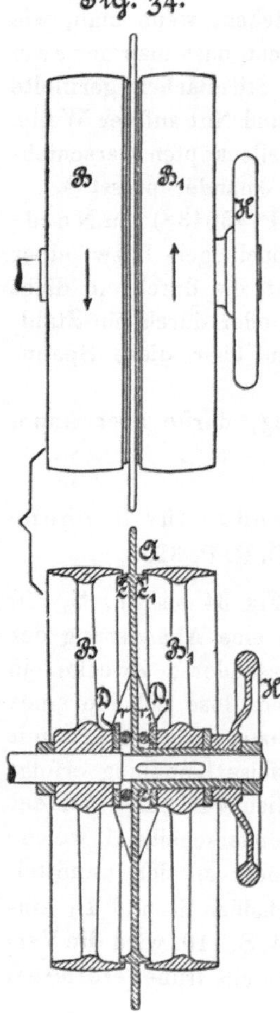

In Fig. 37, S. 111, ist statt dessen ein Hebel *L* mit einer im Kern der Welle gelagerten Schubstange *P* benutzt, die durch einen im Wellenschlitz beweglichen Querkeil auf die Mitnehmerscheibe einwirkt, damit aber allerdings auch eine einseitige Druckwirkung in der Wellenachse selbst hervorruft.

Um beim Lösen der Kupplung die Riemenscheiben wieder frei zu machen, sind zwischen die Mitnehmerscheibe *A* und die achsial verschiebbaren Scheiben DD_1, Fig. 34 und 35, welche durch Rippen rr_1 an der Drehung von *A* teilnehmen, federnde Kautschukringe JJ_1 eingelegt. Statt dessen können auch die Riemenscheiben, wie in Fig. 37, S. 111, dargestellt, durch zwei mit einander verbolzte Scheiben TT_1, deren Verbindungsbolzen *K* durch die Mitnehmerscheibe hindurchgreifen, in festem Abstand von einander gehalten werden, so dass das Zurückziehen der Mitnehmerscheibe die Lösung mit Sicherheit bewirkt. Alsdann laufen die Riemenscheiben leer auf der ruhenden Welle.

Mit Rücksicht auf die Gefährlichkeit der Bedienung des Handrades und die Unmöglichkeit, schliefslich bei schnelllaufenden Wellen dasselbe überhaupt noch in Thätigkeit zu setzen, hat Pfleiderer die Einschaltung eines besonderen Einrückwerkes

mit Reibrädern vorgesehen. Dasselbe steht in Verbindung
mit der in drei festen Augen k, i und q durch den Hebel h

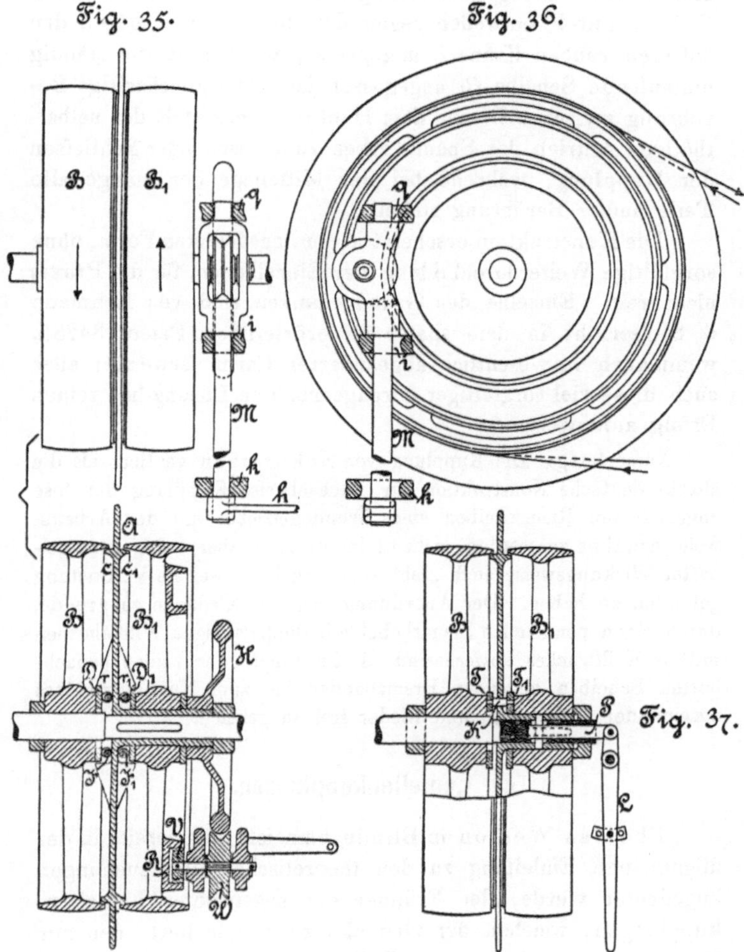

drehbaren Stange M, welche durch die längliche Form der
Augen in der Richtung senkrecht zur Wellenachse, Fig. 36,
gleichzeitig mit der Drehung in eine Kippstellung gebracht

werden kann. Durch Drehen und Kippen der Stange im einen
oder im anderen Sinne wird das in ihrem Kopf auf gemeinsamer Achse gelagerte Reibungsräderpaar V und W, Fig. 35,
S. 111, mit V entweder gegen den inneren oder gegen den
äufseren rauhen Kranz R angepresst, welcher an die ständig
umlaufende Scheibe B_1 angegossen ist. Die gleichzeitige Berührung zwischen W und dem Handrade vermittelt den selbstthätigen Antrieb des Spannwerkes zum Lösen oder Schliefsen
der Kupplung, während bei der Mittellage der Stange alle
Teile aufser Berührung stehen.

Die Konstruktion erscheint in der angedeuteten Form, ohne
sorgfältige Weiterdurchbildung der Einzelheiten, für die Praxis
nicht reif. Einzelne der Grundgedanken sind von Lohmann
& Stolterfoht in dem später zu erörternden Patent 34285,
wenn auch in wesentlich abgeänderter Form verwertet; aber
auch diese viel sorgfältiger durchgearbeitete Lösung hat keinen
Erfolg aufzuweisen.

Anmerkung: Die Kupplung von Schürmann verdient als die
älteste deutsche Konstruktion für wechselweise Kupplung der lose
angeordneten Riemscheiben eines Wendegetriebes mit der Arbeitswelle erwähnt zu werden, scheint im übrigen aber infolge mangelhafter Wirkungsweise auch nicht vorübergehend weitere Verbreitung
gefunden zu haben. Der Anordnung liegt der Gedanke zu grunde,
durch einen pendelnden Steuerhebel mit doppelseitigen Winkelarmen
mittels Keildruckes abwechselnd die im Innern der beiden benachbarten Scheiben liegenden Bremsbänder bis zum Kupplungschluss
auseinander zu spreizen und wieder frei zu geben[1]).

c) Lamellenkupplungen.

Thomas Weston in Birmingham ist, wie bereits in der
allgemeinen Einleitung zu den theoretischen Untersuchungen
angedeutet wurde, der Erfinder der sogenannten Lamellenkupplungen, welchen der Gedanke zu grunde liegt, den zur
Erzeugung einer bestimmten Reibungskraft erforderlichen An-

---

[1]) Zeitschr. d. Ver. deutscher Ingenieure 1861 S. 301 und Taf. 25
Fig. 10 bis 14.

pressungsdruck dadurch zu beschränken und möglichst herabzusetzen, dass statt eines einfachen Reibungskörperpaares die Stirnflächen eines ganzen Scheibensatzes gleichzeitig der gegenseitigen Anpressung durch die äufsere Kraft ausgesetzt werden. Indem die einzelnen Scheiben, bei freier Verschiebbarkeit in der Achsenrichtung, der Reihe nach abwechselnd mit der treibenden Welle oder der treibenden Scheibe, bezw. mit dem Mitnehmer der getriebenen Welle, auf Drehungsübertragung verbunden sind, gelangt hierdurch die Summe der erzeugten Reibungsmomente zur Wirkung.

Bezeichnet

P den Anpressungsdruck,

μ den Reibungskoëffizienten,

n die Zahl der wirksamen Reibungsflächen des Lamellensatzes,

R die zu erzeugende Reibung,

so ergiebt sich

$$P = \frac{R}{n\,\mu}.$$

Das System gestattet also mit Leichtigkeit durch passende Wahl von n eine Beschränkung von P, ähnlich wie bei Kegelkupplungen durch Verkleinerung des Kegelwinkels, aber ohne Gefahr, dass die Lösung der Kupplung durch Klemmungen verhindert wird, während gerade dieser Grund bei Kegelkupplungen die Wahl zu kleiner Winkel verbietet und damit der Beschränkung von P gewisse Grenzen setzt. Die Westonsche Originalkonstruktion, sowie einige weitere Abänderungen derselben, werden wir später in dem Kapitel »Kupplungen mit Auslösung gespannter Federwerke« zu erörtern haben. In den Rahmen des vorliegenden Abschnittes gehört nur die nachstehende Lamellenkupplung von Gawron.

Lamellenreibungskupplung von Josef Gawron in Stettin.

Die in Fig. 38 und 39, S. 114, dargestellte Konstruktion dient zur Kupplung der losen Trommel a mit der Welle. Der Antrieb von a wird entweder unmittelbar durch einen Riemen vermittelt, welchem der Trommelmantel als Scheibe dient, oder das treibende Rad wird auf die Nabe von *a* aufgekeilt. Von den Blechlamellen sind die einen auf die mit der Welle

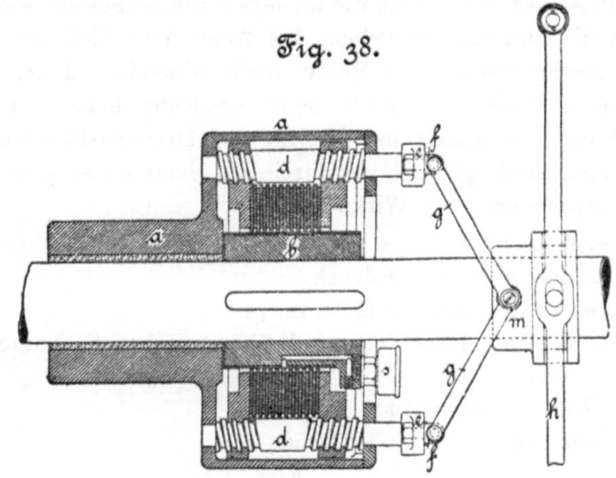

Fig. 38.

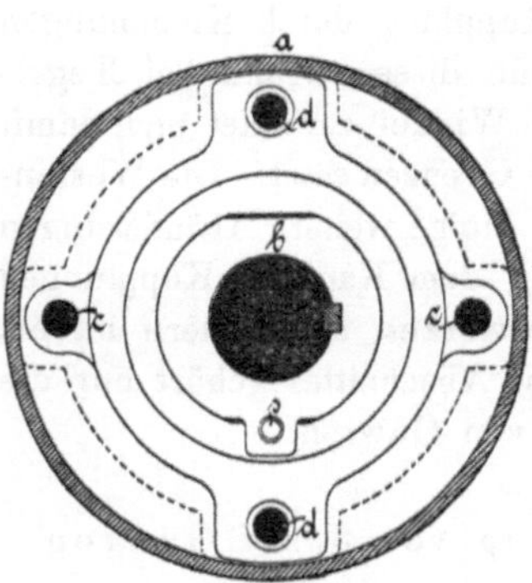

Fig. 39.

durch Keil fest verbundene Hülse *b* derartig aufgepasst, dass sie den teils cylindrischen, teils abgeflachten Umfang dieser Hülse eng umschliefsen und demnach, bei freier Verschiebbarkeit in der Achsenrichtung, die Hülse nebst der Welle zur Teilnahme an der Rotation zwingen, sobald sie selbst den Drehantrieb der Trommel *a* aufnehmen.

Die Zwischenlamellen hängen an den Bolzen *c*, Fig. 39, und sind durch diese mit der Trommel so verbunden, dass sie stets mit derselben umlaufen. Der innere Ausschnitt ist vollständig cylindrisch und umschliefst die Hülse *b* ganz frei; die äufsere Begrenzungslinie ist aus der Punktirung, Fig. 39, zu entnehmen.

Der erforderliche Reibungsschluss zwischen den Lamellenpaaren wird durch die Spannschrauben d vermittelt, die, frei drehbar in der Trommel gelagert, mit Rechts- und Linksgewinde in die gusseisernen Deckplatten des Lamellensatzes eingreifen und so diese Platten, je nachdem die Einrückmuffe m nach links oder nach rechts bewegt wird, einander nähern oder von einander entfernen, d. h. die Kupplung schliefsen oder öffnen.

Die Einrückmuffe m sitzt frei drehbar und verschiebbar auf der Welle und wird durch die gabelförmigen Enden der Schubstangen g umklammert. Um die Kniehebelwirkung der letzteren zur Drehung der Spannschrauben zu verwerten, sind in die fest mit den Spannschrauben verbundenen Kurbelarme e Gabelgelenke f eingesetzt, deren Zapfen senkrecht zur Wellenachse stehen.

Die Schmiervorrichtung s für die Lamellen ist ohne weiteres aus der Zeichnung verständlich.

Die Kupplung erfordert in folge der Kniehebel- und Schraubenübersetzung, in Verbindung mit der Beschränkung des Anpressungsdruckes durch die grofse Lamellenzahl, sehr wenig Kraft zum Ein- und Ausrücken. Die Welle bleibt in achsialer Richtung vollkommen entlastet, und nur beim Lösen und Schliefsen der Kupplung wird der Schleifring der Einrückmuffe durch den Handhebel h vorübergehend belastet.

Die Ausführung bietet einige beachtenswerte Vorteile, aber störend wirkt der Umstand, dass beim Lösen der Kupplung nur der Anpressungsdruck aufgehoben wird, während die Scheiben selbst mehr oder minder mit einander in Berührung bleiben und somit die Abstellung des Triebwerkes nicht pünktlich erfolgt, auch zufälliges Mitlaufen des ausgerückten Triebwerkes nicht ausgeschlossen ist. Hiermit ist ferner ein störender Arbeitsverbrauch verbunden.

Die sofortige Abstellung des Triebwerkes lässt sich dadurch erzielen, dass man die ganze Konstruktion in der Weise symmetrisch ausführt, dass man an die Einrückmuffe ein zweites Spannwerk anschliefst und die Kupplungsanordnung zur rechten Seite so wiederholt, dass alle Teile in gleicher

Weise vorhanden sind, die zweite Kupplungstrommel aber mit dem Gerüst oder Mauerwerk fest verschraubt wird. Alsdann erfolgt beim Lösen der linken Kupplung der Schluss der rechten, und diese wirkt durch die festgehaltene Trommel als Bremse.

Es liegt auf der Hand, dass eine derartige Doppelausführung nicht billig ist und sehr viel Platz erfordert. Als Bremse allein dürfte die Konstruktion für gewisse Zwecke, wie z. B. zur Beschränkung des Rücklaufes schwerer Lafetten, Beachtung verdienen.

Schliefslich dürfte noch darauf aufmerksam zu machen sein, dafs die rotirenden Spannhebel mindestens durch eine auf die Kupplungstrommel aufgeschobene Schutztrommel aus Blech einzuschliefsen sind, um Unglücksfälle durch die weit vorstehenden Theile zu verhüten.

d) Cylinderkupplungen.

Da bei den Cylinderkupplungen die Pressung zwischen den Kupplungsflächen radial gerichtet ist, so können Komponenten in achsialer Richtung nur durch den Vorschubmechanismus, welcher die radiale Anpressung vermittelt, erzeugt werden. Durch die Anordnung des Spannwerkes lassen sich leicht starke Kraftübersetzungen zwischen der Einrückmuffe und den Kupplungsbacken erzielen, so dass die achsial gerichtete Komponente des Anpressungsdruckes, welche sich auf die Einrückmuffe und auf die Welle überträgt, verhälnismäfsig klein ausfällt. Die neueren Konstruktionen beschränken durch selbstthätige Sicherung des Kupplungsschlusses diese störende Wirkung aufserdem auf die Dauer der Ein- und Ausrückung oder beseitigen sie ganz. Diese Eigenschaften haben die Einführung der Cylinderkupplungen begünstigt und ihrer mannigfaltigen Ausbildung besonderen Vorschub geleistet. Andererseits muss aber hier auch gleich eingangs der mit der radialen Anpressung verbundene Uebelstand hervorgehoben werden, dass bei unvollkommener Druckausgleichung in entgegengesetzten Punkten des Umfanges störende Biegungsbeanspruchungen der Welle auftreten. Ferner zeigen viele Ausführungen den Nachteil, dass die im Umfange der Kupplungs-trommel angreifende Reibungskraft eckende Bewegungen der Backen in den radialen Führungen derselben hervorruft und dadurch die freie Beweglichkeit gefährdet. Hierauf ist um so mehr aufmerksam zu machen, als gewöhnlich in der Litteratur gerade das sichere Funktioniren der Cylinderkupplungen den Kegelkupplungen gegenüber beim Ausrücken betont wird, weil die cylindrischen Reibungsflächen nach Aufhebung des An-pressungsdruckes sofort loslassen. Die Hinderungsgründe an anderen Stellen werden dabei nicht beachtet.

In bezug auf das Spannwerk der Cylinderkupplungen haben sich in der Praxis zwei verschiedene Richtungen aus-gebildet. Die älteren Ausführungen begnügen sich durchgängig mit starren Spannwerken, während in neuerer Zeit die Ein-fügung federnder Zwischenglieder in den Vordergrund tritt. Es empfiehlt sich, diese beiden verschiedenen Systeme getrennt zu behandeln. Im übrigen möge schon hier darauf hin-gewiesen werden, dass die elastischen Spannvorrichtungen erst später auch auf Kegelkupplungen übertragen sind.

α) Cylinderkupplungen mit starrem Spannwerk.

Kupplung von Köchlin.

Um die Einführung der Cylinderkupplungen hat sich Köchlin besondere Verdienste erworben, dessen Konstruktion im Jahre 1854 durch die Litteratur bekannt wurde [1].

Beide Kupplungshälften, Fig. 40 [2], S. 118, sowohl die Kupplungstrommel a, wie die Mitnehmerscheibe c, sind auf die Wellenköpfe aufgekeilt, von denen der rechtsseitige Kopf mit einem Stirnzapfen zur gegenseitigen Zentrirung in den linksseitigen eingreift [3]. Zur Anpressung gegen den inneren Trommelumfang werden drei sektorförmige Backen b gebracht,

---

[1] Bulletin von Mülhausen 1854 S. 138.

[2] Die Figur ist Reuleaux's Konstrukteur IV. Aufl. S. 398 entnommen.

[3] In der Figur ist, infolge eines Versehens, die Fuge zwischen den Wellenköpfen, welche in der Ebene der Nabenfuge liegt, nicht durchgezeichnet.

welche, zwischen vorspringenden Leisten der Mitnehmerscheibe
und an den Schraubenbolzen d radial geführt, durch Verschieben
der losen Muffe m nach außen oder nach innen bewegt werden.
Zu diesem Zwecke sind je zwei benachbarte Sektoren durch
eine Spannschraube mit Rechts- und Linksgewinde verbunden,
deren Drehhebel durch eine Schubstange an die Muffe m angeschlossen sind. Durch die kräftige Uebersetzung mittels
Hebels und Schraube fällt der Anpressungsdruck des Schleif-

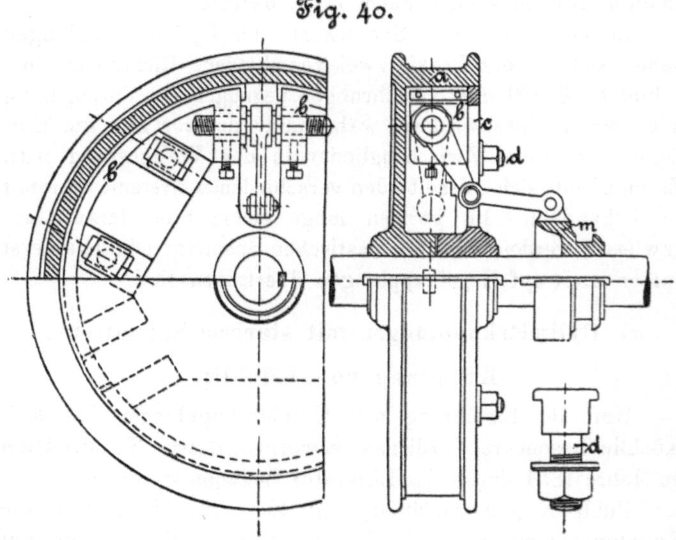

Fig. 40.

ringes in der Muffennut und die gleich große Rückwirkung
auf die Welle verhältnismäßig gering aus, und die Selbsthemmung der Schraube genügt zur Sicherung des Kupplungsschlusses, wenn nicht stärkere Erschütterungen auftreten.
Zur größeren Schonung der Reibungsflächen sind die Backen
außen mit Rotguss bekleidet, so dass bei stärkerem Verschleiß,
auch ohne große Schwierigkeiten, eine Erneuerung der aus-
zuwechselnden Teile vorgenommen werden kann.

Abgesehen von den Uebelständen des starren Gestänges, die bereits früher bei anderer Gelegenheit berührt

sind, ist hervorzuheben, dass die Ausführung eine sehr sorgfältige Montage verlangt, um ungleichmäfsige Anpressungen
der einzelnen Kupplungsbacken zu verhüten. In dieser Beziehung dürfte die Wahl von drei Backen, zu welcher Köchlin
wohl mit Rücksicht auf möglichste Ausnutzung des ganzen
Umfanges veranlasst ist, die Schwierigkeiten der genauen Einstellung eher erhöhen, als vermindern.

Kupplung von Fisher und Walker.

Die Kupplung von Fisher und Walker, Fig. 41 u. 42 [1]),
unterscheidet sich von der älteren Köchlin'schen Anordnung

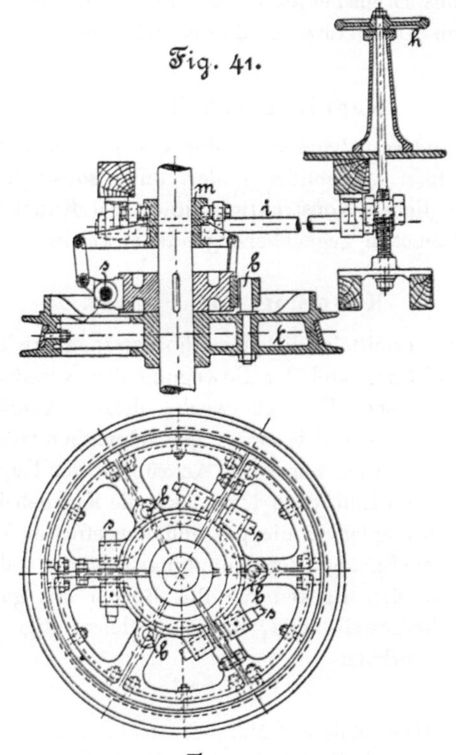

Fig. 41.

Fig. 42.

_____

[1]) Engineering 1886 S. 182.

im wesentlichen nur dadurch, dass die drei Bremsbacken-
sektoren gegen die Kupplungstrommel von aufsen, statt von
innen, angepresst werden. Die Verstellung der Spannschrauben
erfolgt von einer senkrechten Spindel durch das Handrad h,
wodurch zunächst mittels Schnecke und Schneckenrades die an
einer wagerechten Hebelwelle i aufgehängte Muffe m gehoben
oder gesenkt wird, und diese Bewegung sich durch Schubstangen und Drehhebel auf die Schrauben s fortpflanzt. Der
Antrieb der festgezogenen Kupplungsbacken durch die fest
mit der treibenden Welle verbundene Kupplungsscheibe wird
durch Bolzen b auf die lose Seiltrommel t übertragen, die zum
Betrieb eines Bremsberges dient. Die Quelle giebt über die
erforderliche Unterstützung dieser Seiltrommel keinen Aufschluss.

Kupplung von Bodmer.

Eine andere Abänderung der Köchlin'schen Anordnung
ist von Bodmer ausgebildet [1]), der, unter sonstiger Wahrung
der ursprünglichen Konstruktion, statt drei Kupplungsbacken
nur zwei diametral gegenüberliegende anwendet.

Kupplung von Fossey.

Fossey vermittelt die Kraftübersetzung zwischen der
Muffenverschiebung und der Bewegung der Kupplungsbacken
durch ein einfaches Kniehebelwerk, dessen Anordnung aus
Fig. 43, S. 121, ersichtlich ist [2]). Die schwachen Gelenkbolzen
der Kniehebel werden nur beim Ausrücken der Kupplung beansprucht. Beim Einrücken legen sich die Kniehebel unmittelbar mit ihren Köpfen in die passend ausgefrästen Widerlager
der Einrückmuffe und der Kupplungsbacken, während die
Bohrungen in den Backen für die Bolzen mit genügendem
Spielraume hergestellt sind, um eine gleichzeitige Belastung
derselben zu verhüten.

---

[1]) Fairbairn, Mills and Millwork 1865 S. 92.
[2]) Armengaud, Publ. industrielle Bd. 17 Taf. 10 und hieraus
Reuleaux, Konstrukteur IV. Aufl. S. 399.

Das Kniehebelwerk kann zur möglichsten Drucksteigerung, ohne Gefahr des Festklemmens, bis nahezu in die gestreckte Lage gebracht werden; es ist nur bei dem Mangel federnder Druckwirkung oder irgend welcher Nachstellbarkeit hierbei eine gewisse Beschränkung notwendig, da sonst bei der geringsten Abnützung die Kupplung wirkungsunfähig wird.

Fig. 43.

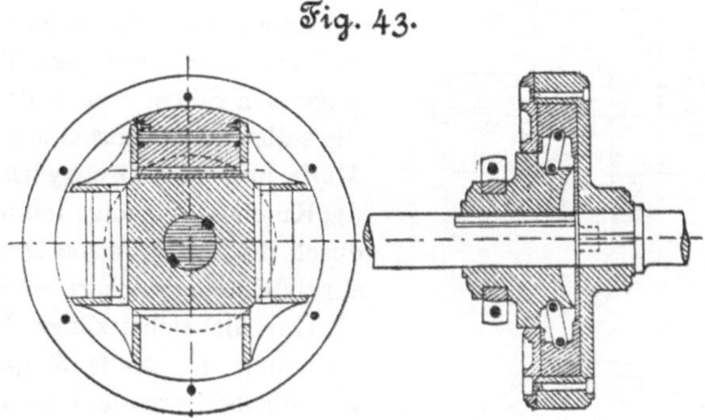

So lange man auf die angedeuteten Ausgleichungsmittel verzichtet, dürfte daher auch eine Annäherung von 1 bis 2° an die gestreckte Lage, die sich nach Reuleaux's Angabe in der Praxis finden soll, mit der Gefahr einer sehr kurzen Lebensdauer der Kupplung verbunden sein, d. h. häufige Ergänzungen der Backen oder Kniehebel notwendig machen.

Kupplung von Rudolf Steiner in Crimmitschau, D. R.-P. 8087.

Die Gefahr, dass durch Ungenauigkeiten in der Ausführung oder durch ungleichförmige Abnutzung ein einseitiger Druck des Kniehebelwerkes auf die Welle erzeugt wird, hat Steiner in einer für Mühlspindeln konstruirten Kupplung, Fig. 44, S. 122, beseitigt.

Es handelt sich in dem vorliegenden Falle um Kupplung eines Stirn- oder Kegelrades mit der senkrechten Spindel. Das Rad empfängt den Antrieb, sitzt lose auf der ausrückbaren Spindel und stützt sich mit seiner unteren Nabenstirn-

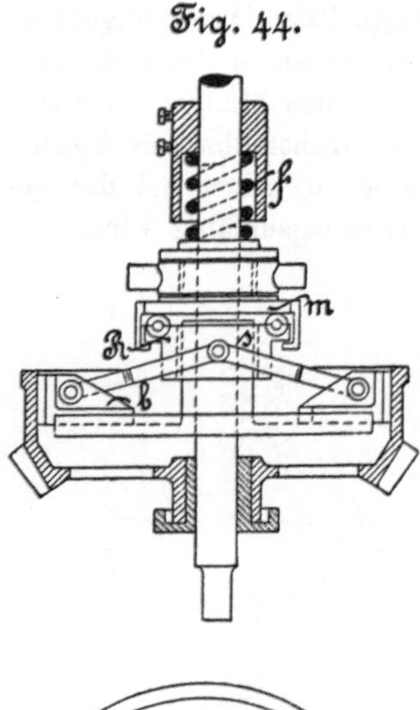

Fig. 44.

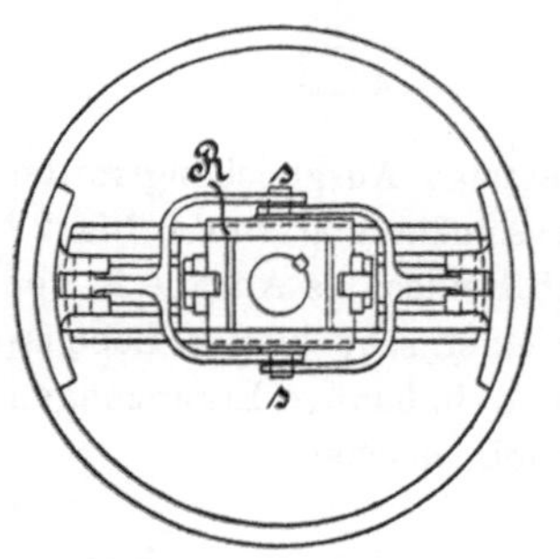

fläche in einer fest auf die Spindel aufgekeilten Büchse.

Die Kupplungsbacken b gleiten in Führungen auf der Mitnehmerscheibe, deren Nabe, im Querschnitte quadratisch, von der Einrückmuffe R so umschlossen wird, dass durch den Spielraum auf zwei gegenüberliegenden Seiten eine vollständig selbstthätige Einstellung der Muffe unter der Druckwirkung der Kniehebel s erfolgt und hierdurch die vollkommene Druckausgleichung gesichert wird.

Um die selbstthätige Verschiebung der Muffe R gegen die darüberliegende Lüftungsmuffe m zu ermöglichen, sind zwischen beiden kleine Rollen eingelegt. Beim Lüften der Muffe m wird R durch die von oben frei übergreifenden Klammern mit empor gezogen. Der Anpressungsdruck wird beim Einrücken durch Senken der Muffen, teils durch die Belastung der Hebel, teils durch die Feder f erzeugt.

Kupplung von Andreas Mechwart in Budapest,
D. R.-P. 32677 [1]).

Mit Erfolg hat Mechwart eine Verbesserung der Fossey'schen Anordnung durch eine leicht zugängliche feste Nachstellvorrichtung eingeführt.

---

[1]) Zeitschr. d. Ver. deutscher Ingenieure 1885 S. 846.

Fig. 45 und 46 stellen die Konstruktion nach einer Ausführung von Ganz & Co. in Budapest dar [1]). Fig. 45 giebt in der oberen Hälfte einen senkrechten, in der unteren Hälfte einen wagerechten Schnitt durch die Kupplung, nach der Richtung der Achse, während in Fig. 46 zur Hälfte die Stirnansicht, zur anderen Hälfte ein dazu gleichlaufender Schnitt gezeichnet ist.

Fig. 45.

Fig. 46.

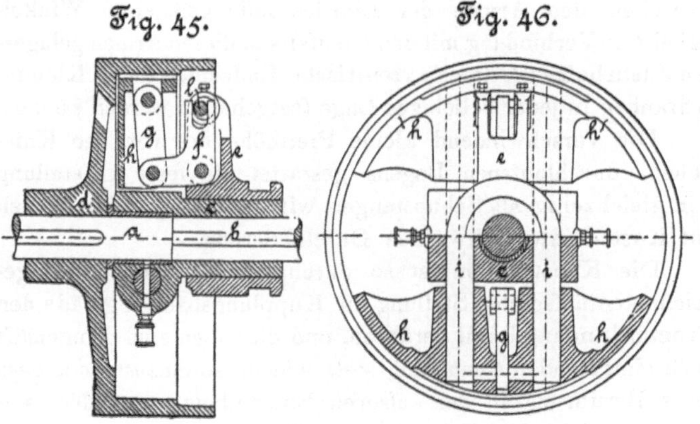

Sowohl die Kupplungstrommel d, wie der Hauptkörper des Mitnehmers c sind, wie in allen zuletzt behandelten Fällen, fest auf die Köpfe der beiden Wellen a und b aufgekeilt. Zur Abstützung der Wellen in der Kupplung und zur Sicherung der Achsenlage greift der Kopf der treibenden Welle a mit reichlicher Länge in die ausgebuchste Nabenbohrung von c ein. Für eine zuverlässige Schmierung dieser Lagerung ist gesorgt.

Die Kupplungsbacken h werden durch zwei kräftige in den Gusseisenkörper des Mitnehmers eingesetzte Rundeisenstangen i radial geführt und übertragen beim Schliefsen der Kupplung gleichzeitig durch diese Führungsstangen das von der Trommel d aufgenommene Drehmoment auf die getriebene Welle b. Die Führungen sind in beachtenswerter Weise

<hr>

[1]) Uhland, Der praktische Maschinenkonstrukteur 1886.

möglichst lang gewählt, um dem bereits eingangs erwähnten Streben der Backen, sich unter Einwirkung des vom Reibungsschluss erzeugten Drehmomentes zu ecken, entgegenzutreten.

Die Anpressung der Kupplungsbacken erfolgt durch Verschieben der Muffe *e*, welche durch Hebel mit Schraubenspindelvorgelege und Handrad vermittelt wird.

Zur genauen Einstellung der Kniehebel *g* dienen die zwischen den Armen der Einrückmuffe gelagerten Winkelhebel *f*, in Verbindung mit den ebenfalls in diesen Armen gelagerten Justirbolzen *l*, deren exzentrische Endzapfen durch Klemmschrauben in jeder beliebigen Lage festgehalten werden können.

Die verschwindend kleine Pfeilhöhe des von den Kniehebeln durchlaufenen Bogens gestattet die feste Einstellung der gleichzeitig als Schubstangen wirkenden Stützwinkelhebel, auf Kosten ihrer schwachen Durchfederung.

Die Konstruktion ist so durchgeführt, dass in der gezeichneten äufsersten Stellung die Kupplungsbacken gerade den Trommelumfang leicht berühren, und dieselben sind demgemäfs nach eintretender Abnutzung stets wieder so einzustellen, dass diese Berührung in der äufseren Endstellung stattfindet, wovon man sich ohne Schwierigkeit überzeugen kann.

Die Steigerung des Anpressungsdruckes ist durch den kurzen Verschiebungsweg der Muffe fest begrenzt, und die Kniehebel nehmen bei vollständiger Einrückung die gestreckte Stellung ein, sodass während des Betriebes die Anpressung der Muffe nur den nötigen Schutz gegen selbstthätige Lösung durch Erschütterungen zu übernehmen hat und ziemlich entlastet·werden kann.

Die Patentschrift enthält noch einige Abänderungen, die teils andere Ausführungen der Nachstellbarkeit berücksichtigen, teils darauf Bedacht nehmen, den Stützhebeln eine Gestalt zu geben, welche noch stärkere Durchfederungen gestattet. Die Firma Ganz & Co., welche das Patent übernommen hat, scheint sich für die vorstehend erörtert nahezu starre Konstruktion des Spannwerkes entschieden zu haben und das Hauptgewicht auf die Nachstellbarkeit zur möglichst vollständigen Ausnutzung des Kniehebelwerkes zu legen.

Kupplung mit Zaum von Lohmann & Stolterfoht.

Lohmann & Stolterfoht haben, unter Benutzung der Spannwerkselemente der Köchlin'schen Kupplung, durch einfache Versetzung des Drehhebels h und der Lenkstange e, welche die Einrückmuffe k mit der Spannschraube, Fig. 47, verbinden, den Vorteil erreicht, dass die Schubstange hier als Kniehebel wirkt, indem sie sich beim Einrücken senkrecht zur Wellen-

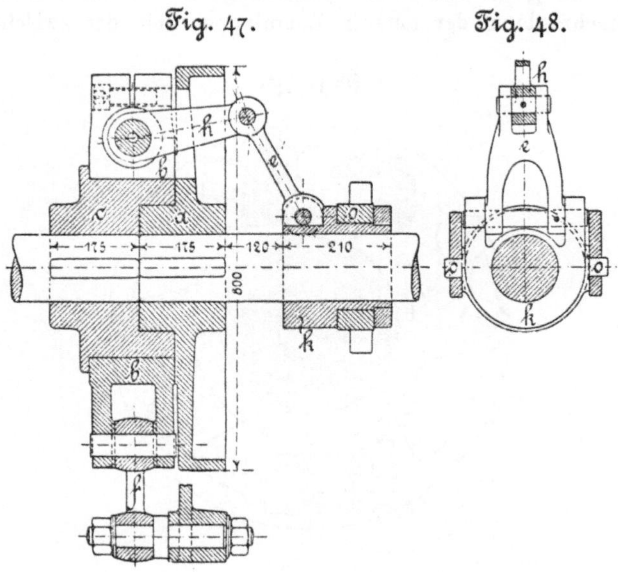

Fig. 47.   Fig. 48.

achse einstellt. Dadurch ist eine aufserordentlich starke Kraftübersetzung gewonnen und der Schutz der Selbsthemmung der Schraube gegen zufälliges Lösen noch durch die senkrechte Abstützung des Drehhebels erhöht, so dass die Einrückmuffe und der Schleifring während der Dauer der Kupplung achsialen Verschiebungskräften entzogen bleiben. Es liegt hier also, ebenso wie bei der Mechwart'schen Konstruktion, eine Verbindung von Spannschraube und Kniehebelwerk vor, nur sind beide Kraftumsetzungsorgane in die Kupplung selbst eingebaut.

Fig. 48 lässt erkennen, wie durch die gabelförmige Ge-

staltung der Schubstange ihr Drehzapfen in der Einrückmuffe der Wellenmitte möglichst nahe gerückt ist, um die
einseitige Druckwirkung auf die Muffe in bezug auf die Klemm-
wirkung zu beschränken. Der Schluss der Kupplung erfolgt
durch Zusammenpressen des zweiteiligen Zaumes b, Fig. 49,
welcher die Scheibe c auf der treibenden Welle umschliefst
und andererseits durch Schienen f an der Mitnehmerscheibe
für die getriebene Welle aufgehängt ist. Durch die feste
Verschraubung der unteren Zaumlappen mit der zwischen-

Fig. 49.

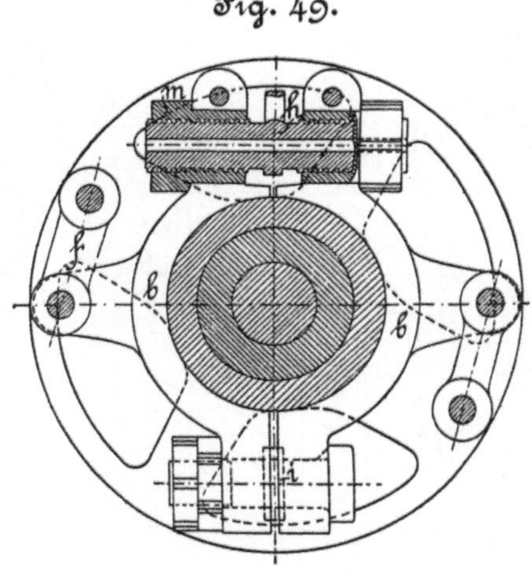

gelegten Justirscheibe i wird der Abstand der beiden Ring-
hälften so geregelt, dass sie im freien Zustande, d. h. bei ge-
löster Spannschraube, die Scheibe c mit verschwindend kleinem
Spielraume umschliefsen, und dass durch die Elastizität des
Gusseisens stets das Bestreben vorhanden ist, diesen zum
Lösen des Kupplungsschlusses ausreichenden Spielraum wieder
herzustellen, sobald die Muffe k genügend weit zurückgezogen
ist. Beim Einrücken ist durch das Spannwerk zunächst der
kleine Federwiderstand des Kupplungszaumes zu überwinden,
wodurch der erste Angriff sehr sanft erfolgt; sodann tritt die
eigentliche Anpressungswirkung auf, bei welcher der Zaum

durch scharfes Zusammenziehen so weit durchgebogen wird, dass im ganzen Umfange ein dichter Anschluss mit ausreichender Kupplungspressung erfolgt. Dieser Vorgang entspricht der eigentlichen Einrückarbeit.

Die Muttern der Spannschraube mit Rechts- und Linksgewinde sind, wie aus der Zeichnung ersichtlich, in die oberen geschlitzten Lappen des Zaumes eingesetzt und werden durch Klemmschrauben, welche den Schlitz zusammenpressen, festgehalten. Auf diese Weise ist jede Mutter für sich leicht verstellbar, um das gleichzeitige Anliegen der Zaumhälften zu erzielen und ohne Schwierigkeiten die erforderliche Nachstellung zu gestatten, wenn fortschreitende Abnutzung des Kupplungszaumes eine entsprechende Verminderung der Justirscheibenhöhe notwendig macht. Auch in dieser Hinsicht weist die Konstruktion, wie ein Vergleich mit der Erörterung der Köchlin'schen Ausführung ergiebt, nicht unwichtige Verbesserungen auf. Die ganze Ausführung ist einfach und solide, gestattet leichte Montage und vollkommene Sicherheit gegen einseitige Druckwirkung der Kupplungsbacken. Nur die Belastung der Welle durch den Druck des einseitigen Hebelwerkes und die ungleichmäfsige Massenverteilung dieser Konstruktionsglieder können bei schwachen Wellen zu schlagender Durchbiegung Veranlassung geben und machen für schwerere Konstruktionen die leicht durchführbare symmetrische Ausbildung des Spannwerkes notwendig.

Lohmann & Stolterfoht, welche auch eine ganze Reihe anderer, später zu erörternder Konstruktionen ausgebildet haben, wählen diese Ausführung, wenn bei kleinen Massenbeschleunigungswiderständen sehr wechselnde Arbeitswiderstände auftreten. In solchen Fällen muss die Steigerung der Kupplungskraft, je nach den augenblicklichen Verhältnissen, geregelt werden, um zu starken Abkürzungen der Einrückperiode vorzubeugen, die schliefslich zu stofsweisem Antrieb führen. Mehrfach ist die Kupplung für gröfsere Drahtseilbahnen benutzt, wo auf sanftes Anziehen ganz besonderes Gewicht zu legen ist und die Belastungsverhältnisse stark schwanken.

Besonders wertvoll ist aber auch die Eigenschaft der Konstruktion, dass der Kupplungsschluss durch die Aufhängung des Kupplungszaumes an Pendelschienen den Wellenköpfen genügendes Spiel gewährt, um Längsschwankungen, wie Längsverschiebungen und auch kleine Winkelabweichungen in den Wellenachsen ohne störende Rückwirkungen zuzulassen.

Der vollkommene Schluss der Reibflächen auf dem ganzen Umfange verhindert das Eindringen von Schmutz und Staub zwischen die Gleitflächen, und dieser Vorteil ist so wesentlich für die Lebensdauer und das gleichmäſsige Funktioniren der Kupplung, dass dem gegenüber die geringe Leerlaufarbeit nicht ins Gewicht fällt, so lange die Kupplung sich nicht vorwiegend im ausgerückten Zustande befindet. Die Schonung der Reibungsflächen und das gleichmäſsige Anliegen derselben gestatten sehr zuverlässiges und sanftes Einrücken für kleine Drehwinkel.

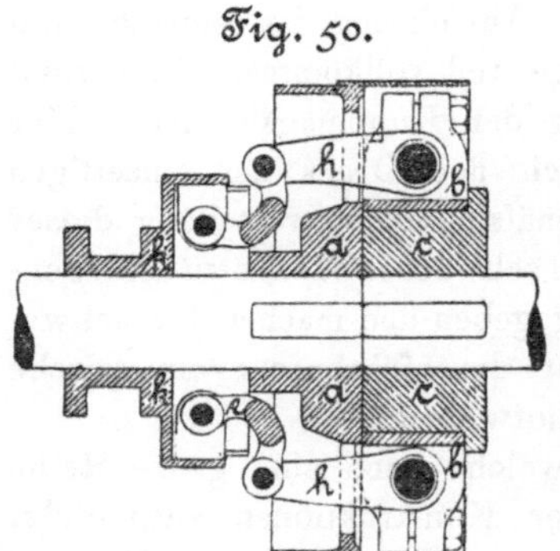

Fig. 50.

Fig. 50 veranschaulicht die oben angedeutete Ausführung mit doppelten Spannschrauben und gekrümmter Form der Kniehebel zur Erhöhung der federnden Nachgiebigkeit des Spannwerkes. Alle vorspringenden Teile sind hier, wie ersichtlich, durch Schutzränder überdeckt.

Handelt es sich um Kupplung eines Rades mit der Welle, so kann man den Zaum unter Umständen unmittelbar auf die Nabe des Rades setzen. In solchen Fällen ist vorzüglich für Riemscheiben, deren Naben Spielraum auf der Welle haben, die Querbeweglichkeit der Kupplung mit Rücksicht auf das ungestörte Funktioniren sehr wertvoll.

Neuerdings ist von der Fabrik eine Kupplung mit zwei Mitnehmern zur Uebertragung von 250 Pfkr. bei 54 Umdr. für eine Welle von 380 mm Dmr. geliefert.

Kupplung von Erdmann Kircheis in Aue,
D. R.-P. 40557 [1]).

Kircheis hat die gewöhnliche Backenbremse mit hölzernen Klötzen zur Konstruktion der in **Fig.** 51 dargestellten Kupplung verwertet.

Fig. 51.

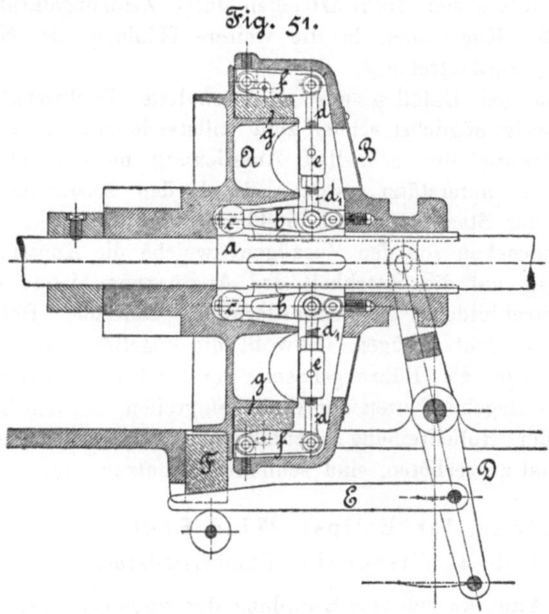

Die Einrückmuffe B ist in Feder und Nut auf der treibenden Welle verschiebbar und zu einer Trommel erweitert, in welcher das ganze Druckhebelgestänge für die Kupplungsbacken g untergebracht ist, die gegen den äußeren Umfang der lose auf der Welle angeordneten zweiten Kupplungshälfte A angepresst werden. Das anzutreibende Zahnrad ist mit A zusammengegossen.

Die Druckhebel f werden durch das nachstellbare Gestänge $d\,e\,d_1$ mittels der parallel gerichteten Hebel b in Thätig-

---

[1]) Zeitschr. d. Ver. deutscher Ingenieure 1887 S. 1010.

keit gesetzt, indem die letzteren beim Einrücken durch die Berührung ihrer kugelförmigen Kopfrollen c mit der kegelförmig ausgebohrten Nabe von A nach der Wellenachse zusammengepresst werden und in der äufsersten Stellung den Kupplungsschluss selbstthätig aufrecht erhalten. Beim Ausrücken lüften sich die Holzbacken durch Zentrifugalkraft, sobald die Kugelrollen in die weitere Höhlung der Nabenbohrung zurücktreten.

Um bei Unfällen das ausgeschaltete Triebwerk auch gleichzeitig möglichst schnell zum Stillstande zu bringen, wird die Wirkung der schnellen Ausrückung noch durch eine Bremse F unterstützt, welche durch den Ausrückhebel D mittels der Stange E sofort in Thätigkeit tritt.

Abgesehen von den Vorzügen, welche die Konstruktion in bezug auf die Raschheit der Ausrückung bietet, dürfte ihre Durchbildung den Anforderungen dauernder Betriebssicherheit nicht genügen. Sowohl die kugelförmigen Druckrollen, wie die Führungsnasen der Hebel b, welche in darunter liegende Nuten der Welle eingreifen, um den Seitendruck der Rollenreibung abzufangen und die Durchbiegung der Hebel zu verhüten, sind schneller Abnutzung unterworfen.

Kupplung der Eclipse Wind Engine Company in Beloit, Wisconsin. (Amerikanisches Patent.)

In Amerika soll eine Kupplung der vorstehend genannten Firma gröfsere Verbreitung gefunden haben, bei der, wie aus Fig. 52, S. 131, ersichtlich, gleichzeitig von innen und aufsen Klemmbacken zum Angriff gelangen[1]). Die Verstellung der Backen erfolgt unter starker Druckübersetzung von der Einrückmuffe aus durch ein Kniehebelwerk, welches auf den Kreuzhebel k einwirkt. An den Kreuzhebel sind die in der Mitnehmerscheibe m geführten Kupplungsbacken derart angebolzt, dass sie sich beim Einrücken einander nähern, beim Ausrücken von einander entfernen.

---

[1]) Uhland, Der praktische Maschinenkonstrukteur 1889 Taf. 22 Fig. 20 bis 23, und Dingler 1888 Bd. 272 S. 435 Taf. 22.

Die Schraube *s* dient zur Einstellung der mit Holz belegten Backen und zum Ausgleich der entstehenden Abnutzung.

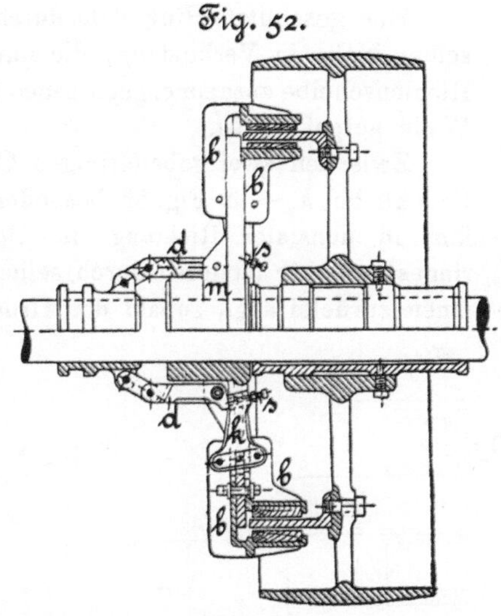

Fig. 52.

Da es an sich keine Schwierigkeiten bietet, die Cylinderkupplungen gegen nur von innen oder von aufsen wirkenden Druck genügend widerstandsfähig herzustellen, ist angesichts der verwickelteren Gesammtanordnung ein besonderer Vorzug in dieser amerikanischen Konstruktion nicht zu erblicken. Im übrigen lässt die skizzenhafte Zeichnung Zweifel darüber, in welcher Weise sich die Backen beim Ausrücken lösen, da das Hebelwerk nur kraftschlüssig wirkt und demnach unmittelbar nur beim Einrücken die Backenverstellung vermittelt. Die Justirung des Hebelwerkes wird so eingestellt, dass im vollständig eingerückten Zustande die Einrückmuffe in bezug auf achsialen Druck möglichst entlastet ist.

Kupplung der Hill Clutch Works in Cleveland, Ohio[1]).

Die Kupplung Fig. 53 und 54, S. 132, liefert ein Beispiel für die rohen Hilfsmittel, deren sich amerikanische Konstrukteure zum teil bedienen, um die Ausführungskosten möglichst zu beschränken.

Die Mitnehmerscheibe wird hier durch einen offenen, nach innen federnden Ring *b* gebildet, der gleichzeitig beim Auseinanderpressen durch Keildruck den Kupplungsschluss vermittelt.

---

[1]) **Uhland**, Der praktische Maschinenkonstrukteur 1889 Taf. 22 Fig. 11 und 12, und **Dingler** 1888 Bd. 269 S. 53.

9*

Der geschlitzte Ring steht durch einen einzigen Arm mit seiner Nabe in Verbindung, die innerhalb der mit der losen Riemenscheibe zusammengegossenen Kupplungstrommel auf die Welle aufgekeilt ist.

Zwischen zwei gabelförmigen Ohren der Nabe liegt der Druckhebel h — in Fig. 53 besonders dargestellt — und über ihm in achsialer Richtung der Spreizkeil des Kupplungsringes, welcher letzteren durch seine Federkraft jederzeit nach innen zurückdrängt, sobald der Druckhebel aufser Thätigkeit

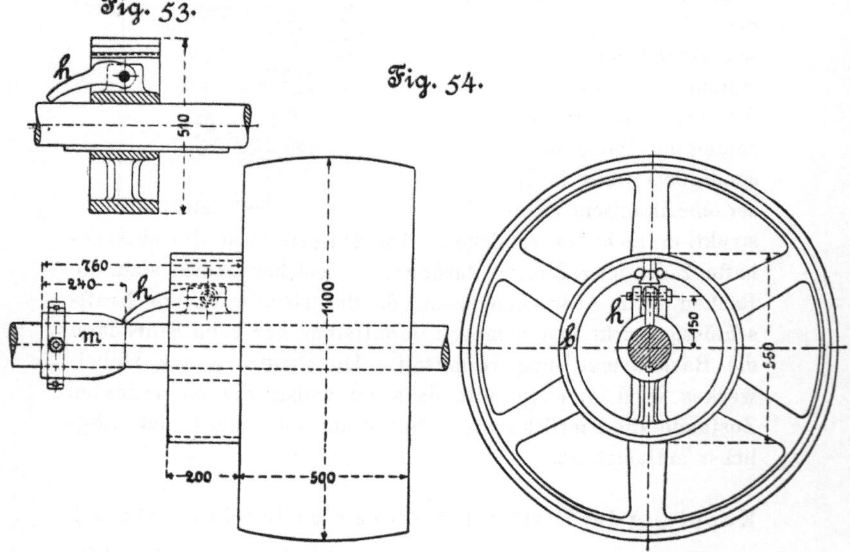

tritt. Die in der Zeichnung angedeuteten kleinen Rollen erleichtern den Rückgang. Zum Lüften des Hebels und zum Anpressen des Keiles dient eine in Amerika mehrfach benutzte Einrückmuffe m, deren kegelförmige Gestalt beim Vorschieben die Hebelspitze zwingt, an dem Mantel entlang zu gleiten, bis sie in der äufsersten Stellung auf die cylindrische Rast gelangt.

Dass dieser Druckhebel durch die Art der Einrückung stark abgenutzt wird, liegt auf der Hand. Die ganze Anordnung ist aufserdem mit dem Uebelstande behaftet, dass sie in der Längenrichtung viel Platz beansprucht und Biegungsbeanspruchungen der Welle hervorruft.

Heywood und Bridge in Salfort, Lancaster[1]), Edmeston[2]) und Arnfield[3]) verwenden ähnliche Kupplungsformen mit innen liegenden geschlitzten Kupplungsringen, benutzen aber zum Auseinanderpressen der Ringkörper die Köchlin'sche Spannschraube mit Drehhebel in der Art und Weise wie Stolterfoht (Fig. 47, S. 125), so dass hieraus Konstruktionen entstehen, die sich von der Stolterfoht'schen Kupplung mit aufsen liegendem Zaume zunächst dadurch unterscheiden, dass statt desselben innen liegende Spannringe angeordnet sind. Infolge der festen Verbindung dieser Spannringe mit der Welle durch steife Arme geht aber, abgesehen von der sonstigen roheren Ausbildung der Einzelheiten, der Vorteil verloren, welchen die Beweglichkeit der Konstruktion mit frei aufgehängtem Zaume bietet.

Einige amerikanische Konstruktionen von zweifelhaftem Werte mögen hier der Vollständigkeit halber wenigstens dem Namen nach, unter Verweisung auf die bezüglichen Litteraturquellen, angeführt werden. Es sind dies: die Bandreibungskupplungen von Webster, Camp & Lane in Akron, Ohio, für Seilkörbe, und die sogenannte hub friction clutch der Link Belt Manufacturing Company in Chicago, sowie die Kupplung der Fairmount Machine Works in Philadelphia, letztere mit Backenhebeln, die nach Aufhebung des Anpressungsdruckes durch die Fliehkraft von Gegengewichten ausgerückt werden[4]).

Kupplung von Amédée Fayol in Paris, D. R.-P. 39701[5]).

Durch das von Fayol genommene Patent ist die kegelförmige amerikanische Einrückmuffe in Deutschland unter

---

[1]) Dingler, 1888 Bd. 269 S. 56 und Taf. 4 Fig. 20 und 21.

[2]) Ebend. S. 57 Taf. 4 Fig. 22 und 23 und Engineering 1888 Bd. 45 S. 185.

[3]) Dingler, 1889 Bd. 272 S. 437 und Taf. 22 Fig. 19 und 20.

[4]) Uhland, Der praktische Maschinenkonstrukteur 1889 S. 76 und 77 und Taf. 22, und Dingler, 1889 Bd. 272 S. 443 nebst Taf. 22.

[5]) Zeitschr. d. Ver. deutscher Ingenieure 1887 S. 874.

Patentschutz gestellt[1]). Die Wirkungsweise der für ein Stufenscheibenwerk von Fayol entworfenen Kupplung, Fig. 55, erklärt sich nach den vorangegangenen Erörterungen unmittelbar aus

Fig. 55.

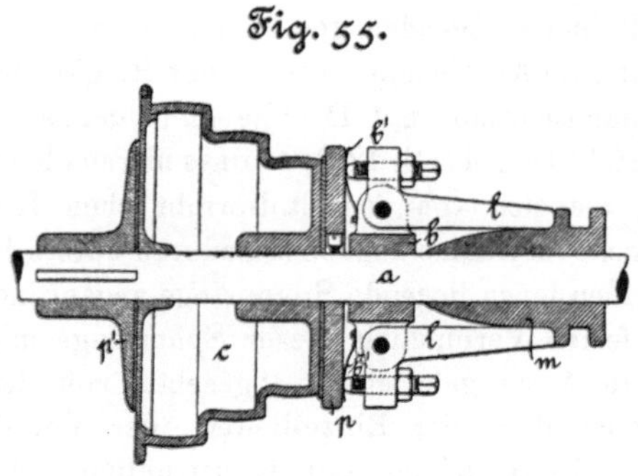

der Zeichnung. Sie dürfte bei dem Raume, den sie beansprucht und bei den bereits hervorgehobenen Mängeln der Einrückvorrichtung, selbst zur Uebertragung kleiner Kräfte, kaum Verbreitung in der Praxis finden.

Hohlcylinder-Reibungskupplung von Gebr. Heyne, Offenbach a/M., D. R.-P. 39500.

In gedrängterer Form, als Fayol, haben die Gebr. Heyne eine leichte Kupplung für Schnurtrieb-Stufenrollen konstruirt, bei der die radiale Einrückung der Kupplungsbacken dadurch erzielt wird, dass sich diese mit kleinen Druckrollen beim Vorschieben der Einrückmuffe auf den Kopf derselben stützen und durch diese Berührung unmittelbar nach aufsen gedrängt werden[2]).

---

[1]) Dieselbe Einrichtung bildet übrigens bereits einen Teil des D. R.-P. 21688. Wochenschr. d. Ver. deutscher Ingenieure 1883 S. 162.

[2]) Zeitschr. d. Ver. deutscher Ingenieure 1887 S. 856.

β) Cylinderkupplung mit federndem Spannwerk.

Kupplung von Dohmen-Leblanc in Lüttich, D. R.-P. 16952[1]).

Durch Dohmen-Leblanc sind zwei wichtige Neuerungen für die Konstruktion von Reibungskupplungen eingeführt:

1. die Anwendung federnder Kniehebel;
2. das Ueberschreiten der gestreckten Kniehebelstellung im eingerückten Zustande, zur Verhinderung der selbstthätigen Lösung des Spannwerkes und zur Entlastung der Einrückhebel.

Fig. 56 und 57 stellen die Konstruktion nach einer Ausführung der Berlin-Anhaltischen Maschinenbau-Aktiengesellschaft in Dessau dar.

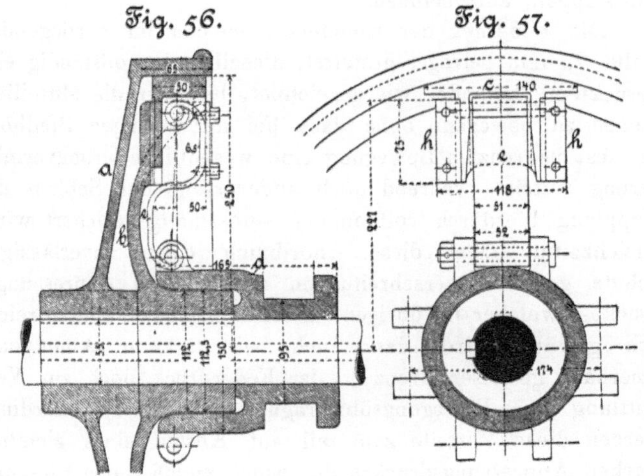

Die hauptsächlichste Eigentümlichkeit der Konstruktion besteht in der Verwendung S-förmiger Kniehebel e von rechteckigem Querschnitt, welche aus Federstahl hergestellt,

---

[1]) Wochenschr. d. Ver. deutscher Ingenieure 1882 S. 133. Dohmen-Leblanc ist der Name des Agenten, welcher das Patent zuerst erworben hat. Als der eigentliche Erfinder wird Deliège in Lüttich bezeichnet.

durch ihre Gestalt eine ziemlich beträchtliche wirksame Durchfederung liefern, weil sich bei der Beanspruchung sowohl die langen, wie die kurzen Schenkel biegen, und sich die Formänderungen der rechtwinkligen Schenkelübergänge bezüglich der Gesammtverkürzung der Feder addiren. Andererseits sind die Federn doch starr genug, um die zwangläufige Bewegungsübertragung zwischen der in Feder und Nut auf der getriebenen Welle verschiebbaren Muffe d und den in der Mitnehmerscheibe b, dem sogen. Kreuz, geführten Kupplungsbacken c zu vermitteln.

Der Querschnitt der Kreuzscheibe ist, wie aus der Zeichnung ersichtlich, geschweift gewählt, teils um Gussspannungen zu verhüten, teils um den Seitendruck der Kupplungsbacken in möglichst günstiger Weise, ohne besondere Stützrippen, aufzunehmen.

Die Federung der Kniehebel, welche im vorliegenden Falle 2,5 mm beträgt, gestattet, dieselben in vollständig eingerücktem Zustande, wie gezeichnet, bis über die Mittellinie hinaus zu bewegen, ohne dass bei der geringen Pfeilhöhe der fest begrenzten Bewegung eine wesentliche Druckverminderung eintritt, während doch andererseits der Schluss der Kupplung hierdurch vollkommen selbstthätig gesichert wird. Gleichzeitig bietet diese Anordnung einen zuverlässigen Schutz gegen Ueberschreitungen des gröfsten Anpressungsdruckes, welcher im übrigen für die einzelnen Fälle so reichlich gewählt wird, dass auch bei stärkerer Abnutzung, innerhalb gewisser Grenzen, der Federdruck noch zur Vermittlung der Bewegungsübertragung ausreicht. Allerdings werden diese Vorteile zum teil auf Kosten eines ziemlich starken Anpressungsdruckes der Einrückmuffe beim Ein- und Ausrücken gewonnen, dessen Rückwirkung auf die Kupplung auch die Welle zu verschieben sucht, sodass man zur Beschränkung desselben, bezw. des Kupplungsdurchmessers, für Wellendurchmesser über 70 mm statt der glatten Kupplungsflächen geriffelte anwenden muss und der Handhebel sich bei stärkeren Konstruktionen nur durch Schraubenspindelvorgelege umsteuern lässt.

Der Umstand, dass der Anpressungsdruck im neuen Zustande sehr reichlich bemessen ist, bedingt ferner vorsichtiges Einrücken, um die Beschleunigungsperiode nicht durch plötzlichen Kupplungsschluss zu sehr abzukürzen und um, vorzüglich bei kleineren Massenbeschleunigungswiderständen, zu schnellen Antrieb mit stofsartiger Wirkung zu vermeiden.

Aus der Gesammtanordnung erhellt ohne weiteres, dass für die gezeichnete Ausführung die Kreuzscheibe mit den Kupplungsbacken stets auf der getriebenen Welle angebracht werden muss, um Selbsteinrückungen durch Zentrifugalkraft zu verhüten. Hindern andere Verhältnisse diese Wahl, oder wechselt der Antrieb zwischen den Wellen, so ist die Kupplung nach Fig. 58 auszuführen und die Fliehkraft der Backen durch Gegengewichte auszugleichen.

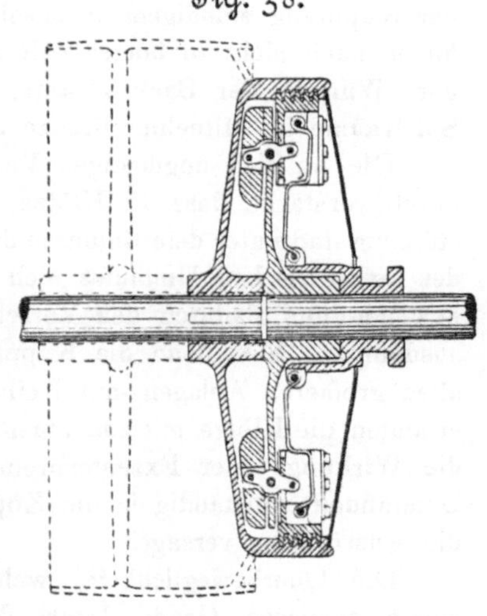

Fig. 58.

Wenn auch die federnden Kniehebel bei kleinen Montagefehlern einseitige Druckbelastungen der Welle bis zu einem gewissen Grade abschwächen und weniger stark bemerkbar machen, als bei ganz starren Konstruktionen, so ist doch auf sehr sorgfältiges Aufkeilen der Kupplungshälften Bedacht zu nehmen, so dass sie genau rund laufen. Ferner sind die Kupplungen, um Störungen zu vermeiden, möglichst gegen einfallenden Staub und Verharzen der Schmierung zu schützen, und wo sich das nicht unmittelbar erreichen lässt, von Zeit zu Zeit sorgfältig zu reinigen.

Die Empfindlichkeit, welche die Kupplung bei mangelhafter Lagerung der Wellen im Betriebe zeigt, ist, wie bereits angedeutet, eine mehr oder minder gemeinsame Eigenschaft aller Cylinderkupplungen mit einzelnen getrennt angeordneten Backen und radialer Führung derselben, weil die im Umfange der Backen tangential wirkende Reibungskraft ein Drehmoment hervorruft. In folge dessen entstehen scharfe Pressungen in diagonal gegenüberliegenden Punkten der Führungen, die an sich schon bei ganz regelrechter Montirung der Transmission und Kupplung nachteilig auf den Zustand der Führungsflächen einwirken und sich in gefährlicher Weise äufsern, sobald die Gröfse dieser Drücke durch Schlagen oder Unrundlaufen der Kupplung ständigem Wechsel unterworfen ist. Alsdann findet nach nicht zu langer Zeit ein ununterbrochenes Ecken und Würgen der Backen statt, welche mit zunehmendem Spielraume im Mitnehmerkreuze zu schaukeln beginnen.

Die an sich ungünstigen Verhältnisse werden noch dadurch verstärkt, dass die Klötze, in folge der federnden Abstützung und unter dem Einflusse der Zentrifugalkraft, während des exzentrischen Umlaufes sich auch radial hin- und herbewegen und dadurch den Verschleifs auf gröfsere Strecken ausdehnen. Sind dann die Kupplungsbacken noch, wie bei allen gröfseren Anlagen, mit Keilnuteneingriff ausgerüstet, so erlangen die Klötze mit zunehmender Kippstellung schliefslich die Wirkung einer Exzenterbremse und fressen sich unter Umständen vollständig in die Kupplungstrommel ein, sodass die Ausrückung versagt.

Die Querbeweglichkeit, welche die Kupplung bis zu einem gewissen Grade durch die nachgiebige Abstützung der Klötze besitzt, gereicht der Konstruktion durch die sie begleitenden Nebenwirkungen, nach dem Vorstehenden, eher zum Nachteil als zum Vorteil.

Andererseits fehlt der Kupplung bei Keilnuteneingriff jede Längsbeweglichkeit, da sowohl Trommel, wie Mitnehmerkreuz fest auf die Wellenköpfe aufgekeilt sind. Hierdurch treten bei Längsschwankungen oder Längsverschiebungen der Wellen neue Ursachen für eckende Klotzbewegungen auf. Der Eingriff in den Nuten erfolgt in solchen Fällen einseitig mit starkem Seitendrucke gegen die Backenköpfe. Schutz hiergegen bietet nur die Einschaltung besonderer längsverschieblicher Kupplungen in die Transmission, welche von der Berlin-Anhaltischen Maschinenbau-Aktiengesellschaft nach dem Prinzipe der Sharp'schen Kupplung in sehr guter Durchbildung ausgeführt werden.

Da bei gewöhnlichen Transmissionen, selbst bei ursprünglich sorgfältigster Montirung, nur selten auf eine dauernd genaue Lagerung der Wellen zu rechnen ist und starke Belastungen der Transmission durch die Spannung schwerer Riemen oder neuer Seiltriebe nur bei aufsergewöhnlich starken Wellen ohne merkbare Durchbiegung

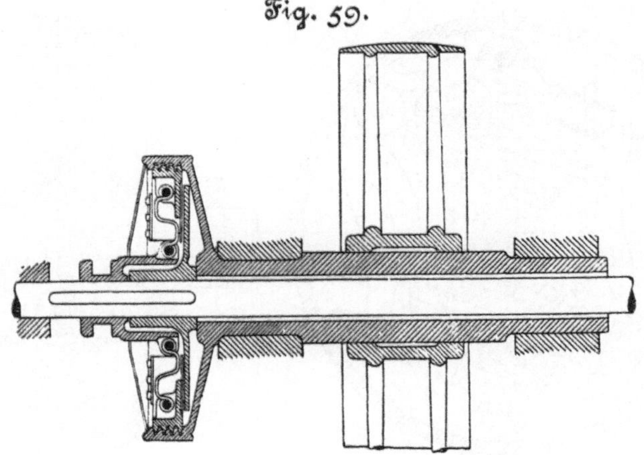

Fig. 59.

bleiben, so wählt die Dessauer Fabrik für stärkere Kupplungen die in Fig. 59 dargestellte Anordnung, d. h. sie verlegt die Kraftabgabe auf eine besondere Hülse, welche über die Kernwelle mit reichlichem Spielraume montirt und unabhängig von der durchlaufenden Transmission in eigenen Lagern abgestützt wird.

Sind die vorstehend erörterten Bedingungen sorgfältigster Montage erfüllt, so bewährt sich die Dohmen-Leblanc'sche Kupplung bei nicht zu häufigen Ein- und Ausrückungen und einigermafsen gleichbleibenden Widerständen; bei gewöhnlichen Transmissionsanlagen hängt dagegen die Dauer des betriebs-

fähigen Zustandes der Konstruktion empfindlich von den Zufälligkeiten der einzelnen störenden Einflüsse ab, und Repa-
raturen können, wenn sie nicht durch Ersatzstücke zu ermöglichen sind, nur von zuverlässigen Maschinenfabriken ausgeführt werden.

Kupplung von Emanuel Möller, D. R.-P. 24831[1]).

Möller hat sich darauf beschränkt, den Gedanken der
federnden Backenanpressung aufzunehmen, indem er, Fig. 60,

Fig. 60.

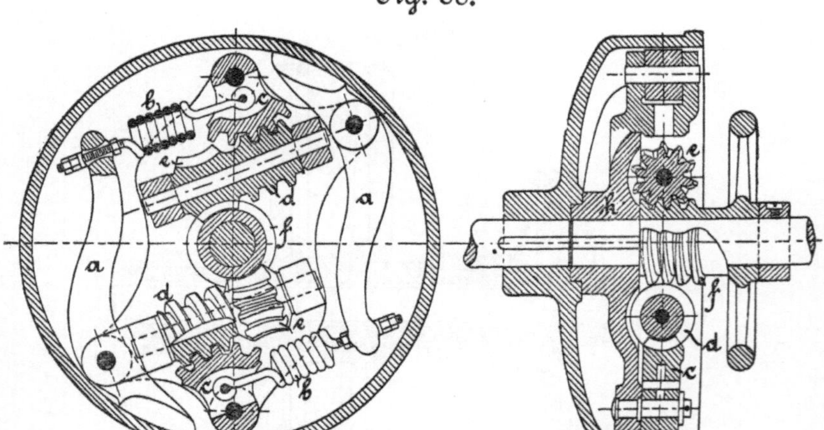

das Spannwerk durch eingeschaltete Spiralfedern b auf die
langen Arme a der Kupplungshebel einwirken lässt, welche
in der Mitnehmerscheibe k um Zapfen drehbar gelagert, sich
beim Einrücken mit ihren kurzen backenförmigen Armen
gegen den Umfang der Kupplungstrommel anpressen. Kupplungstrommel und Mitnehmerscheibe sind auf die einander
gegenüberstehenden Wellenköpfe aufgekeilt.

Das Spannwerk der Kupplungshebel besteht aus einer lose
auf der Welle, zwischen einem Stellring und der Mitnehmer-

---

[1]) Zeitschr. d. Ver. deutscher Ingenieure 1884 S. 123.

scheibe mittels Handrades drehbaren Schnecke f, welche durch
weitere Wurmgetriebübersetzung e und d die verzahnten Sektoren c und schliefslich die Spiralfedern der Hebel a in Thätigkeit setzt.

Die Konstruktion leidet vor allem an dem bereits früher
mehrfach erörterten Uebelstande der schwierigen und gefahrvollen Bedienung des Handrades, und die starken Uebersetzungen verzögern die an sich schon langsame Einwirkung
dieses Rades, das nur mit seiner relativen Bewegung gegen
die Welle das Spannwerk verstellt, noch in besonders ungünstiger Weise. Diese Nachteile werden nicht durch den
Vorteil aufgewogen, dass sich der achsial gerichtete Anpressungsdruck in der Kupplung selbst vernichtet.

**Kupplung von Richard Liebig in Reudnitz-Leipzig,
D. R.-P. 30458 und 33704[1]).**

Liebig presst beim Vorschieben der Einrückmuffe durch
ein starres Kniehebelwerk, Fig. 61 und 62, zwei sichelförmige

Fig. 61.   Fig. 63.   Fig. 62.

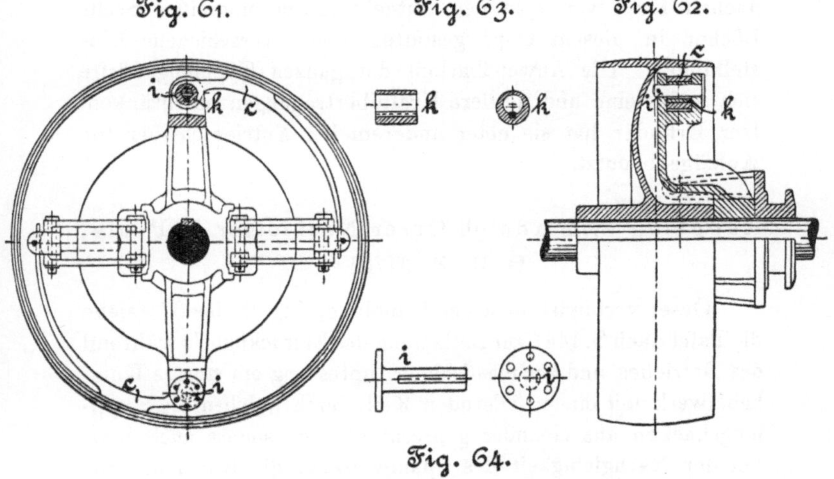

Fig. 64.

---

[1]) Zeitschr. d. Ver. deutscher Ingenieure 1885 S. 314 und 764;
1886 S. 274.

Bremsbacken *c* gegen den inneren Umfang der mit der Welle zu kuppelnden Riemenscheibe und erreicht dadurch, dass diese Backen selbst als federnde Hebel aus Stahl hergestellt werden, neben starker Druckübersetzung ganz ähnliche Wirkungen wie Dohmen-Leblanc mit federnden Kniehebeln. In folge der Federung der Backenhebel lässt sich auch hier das Kniehebelwerk zur selbstthätigen Sicherung des Kupplungsschlusses bis über die Mittellage hinaus bewegen.

Da aber die Druckflächen verhältnismäfsig klein ausfallen und die Abnutzung daher schneller fortschreitet, sich auch durch die Hebelübersetzung in bezug auf die Durchfederung und die damit verbundenen Druckschwankungen in vergröfsertem Mafsstabe fühlbar macht, so hat Liebig in dem zweiten Patent 33704 die Mechwart'sche Justirvorrichtung, D. R.-P. 32677, verwertet, um Nachstellungen zu ermöglichen. Der exzentrisch gelagerte Drehzapfen der Hebel wird hier durch eine Hülse *k*, Fig. 63, S. 141, in Verbindung mit dem Kernbolzen *i*, Fig. 64, S. 141, gebildet. Die Einstellung der Justirvorrichtung erfolgt mittels einer kleinen Schraube, welche durch den flachen Kopf von *i* in den Mitnehmerarm eingreift. Sechs Löcher in diesem Kopf gestatten sechs verschiedene Einstellungen. Die Anwendbarkeit der ganzen Kupplung dürfte sich auf kleine und mittlere Kraftübertragungen beschränken. Der Erfinder hat sie unter anderem bei Antriebscheiben für Aufzüge benutzt.

Kupplung von Adolph Oeser Nachfolger in Penig, D. R.-P. 34701[1]).

Oeser verbindet in seiner Kupplung, Fig. 65 bis 67 (siehe die Tafel nach S. 144), zur Entlastung des Einrückhebels während des Betriebes und zur elastischen Anpressung ein starres Kniehebelwerk mit einem federnden Keil, durch welchen die Kupplungsbacken aus einander gepresst werden, sodass auch hier, bei der Nachgiebigkeit des Spannwerkes, die Kniehebel zur

---

[1]) Zeitschr. d. Ver. deutscher Ingenieure 1886 S. 530.

selbstthätigen Sicherung des Kupplungsschlusses bis über die Mittellage hinaus durchgedrückt werden können.

Die Anordnung des durch Schubstangen mit Gelenkbolzen an die Einrückmuffe angeschlossenen Kniehebelwerkes wird durch Fig. 65 und 66 klar veranschaulicht. Die Gestalt des T-förmigen Druckkeiles k und seine Verbindung mit den Kupplungsbacken b sind der Fig. 66 zu entnehmen.

Die Druckschenkel der Keile bewegen sich zwischen den keilförmigen Endlappen der Backen b und führen sich hierbei durch ihre Schlitze an kleinen Rotgussklötzen f, welche durch Schrauben mit den erwähnten Lappen fest verbunden sind und mit ihren seitlich vorspringenden Köpfen so über den Schlitz der Keilschenkel fortgreifen, dass hierdurch die Kupplungsbacken auch beim Zurückziehen des Keiles seiner Bewegung folgen.

Die halbringförmigen Kupplungsbacken sind auf den Rand der mit der getriebenen Welle fest verbundenen Mitnehmerscheibe m aufgeschliffen und werden von der anderen Seite durch eine Platte d überdeckt, die fest auf den sichelförmigen Rippen m aufliegt. Auf diese Weise ist zur Aufnahme der Kupplungsbacken eine breite Ringnut gebildet, die möglichsten Schutz gegen einfallenden Staub bietet, und deren Schluss durch Vernieten der Deckplatte mit der Mitnehmerscheibe, an der Stelle c, Fig. 66, gebildet ist.

Durch diese Niete werden gleichzeitig ein paar prismatische Klötze c mit der Mitnehmerscheibe fest verbunden, an denen sich die Kupplungsbacken zur Uebertragung des Drehmomentes mit klammerförmigen Knaggen abstützen.

In folge der kurzen Keilschenkel ist die Durchfederung des Spannwerks sehr beschränkt und bedingt die Anordnung einer besonderen Nachstellvorrichtung, für die auch hier die von Mechwart zuerst benutzten Justirbolzen mit exzentrischer Lagerung Verwendung gefunden haben. Zu dem Zwecke sind die Widerlager des Kniehebelwerkes in der gusseisernen Muffe h mit exzentrischen Rotgusshülsen e ausgebuchst, deren Verstellung die Stützbolzen des Hebelwerkes mehr nach aufsen zu rücken gestattet. Die erfolgte Einstellung der Hülsen wird durch Klemmschrauben gesichert.

Dem Uebelstande, dass bei eintretender Abnutzung der Kupplungsflächen der Druckkeil verhältnismäfsig schnell bis gegen den Umfang der Kupplungstrommel vordringt und damit seine Wirkungsgrenze erreicht, wirkt andererseits die fast vollständige Ausnutzung des ganzen Kupplungsumfanges zur Anpressung der Backen entgegen, da bei der Gröfse dieser Berührungsfläche die spezifische Pressung, und somit die Abnutzung selbst aufserordentlich klein ausfällt.

Hervorzuheben ist ferner noch, dass in der Konstruktion der zuerst von Steiner in Crimmitschau angeregte Gedanke berücksichtigt ist, eine vollständige Druckausgleichung der diametral entgegengesetzten Anpressungen in bezug auf die Welle, zur Vermeidung einseitiger Belastungen, dadurch zu ermöglichen, dass die Hülse h, welche dem Hebelwerke als Widerlager dient, die Welle oder hier die Nabe der Mitnehmerscheibe nicht fest umschliefst.

Aus den Fig. 65 und 66 ist der Spielraum deutlich ersichtlich, welcher der Widerlagmuffe h gestattet, sich selbstthätig zur Druckausgleichung des Hebelwerkes, unabhängig von der Wellenachse, zu zentriren. Zieht man die Schrauben i, welche h gegen Seitenbewegungen schützen, nicht fest an, so behält die Kupplung, auch während des Betriebes, eine gewisse Querbeweglichkeit.

Die Vorteile, welche die Oeser'sche Kupplung, der Dohmen-Leblanc'schen gegenüber, durch die stärkere Druckübersetzung des Kniehebelwerkes in Verbindung mit dem Keil bezüglich der leichteren Einrückbarkeit gewährt, wird mit dem Nachteile erkauft, dass bei gewaltsamen Anpressungen dauernde Verbiegungen der Keilschenkel zu befürchten sind, die zu Klemmwirkungen im Spannwerke führen müssen. Der Ausgleich stärkeren Verschleifses durch eine besondere Nachstellvorrichtung gewährt andererseits den Vorzug, dass die Kupplung beim Montiren bezüglich geeigneter Dauer der Einrückperiode, den Verhältnissen, unter Sicherung stofsfreier Einrückung, genau angepasst werden kann; aber sie ist schwer zugänglich, und ihre weitere Benutzung jedenfalls nur sachverständiger Hand zu überlassen. Ein Vergleich zwischen beiden Ausführungen lässt sofort die gröfsere Zahl der bewegten Teile und die verwickeltere Anordnung der Oeser'schen Konstruktion erkennen, die in folge der Einschaltung der Lenkstangen in das Kniehebelwerk auch gröfseren Raum in der Längenrichtung gebraucht.

Die Oeser'sche Konstruktion strebt zum teil nach demselben Ziele, welches Lohmann & Stolterfoht durch ihre Kupplung mit Zaum erreicht haben; aber die hierzu aufgewendeten Mittel sind weit umständlicher und der Erfolg unvollkommener. Die Kupplung fällt aufserdem sehr schwer und umfangreich aus.

Eine gröfsere Transmissionsanlage mit 7 Kupplungen ist unter anderem von Oeser für die elektrische Beleuchtungsanlage der Provinzialirrenanstalt in Kortau bei Allenstein in O/Pr. geliefert und dort seit 1886 in Betrieb.

Kupplung von Max Friedrich & Co. in Plagwitz-Leipzig, D. R.-P. 39417 und 44303[1]).

Die Konstruktion, Fig. 68 bis 71, S. 146, ist aus der älteren amerikanischen von Addyman[2]) hervorgegangen, bei welcher durch Auseinanderspreizen eines geschlitzten Ringes der Kupplungsschluss eintritt, und zu diesem Zwecke die Einrückmuffe mit einer parallel zur Welle gerichteten Keilzunge in den Ringschlitz vorgeschoben wird.

Max Krause in Leipzig hat sodann die Keilzunge durch ein Kniehebelpaar ersetzt, D. R.-P. 37479[3]), und schliefslich ist die Konstruktion durch die beiden Patente von Friedrich zu der vorliegenden Anordnung weiter ausgebildet.

Der Druckring d, durch dessen Anpressung gegen den inneren Umfang der Kupplungstrommel die Kupplung geschlossen wird, schmiegt sich fast auf der ganzen Umfangs-

---

[1]) Zeitschr. d. Ver. deutscher Ingenieure 1887 S. 831 und 1888 S. 1021.

[2]) Zeitschr. d. Ver. deutscher Ingenieure 1881 S. 445.

[3]) Zeitschr. d. Ver. deutscher Ingenieure 1887 S. 78.

länge an und ruht mit einem eingedrehten Rande lose auf der Mitnehmerscheibe m. Letztere sitzt fest auf dem Kopfe der getriebenen Welle und greift noch mit geringem Spielraum in die Trommel so weit ein, dass hierdurch ein möglichst vollkommener Schutz gegen Eindringen von Staub gewonnen wird.

Fig. 68.   Fig. 69.

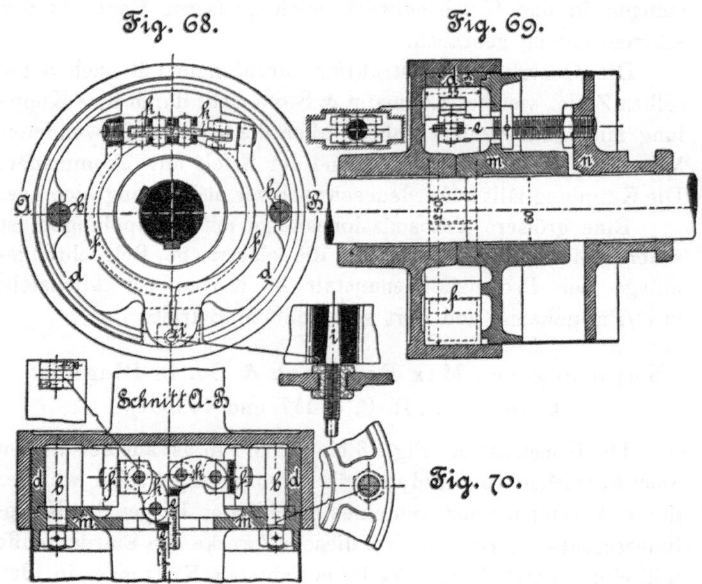

Schnitt A-B

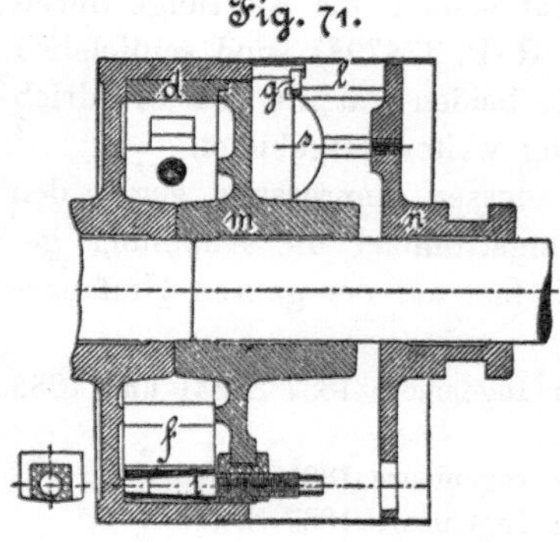

Fig. 70.

Fig. 71.

Die Uebertragung des Drehmomentes erfolgt bei eingerückter Kupplung vom Druckring aus auf die Mitnehmerscheibe durch die Bolzen b.

Die Einrückung der Kupplung wird durch Verschieben der losen Muffe n, Fig. 69, nach links eingeleitet, wodurch der zur Welle parallele Druckbolzen e die bogenförmigen Kniehebel *k* zur Wirkung bringt, die ihrerseits, durch Vermittlung der gekrümmten Hebel *f*, unter weiterer Kraftübersetzung, den Druckring *d* auseinanderspreizen.

In Fig. 68 und 70, S. 146, ist das Hebelwerk auf der linken Hälfte im ausgerückten, auf der rechten im eingerückten Zustande gezeichnet, wobei zu beachten, dass durch diese Darstellungsweise die Stange *e* zweiteilig, mit gegen einander verschobenen Hälften erscheint, was in Wirklichkeit natürlich nicht der Fall ist.

Das Durchfedern der beiden Hebel gestattet auch hier, die Kniehebel bis über die Mittellage zu bewegen. Damit sind die Vorteile der Dohmen-Leblanc'schen Konstruktion bezüglich der Sicherung des Kupplungsschlusses und der federnden Nachwirkung der Druckhebel bei eintretendem Verschleiſs in ganz ähnlicher Weise gewonnen.

Die Ausnutzung der federnden Druckhebel *f*, zur Uebersetzung der Einrückkraft, ruft bei eintretendem Verschleiſs eine dem Hebelarmverhältnis entsprechend gesteigerte Abnahme der Durchfederung und der Kupplungskraft hervor, welche der Federdurchbiegung proportional ist.

Um daher stärkere Abnutzungen leicht ausgleichen zu können und gleichzeitig auch die übertragbare Umfangskraft innerhalb weiterer Grenzen zu regeln, ist als Drehzapfen für die Hebel *f* ein konischer Bolzen *i* angeordnet, der von auſsen bequem nach Bedürfnis verstellt werden kann, und dessen Vordringen den Anpressungsdruck dadurch verschärft, dass die Druckhebel *f* von vornherein weiter auseinandergedrängt werden.

Schlieſslich ist noch die von Lohmann & Stolterfoht zuerst benutzte Signalvorrichtung, D. R.-P. 28471, zur Ueberwachung der Schleifdauer der Kupplung in der Weise angebracht, dass an der Einrückmuffe, Fig. 71, S. 146, eine Glocke *s*, und der zugehörige federnde Klöppel *g* an der Kupplungstrommel befestigt sind. So lange die Kupplung bei vorgeschobener Einrückmuffe noch gleitet, hebt der voreilende Stift *l* den Klöppel in die Höhe und lässt ihn hinter sich auf die Glocke zurück-

10*

fallen, so dass der Arbeiter durch das tönende Signal jederzeit darauf aufmerksam gemacht wird, wenn mangelhafte
Justirung oder störend grofse Widerstände die Einrückperiode
unzulässig verlängern.

Alle vorspringenden Teile sind durch die an der Mitnehmerscheibe befestigte Schutztrommel verdeckt.

Abgesehen von der wertvollen Zuthat der Signalvorrichtung
ist auch die Anordnung der Justirvorrichtung als besonderer
Vorzug der Konstruktion hervorzuheben, da hier die Nachstellung durch eine einzige, leicht zugängliche Schraube bewirkt wird. Die Kupplung besitzt etwas Quer- und Winkelbeweglichkeit und kann auch in der Längsrichtung leicht ausreichenden Spielraum erhalten. Der Forderung des Abschlusses
gegen Staub ist genügt. Diesen Vorzügen steht die verhältnismäfsig grofse Baulänge als Nachteil gegenüber und der einseitige Druck des Vorschubbolzens e, welcher die Welle zu
biegen und die Einrückmuffe in eine Klemmlage gegen die
Welle zu bringen sucht. Die Erfahrung, dass bei der älteren
Addyman'schen Konstruktion der ständig während des Betriebes
wirksame einseitige Druck, in Verbindung mit den exzentrischen Schwungmassen der Konstruktion, kräftige und genau
gelagerte Wellen nach längerer Betriebsdauer zum Schlagen
brachte, erweckt auch hinsichtlich der vorliegenden Ausführung
gewisse Bedenken und müsste mindestens die Veranlassung
bieten, auf genaue Ausbalanzirung der Massen Bedacht zu
nehmen. Ferner ist darauf hinzuweisen, dass auch die Kniehebel s beim Auseinandersspreizen der Druckhebel f, wie aus
Fig. 68, S. 146, ersichtlich, dem Ausschlage dieser Hebel fol-
gend, aus der wagerechten in eine geneigte Lage gedrängt
werden, die sie nur annehmen können, wenn ihre Bohrungen,
zur Aufnahme der Gelenkzapfen, von beiden Seiten aus kegelförmig eingesenkt werden.

Hierdurch wird die Druckfläche zwischen den Hebelaugen
und den zugehörigen Bolzen auf eine sehr kleine Zone beschränkt und die Biegungsbeanspruchung, wie die spezifische
Pressung, in bedenklicher Weise gesteigert.

Alle diese Uebelstände wachsen mit zunehmender Größe der Arbeitsübertragung und der Kupplung und werden die Anwendbarkeit der Konstruktion, trotz sonstiger Vorzüge, wohl auf mittlere Verhältnisse beschränken.

Kupplung von Frederking und Müller,
D. R.-P. 35173 und 43165[1]).

Frederking hat für seine Kupplung, Fig. 72 bis 76, S. 151, als Spannvorrichtung die Verbindung von Keildruck mit federnden Winkelhebeln benutzt. Beim Vorschieben der Einrückmuffe n tritt diese, wie besonders aus Fig. 73 zu ersehen, mit keilförmigen Ansatzflächen unter die Druckrollen r und drängt letztere nach außen. Dieser Bewegung folgen die im Rahmen der Mitnehmerscheibe m drehbar gelagerten, federnden Winkelhebel f, welche mit lappenförmigen Ohren an die freien Rollenachsen angehängt sind. Die doppelte Uebersetzung durch Keil und Hebel drängt die Bremsklötze b unter der Druckwirkung der kurzen Hebelarme gegen den Umfang der Kupplungstrommel, während die längeren Hebelarme federnd nachgeben und somit, wie andere ähnliche Anordnungen, den Kupplungsdruck auch innerhalb gewisser Grenzen bei eintretender Abnutzung aufrecht erhalten.

Die Ausnutzung der Druckhebel zur Kraftübersetzung beim Einrücken hat aber, wie bei der Konstruktion von Friedrich, den Nachteil, dass der Verschleiß der Backen in verstärktem Maße auf die Abnahme der Hebeldurchfederung einwirkt, und zwar nach den vorliegenden Abmessungen im Verhältnis von $1:6$, so dass bei dem Mangel von Nachstellvorrichtungen für sehr starken Kraftüberschuss gesorgt werden muss, wenn die Kupplung bei lebhafter Benutzung nicht bald wirkungsunfähig werden soll.

Die Zentrifugalkraft der beiden Klötze unterstützt im eingerückten Zustande ihre Anpressung und verhindert gleichzeitig die Lösung des Hebelwerkes und den Rücklauf der

---

[1]) Zeitschr. d. Ver. deutscher Ingenieure 1886 S. 662 und 1888 S. 718.

Druckrollen, welche in dieser Stellung die Steigung der schiefen Ebene bereits überschritten haben.

Da die Bremsklötze mit den Federhebeln nicht in fester Verbindung stehen, wird noch eine besondere Vorkehrung notwendig, um beim Ausrücken die Fliehkraft der Klötze zu überwinden und letztere nach innen zurückzuziehen.

Zu dem Zwecke sind an der Deckplatte der Mitnehmerscheibe n, Fig. 74 und 75, diametral gegenüber ein paar hakenförmige Hebel h gelagert, welche mit ihren Hakenarmen über den unteren Vorsprung der Kupplungsbacken fortgreifen und sich andererseits mit ihren schwanzförmigen Enden auf dem äufseren Umfange der Einrückmuffe n abstützen. Auch diese Hebel werden durch Keilflächen auf dem Umfange der Einrückmuffe in Thätigkeit gesetzt, so dass, wie aus Fig. 74, S. 151, ersichtlich, beim Zurückziehen der Muffe die Kupplungsbacken nach innen bewegt werden.

Um andererseits durch diese Lüftungshebel die Anpressung der Klötze nicht zu hindern, muss in der eingerückten Stellung zwischen Backenrand und Haken ein kleiner Spielraum vorhanden sein, der durch die Schraube i im Hebelschwanz zu regeln ist.

Die Einrückmuffe läuft in Feder und Nut auf der Nabe der Mitnehmerscheibe, damit die vier Keilbahnen für die darüberliegenden Lüftungshebel und die Druckrollen ihre Lage zu denselben nicht durch relative Drehung verändern können.

Die Einrückvorrichtung bildet den Gegenstand eines besonderen Patentes, D. R.-P. 46409[1]) und ist so eingerichtet, dass auch während der Einrückung selbst der Anpressungsdruck in der Kupplung vernichtet wird, ohne sich auf die Welle zu übertragen. (Fig. 77 und 78 S. 152.)

Zu dem Ende sind zwei Schleifringe c und d, Fig. 74 und 78, S. 151 u. 152, angeordnet, von denen d einen Stellring auf der Nabe der Mitnehmerscheibe als festes Widerlager umschliefst, während c den Ringbund der Einrückmuffe er-

---

[1]) Zeitschr. d. Ver. deutscher Ingenieure 1889 S. 430.

fasst. Die Verschiebung der Muffe wird durch einen Keil-
schieber aus schmiedbarem Gusse vermittelt, dessen Anordnung und Wirkungsweise durch die Fig. 77 und 78, S. 152,
veranschaulicht sind.

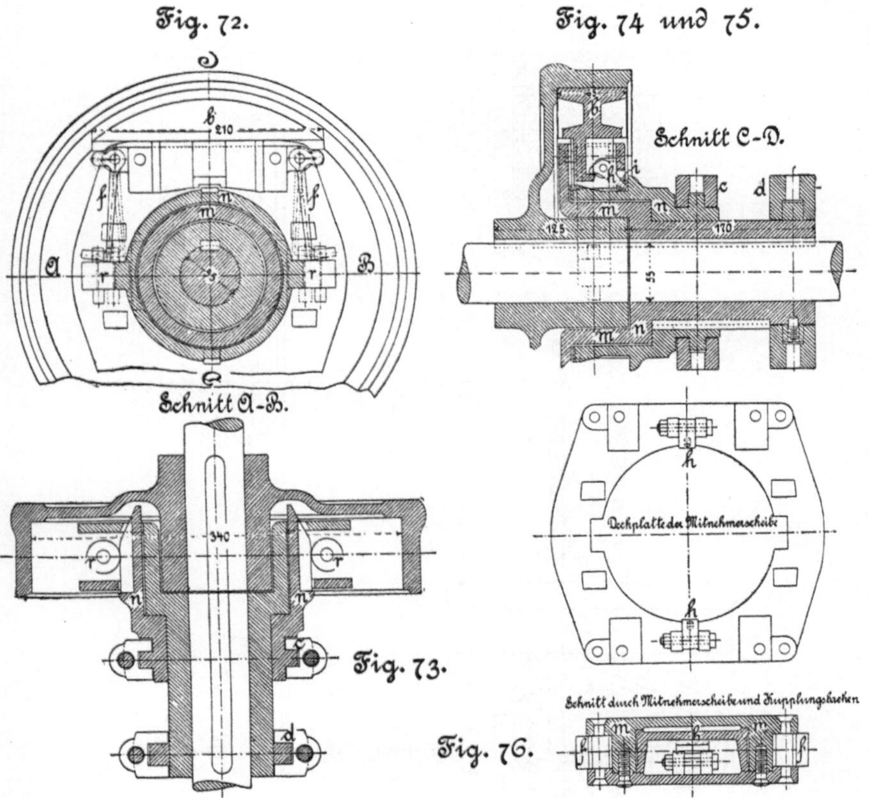

Statt der Schraubenspindel mit Handrad kann selbstverständlich auch ein gewöhnlicher Handhebel zur Verstellung
des Keilschiebers benutzt werden.

Durch die Neuerung der Einrückvorrichtung gewinnt die
Kupplung bezüglich der vollständigen Entlastung der Welle

gegenüber achsial gerichteten Kräften einen Vorzug im Vergleich zu den bisher besprochenen Ausführungen dieser Gruppe,

Fig. 77.

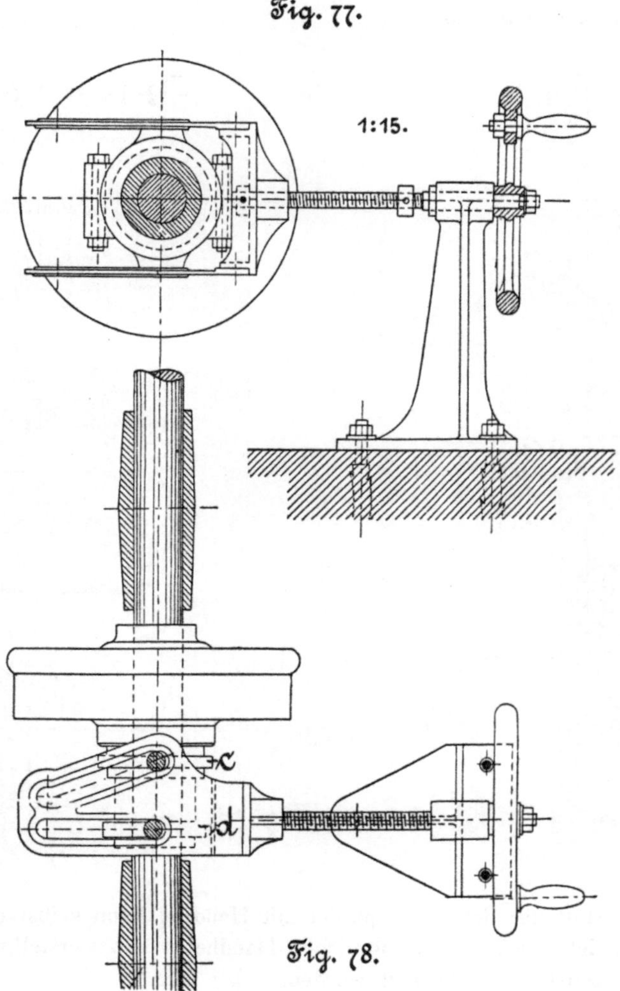

Fig. 78.

den nur die sonst nicht brauchbare Möller'sche Konstruktion mit ihr teilt. Andererseits bedingen die Winkelhebelform und die geringe Länge der Druckfedern rasche Abnahme des Kupplungsdruckes bei eintretenden Abnutzungen, und die lose Verbindung dieser Federn mit den Druckrollen, sowie die wechselnde Neigung der langen Hebelarme gestatten, ähnlich wie bei der Konstruktion von Friedrich, nur eine sehr mangelhafte Berührung in den Zapfengelenken, sodass hier bei angestrengtem Gebrauch der Kupplung schnelle Zerstörungen zu befürchten sind. Ebenso müssen sich die Justirschrauben der Lüftungshebel, durch welche die Kupplungsbacken beim Ausrücken zurückgeholt werden, schnell abnutzen und bald Furchen in ihren Keilbahnen einkratzen, werden also wiederholt nachgestellt werden müssen, wenn nicht für eine gröfsere Flächenberührung gesorgt wird.

Um diese Uebelstände zu beseitigen, sind ganz neuerdings einige Verbesserungen eingeführt.

Die unteren Ecken der Klötze b werden jetzt für den Angriff der Druckfedern mit kleinen Stahlwinkeln armirt, welche je nur durch eine seitlich eingesetzte Schraube festgehalten, durch Unterlegen von Papier oder Blech einen Ausgleich für den Verschleifs der Klotzgleitflächen gestatten.

Die Nachstellung wird dadurch ermöglicht, dass das Loch in den Stahlwinkeln für die Befestigungsschraube länglich ausgeführt ist.

Ferner setzt Frederking bei stark angestrengten Kupplungen über die Rollenzapfen Hülsen mit seitlichen Schildzapfen und hängt die Druckfedern f mit einer hakenförmig umgebogenen Gabelendigung an denselben auf, sodass hierdurch ein Doppelgelenk mit ausreichenden Auflagerflächen gebildet wird.

Um schliefslich auch die zerstörende Wirkung der Justirschrauben i für die Lüftungshebel h von der Einrückmuffe n fern zu halten, wird zwischen die Schraubenenden und ihre Laufbahn auf dem Muffenmantel eine schwache Blattfeder eingeschaltet, die, an der Unterseite der Lüftungshebel befestigt, den Justirschrauben als Gleitschuh dient[1]).

---

[1]) Skizzen dieser Abänderungen finden sich in der Zeitschr. d. Ver. deutscher Ingenieure 1889 S. 1029

Von den Anlagen, für welche Kupplungen von der Firma geliefert sind, ist die der elektrischen Beleuchtung des Hamburger Freihafens mit einer gröfseren Anzahl einzeln ausrückbarer Dynamomaschinen anzuführen.

Kupplung von H. Haase in Dessau, D. R.-P. 38171 [1]**.**

Fig. 79 bis 81, S. 155, veranschaulichen die Ausführung des Haase'schen Patentes durch die Eilenburger Eisengiefserei und Maschinenfabrik von Alexander Monski.

Beide Kupplungshälften, sowohl das Gehäuse a, in welchem das Kupplungsgestänge mit den Druckbacken untergebracht ist, wie die mit Keilnuten im Umfange ausgestattete Mitnehmerscheibe b, sitzen fest auf den Wellenköpfen, und nur die Einrückmuffe c ist auf der Welle in Feder und Nut verschiebbar.

Der Eingriff der geriffelten Kupplungsbacken in die Keilnutenscheibe wird beim Vorschieben der Muffe durch das Gestänge s und die im Gehäuse drehbar gelagerten doppelarmigen Hebel vermittelt. Die Backen selbst hängen in Blattfedern an besonderen Bügeln, die ihrerseits mit den Hebeln durch Gelenkbolzen verbunden sind.

Für Umdrehungszahlen bis etwa 200 i. d. Min. genügt die Federkraft zum Kupplungsschluss. Alsdann kann auch die Einrückmuffe so weit vorgeschoben werden, dass die Schubstangen s die Mittellage überschreiten und der Kupplungsschluss hierdurch selbstthätig aufrecht erhalten bleibt. Bei höheren Umdrehungszahlen muss die Fliehkraft durch das Gestänge abgefangen und möglichst ausgeglichen werden. Zu dem Zweck sind in die Kupplungsbacken Justirschrauben h eingesetzt, welche für den in Rede stehenden Fall derart einzustellen sind, dass sich die Federbügel auf dieselben niedersenken, sobald das Gestänge in die Mittellage gelangt, so dass alsdann die Sicherung des Kupplungsschlusses entweder nur durch Feststellen des Einrückhebels oder durch die Fliehkraft des mit Gegengewichten zu beschwerenden Gestänges s bewirkt

---

[1] Zeitschr. d. Ver. deutscher Ingenieure 1887 S. 359.

werden kann. Bei hohen Wellengeschwindigkeiten dienen die eingeschalteten Federn daher lediglich zum möglichst sanften

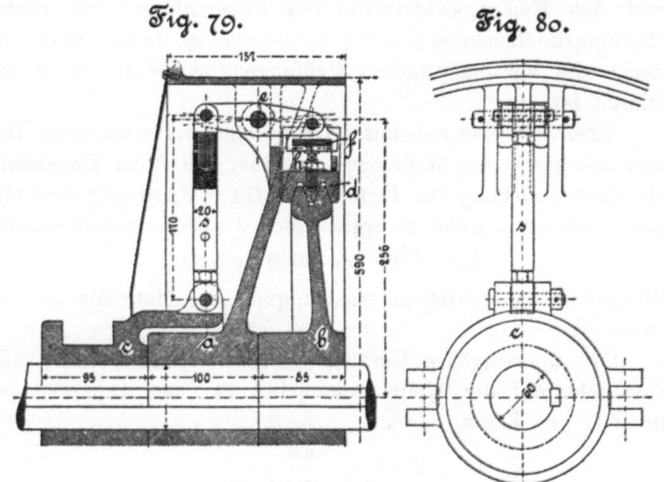

Fig. 79. Fig. 80.

Fig. 81.

Einrücken, und auftretender Verschleifs erfordert sofortiges Nachstellen des Gestänges, um den Betrieb aufrecht zu erhalten.

Untersucht man die Ausführung auf ihr Verhalten, wenn den Druckfedern der Kupplungsschluss überlassen bleibt, so ergiebt sich in der Materialprüfungsmaschine für je 50 kg Federbelastung eine Durchbiegung der Federn um reichlich 0,6 mm.

Die in der Konstruktion vorgesehene Gesammtdurchfederung von 2,5 mm erfordert eine Federbelastung von 200 kg bis 215 kg, je nach den kleinen Verschiedenheiten des Materials und der Ausführung.

Zu demselben Ergebnis gelangt man auf dem Rechnungswege, wenn man die Verjüngung der Federn in Betracht zieht und den Reibungswiderstand der Federauflager mit einem Reibungskoëfficienten $\mu = 0{,}2$ berücksichtigt, so dass mittelbar durch die vorangegangenen Prüfungen der Wert von μ bestimmt ist.

Ermittelt man auf dieser Grundlage, wiederum unter Berücksichtigung des Reibungsmomentes, mit 3 cm Hebelarm, die Beanspruchung der Federn von $0{,}4 \times 3{,}5$ qcm Querschnitt und 11 cm Spannweite, so ergiebt sich die Biegungsanstrengung

$$k_b = 5250 \text{ bis } 5645 \text{ kg/qcm.}$$

Hiermit ist die zulässige Anstrengung des Materials nahezu erschöpft.

Die übertragbare Umfangskraft P berechnet sich, mit Rücksicht auf den Keilnuteneingriff, für den Anpressungsdruck Q pro Klotz, durch

$$P = \frac{\mu Q}{\sin \alpha + \mu \cos \alpha}$$

Hieraus folgt mit $Q = 200$, $\mu = 0{,}11$ und $\alpha = 19^0\ 30'$, entsprechend der Ausführung

$$P = \infty 50 \text{ kg}$$

und die Gesammtumfangskraft bei vier Klötzen $= 200$ kg.

Die Fliehkraft der je $1{,}6$ kg schweren Backen beträgt bei 100 Min.-Umdr. für jede Backe $3{,}5$ kg und schwächt bei höheren Winkelgeschwindigkeiten, wie bereits hervorgehoben, den Anpressungsdruck so erheblich ab, dass man schliefslich zum starren Gestängeschluss seine Zuflucht nehmen muss. Bei 200 Min.-Umdr. steigt die Fliehkraft auf 14 kg, bei 300 auf $31{,}5$ kg.

Setzt man die kleinste der gemessenen Federgrenzbelastungen, $Q = 200$ kg, in Rechnung und vernachlässigt andererseits die Abschwächung derselben durch die Fliehkraft, so ermittelt sich die Arbeitsleistung der Kupplung für 100 Min.-Umdr. mit $0{,}375$ m mittlerem Durchmesser der Backenreibung

$$\frac{0{,}375\,\pi\ 100 \cdot 200}{60 \cdot 75} = 5{,}24 \text{ Pfkr.}$$

Berücksichtigt man, dass in folge des Keilnuteneingriffes mit dem Kegelwinkel $\alpha = 19^0$ eine Abnutzung a der Gleitflächen in normaler Richtung die Backen um

$$e = \frac{a}{\sin \alpha} = \frac{a}{0{,}334} = 3\,a.$$

nachsinken lässt, so vermindert sich die Federdurchbiegung bei 0,2 mm Flächenabnutzung von Backe und Scheibe bereits um 0,6 mm und die Klotzanpressung damit um 50 kg.

Da Klotzanpressung und übertragbare Arbeitsleistung der Federdurchbiegung direkt proportional sind, sinkt die Leistung x in dieser Zeit auf

$$x = 5{,}24 \cdot \frac{1{,}9}{2{,}5} = 3{,}9\,\text{Pfkr.,}$$

d. h. unter die geforderte Grenze, da die Kupplung 4 Pfkr. bei 100 Min.-Umdr. übertragen soll.

Zum Ueberwinden der Massenbeschleunigungswiderstände, welche die Welle unmittelbar belasten, ist aber ein gewisser Kraftüberschuss im Kupplungsschluss erforderlich, und somit wird, selbst in gewöhnlichen Fällen, die Nachstellung des Backengestänges schon etwa nach 0,1 mm Gesammtabnutzung zwischen den Gleitflächen notwendig werden, und wenn gröfsere Massen vorhanden sind, noch früher. Hiernach wird die Kupplung nur unter günstigen Betriebsverhältnissen und jedenfalls nur bei Umdrehungszahlen, die 100 nicht wesentlich überschreiten, längere Zeit ohne Justirung arbeiten können.

Bei 200 Min.-Umdr. sinkt die Leistung der Kupplung bereits, in folge der starken Federdruckabnahme durch die Centrifugalkraft, auf 4 Pfkr. herab, so dass, wie eingangs hervorgehoben wurde, der Betrieb dann nur noch mit starrem Gestängeschluss möglich ist.

Wählt man zur Abhilfe den ursprünglichen Kraftüberschuss sehr grofs, steigert also Federkraft und anfängliche Durchfederung, so erwächst daraus die Gefahr harter Stöfse beim Einrücken, und letzteres wird erschwert.

Der Vorteil der Keilnuten, dass ihre gröfsere Reibungswirkung kleinere Scheiben anzuwenden gestattet, oder die erforderliche Einrückkraft vermindert, geht bei aufsen liegenden Backen hinsichtlich der Gröfsenverhältnisse der ganzen Konstruktion wieder verloren.

Hierüber giebt die nachstehende Zusammenstellung Aufschluss.

Name der Kupplung	Form des Kupplungskörpers	spezifische Pressung der Gleitflächen	Gesammtgewicht mit Schleifring	Ganze Länge im ausgerückten Zustand mit Einrückmuffe	Aeufserer Durchmesser
		kg/qcm	kg	mm	mm
Haase	Keilnuten	5	100	280	610
Dohmen-Leblanc .	Glatte Backen	4,8	91	280	550
Frederking . . .	Glatte Backen	7,5	70	300	390
Friedrich . . .	Glatter Zaum	6,3	44	350	275
Stolterfoht . . .	Glatter Zaum	21	40	310	270

Die Kupplungen sind sämmtlich für 55 mm Wellendurchmesser und eine Nutzübertragung von 4 Pfkr. bestimmt, bei 100 Min.-Umdr., die spezifische Pressung aber, um einen Vergleich zu gewähren, übereinstimmend für den Fall berechnet, dass die Konstruktionen, in Berücksichtigung des erforderlichen Kraftüberschusses, auf die gleiche Maximalleistungsfähigkeit von 5,24 Pfkr. justirt werden.

Aus der Zusammenstellung ergiebt sich, dass die Haasesche Ausführung, trotz des Keilnuteneingriffes, den gröfsten äufseren Durchmesser und das gröfste Gewicht besitzt. Die Stolterfoht'sche Zaumkupplung ist noch nicht halb so grofs und wiegt nur $^2/_5$ der Haase'schen Konstruktion, bei allerdings wesentlich gröfserer spezifischer Flächenpressung. Für häufig wechselnde, gröfsere Massenwiderstände und lebhaften Betrieb beschränkt Stolterfoht die Pressung auf 10 kg/qcm.

Bei Cylinderkupplungen mit glatten Backen ist im allgemeinen die Abnahme der Federdurchbiegung nur gleich der

Tiefe des Verschleifses. Solche Konstruktionen vertragen daher, innerhalb der überhaupt zulässigen Grenzen, stärkere spezifische Pressungen, und zwar um so mehr, je kleiner, wie bei Stolterfoht, die Umfangsgeschwindigkeit der Gleitflächen ist, je besser sie geschmiert und gegen Staub geschützt sind. Sobald die Druckfederwerke gleichzeitig zur Kraftübersetzung dienen, müssen auch glatte Backen möglichst geschont werden. Dies ist beim Vergleich der Tabellenwerte zu beachten.

In folge der starken Uebersetzung, welche Frederking und Friedrich hierbei anwenden — 1:6 bis 1:7 — und der gröfseren spezifischen Pressungen, sind diese Kupplungen noch schnelleren Leistungsabnahmen ausgesetzt, als die von Haase, vorausgesetzt, dass nicht höhere Umdrehungszahlen zum Vergleich stehen, welche die Wirkung der Haase'schen Konstruktion ganz besonders ungünstig beeinflussen. Andererseits hat es aber Friedrich verstanden, diesen Nachteil seiner Konstruktion durch die früher beschriebene höchst einfache Justirung unschädlich zu machen, während die getrennten Backennachstellungen von Haase und Frederking Schwierigkeiten bereiten und zu einseitigen Drucken führen können. Auf die Gefahr, dass sich Keilnutenbacken unter Umständen in der zugehörigen Scheibe festfressen, ist früher bei der Dohmen-Leblanc'schen Kupplung hingewiesen.

Kupplung von H. Haeberlin in Akron, Ohio, Amerikanisches Patent[1]).

Die Wirkungsweise der Dohmen-Leblanc'schen Anordnung ist in abgeänderter Ausführungsform von Haeberlin gewahrt, der, wie aus Fig. 82, S. 160, ersichtlich, die Kupplungsklötze, der Originalkonstruktion entsprechend, von innen nach aufsen anpresst und unmittelbar zwischen das starre Kniehebelgestänge und die Backen Blattfedern einschaltet, sodass auch hier die Federn stets in voller Wirkung bleiben. Durch diesen Ersatz der S-förmigen Federn wird kein Vorteil gewonnen.

---

[1]) Uhland, Der praktische Maschinenkonstrukteur 1889 S. 75, Taf. 22 Fig. 9 und 10 und hieraus Dingler 1889 Bd. 272 Taf. 22 Fig. 14 und 15.

Fig. 82.

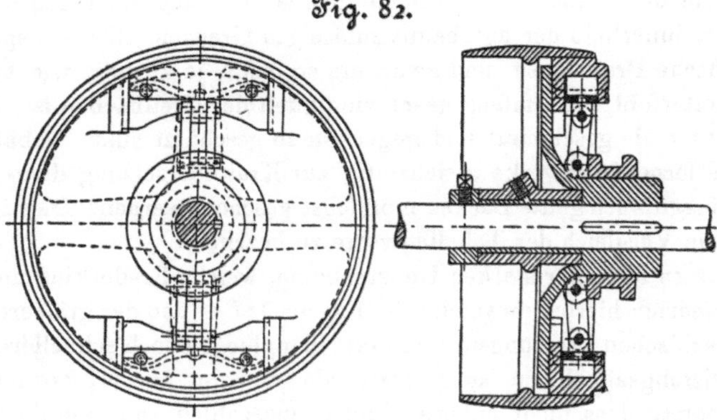

Hohlcylinderkupplung von P. M. Schiersand in Kappel-Chemnitz, D. R.-P. 43806 [1]).

Die Konstruktion von Schiersand lehnt sich an die bei weitem ältere von Fossey an, versucht aber durch Einschalten eines federnden Widerlagers für die Kniehebel die Druckausgleichung und den Schluss der Kupplung selbstthätig zu sichern.

Fig. 83 veranschaulicht in der oberen und unteren Hälfte zwei zu einander senkrechte Schnitte.

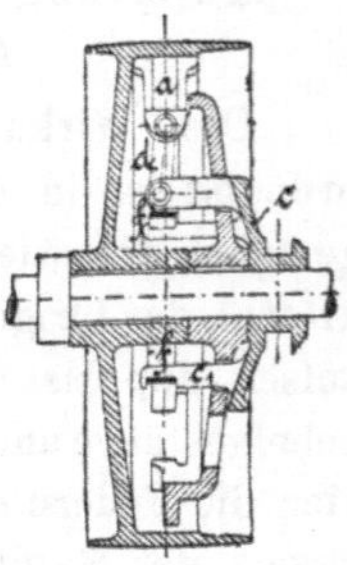

Die Einrückmuffe ist mit vier Armen ausgestattet, welche die Schubstangen für die Kniegelenkhebel d der vier Kupplungsbacken a bilden. Zwischen diesen Schubstangen sitzen an der Muffe gleichmäfsig verteilt vier weitere Arme c_1, über die ein geschlossenes Stahlband f gelegt ist. Beim Einschieben der Muffe stützen sich, in folge länglicher Bohrungen der Löcher für die inneren Gelenkbolzen der Kniehebel, letztere frei auf das darunter liegende Stahlband, ohne die Bolzen und die Schubarme zu belasten.

Fig. 83.

---

[1]) Zeitschr. d. Ver. deutscher Ingenieure 1888 S. 950.

Dass die Feder bei der gewählten Unterstützung vollständig symmetrisch durchgebogen wird, um den beabsichtigten Zweck der gleichmäfsigen Druckverteilung zu erreichen, wenn das Kniehebelwerk zur Sicherung des Kupplungsschlusses über die Mittellage hinausbewegt wird, ist kaum zu erwarten. Am wenigsten dürfte das der Fall sein, wenn man, der Absicht des Patentinhabers entsprechend, die Feder durch Uebereinanderlegen der Enden mittels Schrauben schliefst, um hierdurch gleichzeitig noch eine Justirbarkeit der Spannung zu gewinnen.

e) **Allgemeine Betrachtungen und Vergleiche.**

Die bisher besprochenen Kupplungen mit Einrücken von Hand gestatten sämmtlich eine beliebige Ausdehnung der Einrückperiode, da die Bedienung der Kupplung in dieser Hinsicht ganz der Willkür des Arbeiters überlassen ist. Bei allen gröfseren Anlagen für starke Arbeitsübertragungen ergiebt sich der erforderliche Pressdruck im Kupplungsumfang so grofs, dass zu seiner Erzeugung kräftige Uebersetzungen in das Spannwerk eingeschaltet werden müssen.

Mit der Stärke der Uebersetzung wächst selbstverständlich die Langsamkeit des Einrückens. Hierbei ist es naturgemäfs gleichgiltig, ob die Schrauben- und Kniehebelübersetzungen im Inneren der Kupplung untergebracht sind oder aufserhalb derselben mit dem Einrückhebel in Verbindung stehen.

Unter diesen Umständen steigen die Arbeitsintensitätskurven der Kupplungskraft mit den Ordinaten Pv mehr oder minder allmählich an, nach Art der Diagrammfigur 10 (S. 48). Die Arbeitsverluste, wie die Wärmeerzeugung während der Einrückperiode, bis zum Eintritt des Beharrungszustandes, bleiben daher nicht auf den kleinsten Wert beschränkt, der voraussetzt, dass der obere Grenzwert der Kupplungskraft schon mit dem Beginn des Einrückens in voller Gröfse zur Wirkung gelangt und nicht erst durch allmähliches Steigern der Anpressung im Laufe der Einrückperiode erzeugt wird.

Auf das in dieser Beziehung besonders nachteilige Verhalten der Einrückung mit Handrädern, welche schneller als die Triebwelle umgedreht werden müssen, um das Spannwerk überhaupt zu beeinflussen, ist bei Besprechung der betreffenden Konstruktionen hingewiesen.

Andererseits ist nicht zu verkennen, dass die Einrückung von Hand und allmähliches Steigern der Kupplungskraft den Vorteil gewähren, die Beschleunigungsperiode den jedesmaligen Verhältnissen anpassen zu können. Nach Bedürfnis regelbare Einrückungen sind unerlässlich, sobald bei kleinen Massenwiderständen starke Arbeitsschwankungen auftreten. Unter der sofortigen Einwirkung der für die gröfsten Widerstände bemessenen Kupplungskraft vollzieht sich die Beschleunigung der Massen bei zeitweilig kleinen Widerständen nahezu plötzlich, mit mehr oder minder stofsweiser Wirkung, wie aus den theoretischen Erörterungen des ersten Abschnittes ohne weiteres folgt. Von Hand regelbarer Kupplungsschluss ist ferner notwendig, wenn die Kupplung für kleine Drehwinkel vorübergehend geschlossen werden soll. Dies ist z. B. der Fall beim Aufziehen schwerer Riemen auf ihre Scheiben, die man zu dem Zwecke in bekannter Weise, bei mangelnden anderen Vorkehrungen, einfach am Scheibenumfang festbindet und die Verbindung löst, sobald das nachfolgende Riementrum sich durch beschränkte Drehung der Scheibe auf dieselbe selbstthätig hinaufgezogen hat.

Die Abhängigkeit der Kupplung von der mehr oder minder umsichtigen Bedienung seitens des Arbeiters ist eine notwendige Folge der Hauptforderung vollständig freier Regelbarkeit und ein Uebelstand, der bei dem hierdurch bedingten System von keiner einzigen Konstruktion desselben fern gehalten werden kann. Um so mehr tritt aber die Aufgabe in den Vordergrund, alles in der Konstruktion zu vermeiden, was an sich oder im Verein mit ungeschickter Bedienung die Betriebssicherheit und Lebensdauer der Kupplung gefährdet.

Der Gefahr der Ueberhitzung ist durch genügend grofse Kupplungsmassen entgegenzutreten, um eine ausreichende Wärmeaufspeicherung in der Kupplung selbst zu gestatten.

Je häufiger die Kupplung mit kurzen Unterbrechungen in und aufser Thätigkeit gesetzt wird, um so mehr ist hierauf Bedacht zu nehmen. Hierbei ist aber auch dafür Sorge zu tragen, dass durch Wahl gleichen Materiales und möglichst ähnlicher Körperformen und Körperinhalte die unmittelbar mit einander in Berührung tretenden Reibungskörper unter dem Einfluss der Temperaturerhöhung möglichst gleichartige Formänderungen erleiden, um den dichten Schluss der Kupplungsflächen während des Betriebes aufrecht zu erhalten.

Dieser Forderung ist bei den meisten Cylinderkupplungen mit einzelnen, getrennt angeordneten Backen nur unvollkommen entsprochen. Je kleiner und leichter die Backen im Verhältnis zur Kupplungstrommel gewählt werden, um so stärker erhitzen sie sich im Verhältnis zum Hauptkörper der Kupplung, da die Wärmeabgabe durch die Luft sich viel langsamer vollzieht, als die Wärmeableitung in die unmittelbar benachbarten Eisenmassen der Trommel.

Wesentlich günstiger gestalten sich die Verhältnisse in dieser Hinsicht bei Anwendung innen oder aufsen liegender Kupplungszäume, wie z. B. bei den Konstruktionen von Oeser, Friedrich, Stolterfoht u. a. m., die sich der Kupplungstrommel im ganzen Umfange anschmiegen. Dasselbe ist bei allen Kegelkupplungen der Fall.

Mit einzelnen, von einander durch gröfsere Zwischenräume getrennten Backen ist ferner der Uebelstand verbunden, dass sowohl während der Ruhe, als während des Betriebes die nicht von den Backen bedeckten Gleitflächenstrecken der Verunreinigung durch Staub, welcher in allen Betrieben herrscht, ausgesetzt sind. Sobald die Backen statt drehbar, wie z. B. bei der Liebig'schen Kupplung, den gewöhnlichen Anordnungen entsprechend in radialen Führungen beweglich sind, so werden auch die radialen Führungen von den Schmutzablagerungen betroffen, die nach längerer Zeit, im Verein mit dem Fett, eine anfangs zähe, schliefslich mehr und mehr erhärtende Masse bilden. Hierdurch wird bei längerer Nichtbenutzung der Ausrückung oder im Laufe von andauerndem Stillstand schliefslich die Ausrückbarkeit, bezw. die Wiederbenutzbarkeit der Kupplung in Frage stellt. Ganz besonders nachteilig wirkt einfallender Metallstaub, der rasches Zerfressen der Gleitflächen zur Folge hat.

Bei ringförmigen Kupplungsbacken mit schmalem Spalt sind diese Uebelstände schon an sich durch die fast vollständige Flächenüberdeckung so gut wie ausgeschlossen und lassen sich jedenfalls mit Leichtigkeit ausschliefsen, wenn man die einzige Zugangstelle für eindringenden Staub, den schmalen Spalt, mit Filzeinlagen ausfüllt.

Den vollkommensten Schutz bieten in dieser Hinsicht Konstruktionen, bei denen das Lüften der sich im ganzen Umfange berührenden Reibungskörper, ohne vollständige Aufhebung der gegenseitigen Berührung, nur bis zum Verschwinden des Anpressungsdruckes stattfindet, oder der Reibungsschluss, wie bei den später zu erörternden Kupplungen mit Klinkenausrückung, dauernd erhalten bleibt.

Der Forderung, die Kupplungskraft fest zu begrenzen, genügen alle Konstruktionen mit Kniehebelwerk, bei welchen die Strecklage des Hebelwerkes durch die vollständige Einrückung erreicht oder überschritten wird.

Es ist hervorgehoben, dass dieser wichtige Konstruktionsgedanke zuerst durch die Dohmen-Leblanc'sche Kupplung eingeführt und dadurch verwirklicht ist, dass das Kniehebelwerk mit federnder Nachgiebigkeit ausgestattet wird, um seine Bewegung über die Mittellage hinaus ohne wesentliche Verminderung der Kupplungskraft zu gestatten.

Die Gröfse der Federung, welche gleichzeitig dazu dient, den Kupplungsschluss bei kleinen Formänderungen der Kupplungskörper in folge der Erwärmung, sowie bei eintretendem Verschleifs der Gleitflächen aufrecht zu erhalten, wird von verschiedenen Konstrukteuren sehr verschieden gewählt. In einzelnen Prospekten wird die Federung auch noch als besonders wertvoll für die Sanftheit des Einrückens und die Druckausgleichung der Kupplungsbacken bezeichnet. Haase geht in seiner Konstruktion, wie früher erörtert wurde, bei hohen Umdrehungszahlen sogar so weit, dass er die Federung nur während der Einrückperiode wirken lässt, um die Anpressung möglichst allmählich und sanft zu steigern, und dann nach beendeter Einrückung die ganze Kupplung zu einem starren System schliefst.

Mit Rücksicht hierauf ist die Frage zu erledigen, welcher Wert der Federung überhaupt beizumessen ist, und welche Umstände ihre Gröfse beeinflussen.

Der zuerst hervorgehobene Zweck, das Kniehebelwerk einer Kupplung über die Mittellage hinaus durchzudrücken, um den Kupplungsschluss ohne Rückwirkung in achsialer Richtung selbstthätig zu sichern und bestimmt zu begrenzen, lässt sich erfahrungsmäfsig mit aufserordentlich kleinen Federungsgröfsen erreichen, die auch noch genügen, um die Schwankungen des Anpressungsdruckes auszugleichen, welche durch Temperaturerhöhungen oder durch Verschleifs innerhalb der unmittelbar zu berücksichtigenden Grenzen auftreten. Hierzu reicht im allgemeinen die Nachgiebigkeit ganz kurzer Hebelarme aus, wie die Konstruktionen von Mechwart, Oeser usw. zeigen.

Die Erfahrung lehrt ferner, dass sich durch die gewöhnliche kleine Federung äufserlich fast starr erscheinender Spannwerke, in Verbindung mit Schraubengetrieben, beispielsweise mit dem Stolterfoht'schen Kupplungszaume, die Einrückung unter den verschiedenartigsten Belastungsverhältnissen mit aufserordentlicher Sanftheit und Genauigkeit der Einstellung für beschränkte, wie für volle Arbeitsübertragung vermitteln lässt. Die Einschaltung von besonderen, stark elastischen Federwerken zu diesem ausschliefslichen Zwecke ist also entbehrlich, ja es ist, um einseitigen Anschauungen entgegenzutreten, sogar besonders darauf hinzuweisen, dass durch die gewöhnlich in Verbindung mit stark federnden Spannwerken benutzten Kupplungsbacken, mit radialen Führungen, Nebenumstände auftreten, welche, trotz der elastischen Anpressung, einen harten, stofsenden Kupplungsschluss herbeiführen können.

Die erste Bedingung für sanften Kupplungsschluss und gleichmäfsiges Wirken der Reibungskraft ist höchste Vollkommenheit der Reibungsflächen, zuverlässige Schmierung und dauernde Erhaltung der Grundform bei durchaus gleichmäfsigem Anliegen der Kupplungskörper, ohne die Uebelstände gewaltsamer Spannungen und eckender Bewegungen. Ist hierfür nicht Sorge getragen, so lässt sich auch durch die nachgiebigste Anpressung kein sanftes Einrücken erzielen. Jede Kupplung muss während der Einrückperiode stofsen, sobald die Gleichförmigkeit der Gleitbewegung durch ungenaue Körperformen oder durch hemmende Fremdkörper unterbrochen wird.

Die nicht zu beseitigende Neigung der Kupplungsbacken mit radialen Führungen, unter der Einwirkung der Umfangskraft Kipplagen in den Führungen anzunehmen, sowie die Unmöglichkeit, derartige Konstruktionen vor Ablagerungen von Staub und Schmutz auf den Gleitflächen zu schützen, bilden die Quelle von Störungen des normalen Zustandes und beeinträchtigen im Laufe des Betriebes die Sanftheit der Einrückung in der allerempfindlichsten Weise. Die Kupplungen dieser Art ziehen mit zunehmender Verschlechterung des Zustandes ihrer Reibungsflächen ruckweise an, und die Umfangskraft ist während der Einrückperiode sprungweisen Schwankungen unterworfen. Diese Störungen werden bei einzelnen Konstruktionen noch durch die Einwirkung von Zentrifugalkräften erhöht, wenn ihnen die elastische Verbindung der Klötze mit dem Spannwerk eine gewisse selbständige Beweglichkeit gestattet. Sobald die Fliehkraft die Anpressung unterstützt, tritt dadurch, unabhängig von der Bedienung des Spannwerkes, ein plötzlicher Kraftzuwachs auf, der die Gleichförmigkeit der Anpressungssteigerung unterbricht.

Was ferner die Frage der Druckausgleichung der Kupplungskörper durch federnde Abstützungen betrifft, so ist auch diese nur unvollkommen für Cylinderkupplungen mit diametral gegenüberliegenden getrennten Backen gelöst. Die Federn gewähren wohl den Vorteil, Ungenauigkeiten in der Ausführung des Spannwerkes oder in der Zentrirung der Kupplung soweit auszugleichen, dass zwei diametral gegenüberliegende Backen durch die elastischen Abstützungen gleichzeitig zum Anliegen kommen; aber wenn überhaupt Ungleichförmigkeiten auszugleichen sind, so werden auch die Federn ungleichmäfsig belastet, und von einer vollkommenen Druckausgleichung wird somit kaum je die Rede sein können. Des weiteren hängt die

Federkraft bei genau gleich geformten und gleich langen Federn nicht unwesentlich von der Härtung ab, kann also schon hierdurch beträchtlich verschieden ausfallen. Schliefslich ist auch noch hervorzuheben, dass bei solchen Anorduungen sowohl durch Nachlassen der Federkraft, wie durch Federbrüche eine Anzahl von Betriebsstörungen in der Praxis zu verzeichnen sind.

Leichter ist es, einen geschlitzten Ring durch Spreizen nach aufsen oder durch Zusammenziehen in diametral gegenüberliegenden Punkten mit gleichmäfsiger Pressung zum Anliegen an den inneren, bezw. äufseren Umfang einer Kupplungstrommel zu bringen.

Soweit die Federung zur Aufrechterhaltung des Kupplungsschlusses bei eintretendem Verschleifse zu Hilfe zu nehmen ist, wurde bereits oben darauf hingewiesen, dass bei normalem Betriebe auch hierzu eine kleine Federung genügt. Ohne Schwierigkeiten kann man ebenso, wie bei den Zapfenkonstruktionen, die spezifische Flächenpressung so klein wählen, dass bei guter Aufsicht und Wartung der Verschleifs der Kupplung verschwindend klein ausfällt [1]). Indes ist hier mit den praktischen Betriebsverhältnissen zu rechnen und darauf Rücksicht zu nehmen, dass nicht bei nachlässiger Bedienung durch verstärkte Abnutzung die kostspielige Konstruktion plötzlich ganz unbrauchbar wird.

Zur Sicherung der dauernden Betriebsfähigkeit bieten sich zwei Wege. Entscheidet man sich für die Wahl eng beschränkter Federungen, so werden Nachstellvorrichtungen notwendig; lässt man grofse Federungen zu, so bleiben Nachstellvorrichtungen im allgemeinen entbehrlich. Die wirksame Durchfederung oder die Grenzen der Nachstellvorrichtung müssen um so weiter gewählt werden, je rascherer Abnahme der Kupplungskraft die Konstruktion durch ihre Eigentümlichkeiten oder durch die Lebhaftigkeit des Betriebes ausgesetzt ist.

---

[1]) Häufige Benutzung, mangelnde Nachstellbarkeit, Eindringen von Staub, erhöhter Einfluss des Verschleifses auf Abnahme der Kupplungskraft, beschränken die Pressung auf 4 bis 6 kg/qcm. Besonders günstige Verhältnisse gestatten bis 20 kg/qcm. — Vergl. S. 158 u. 159.

In dieser Hinsicht liegen die Verhältnisse wieder bei allen Kupplungen, die den schädlichen Wirkungen einfallenden Staubes, hoher spezifischer Pressung bei kleinen Berührungsflächen und rasch zunehmenden Verschleifses durch eckende und mahlende Bewegung mangelhaft geführter Kupplungsbacken ausgesetzt sind, am ungünstigsten.

Mit starken Federungen ist der Nachteil verbunden, dass sich die Einrückarbeit um die Gröfse der Federungsarbeit erhöht. Hierdurch wird das Anwachsen der Kupplungskraft mehr als notwendig verzögert. Arbeitsverluste und Wärmeerzeugung steigern sich nach den früheren Erörterungen der Diagramme mit der Ausdehnung der Einrückperiode. Gleichzeitig wachsen aber auch Gröfse und Dauer des erforderlichen Einrückdruckes in achsialer Richtung, dessen nachteilige Wirkung auf die Verschiebung der Welle bei den meisten Anordnungen erst mit dem vollständigen Schlusse der Kupplung verschwindet.

Die Gröfse dieses Druckes ist nicht zu unterschätzen, da derselbe bei einzelnen Ausführungen schon zur Uebertragung von 5 Pfkr. bei 100 Min. Umdr. bis auf 400 kg und darüber anwächst.

Soll die Gröfse der Durchfederung für längere Zeit einen ausreichenden Ersatz für die sonst unentbehrliche Nachstellvorrichtung bieten, so muss der Anpressungsdruck im neuen Zustande wesentlich gröfser sein, als er an sich zu sein brauchte, da die Umfangskraft in eben dem Mafse abnimmt, wie die Durchbiegung der Druckfedern in folge des Kupplungsverschleifses. Damit wächst bei unvorsichtig schnellem Einrücken der Kupplung die Gefahr, dass die Massenbeschleunigung zu rasch gesteigert und die Welle überanstrengt wird.

Steigert man die Kupplungskraft bis zur äufsersten Grenze bevor der Beharrungszustand in der Kupplung eingetreten ist, etwa wie in Diagrammfigur 10, S. 48, so tritt bei übergrofser Kupplungskraft am Ende der Beschleunigungsperiode ein aufserordentlich starker Abfall der Diagrammordinaten auf. Der ganze Ueberschuss der Kupplungskraft, welcher zur Beschleunigung der Massen wirksam gewesen ist, verschwindet, wie bei jeder

Kupplung, in dem Augenblicke, in welchem der Beharrungszustand im Triebwerk eintritt, und der plötzlich von den
Beschleunigungswiderständen entlastete Wellenstrang federt
zurück.

Die Wirkung wird bei schwachen Wellen durch die Größe
des Ueberschusses besonders heftig, wenn die Massen auf
der Welle nicht gleichmäßig verteilt, sondern in einzelnen
Punkten zusammengedrängt sind. In solchen Fällen ist eine
mehr oder minder starke Erzitterung der Welle sammt
Kupplung mit bisweilen deutlich hörbarem Schlaggeräusch
unvermeidlich, die neue nachteilige Folgen herbeiführen kann.

Die zunächst auffallende Erscheinung, dass sich dieser
Vorgang gerade in dem Augenblicke abspielt, in welchem die
Beschleunigungsperiode in den Beharrungszustand übergeht,
erklärt sich, wie S. 31 nachgewiesen wurde, aus den Dia-
grammen in einfachster Weise. Diese Erscheinungen kehren
regelmäßig wieder, wenn im Laufe des Betriebes erneute
Schwankungen in den Beschleunigungswiderständen auftreten,
wie bei Prägewerken mit Schwungrädern usw.

Unter solchen Verhältnissen kann die Verwertung starker
Durchfederungen, wie beispielsweise in der Dohmen-Leblanc-
schen Kupplung und anderen ähnlichen Ausführungen, nicht
als vorteilhaft angesehen werden, und die enge Beschränkung
der selbstthätigen Durchfederung der beweglichen Kupplungskörper dürfte um so mehr den Vorzug verdienen, als die
Konstruktionen von Stolterfoht und Friedrich den Beweis
liefern, dass bei Anwendung ringförmiger Kupplungskörper,
die an sich eine Reihe anderer Vorzüge den Backenanord-
nungen gegenüber besitzen, Nachspannungen mit einer einzigen
leicht zugänglichen Nachstellvorrichtung bequem bewerkstelligt
werden können.

Tritt infolge der besonderen Konstruktion zwischen der
Größe des Verschleißes und der Einwirkung desselben auf
die Abnahme der Druckfederdurchbiegung eine Uebersetzung
ein, so verändern sich die Leistungsfähigkeit und das Verhalten
der Kupplung während der Einrückperiode um so schneller,
je stärker diese Uebersetzung ist.

In dieser Beziehung weisen alle Kupplungen mit Keilnuten ungünstige Verhältnisse auf, aber auch bei glatten Backen tritt dieser Fall ein, wenn die Druckfedern gleichzeitig zur Kraftübersetzung für den Einrückdruck verwendet werden, wie z. B. bei den Kupplungen von Friedrich und Frederking.

Derartige Anordnungen eignen sich daher nur dann für angestrengten, lebhaften Betrieb, wenn sie gleichzeitig mit einer einfachen, leicht zu bedienenden Nachstellvorrichtung versehen sind.

Alle bisherigen Erwägungen berechtigen zu dem Urteile, dass bei Cylinderkupplungen geschlitzte Kupplungszäume günstigere Gesammtkonstruktionen gestatten, als einzelne, getrennt angeordnete Kupplungsbacken.

Von nicht zu unterschätzender Wichtigkeit für die vergleichende Beurteilung des Wertes der verschiedenen Kupplungskonstruktionen ist schliefslich noch die Berücksichtigung des Einflusses der Fehler, mit denen viele Transmissionen behaftet sind, auf das Verhalten ausrückbarer Kupplungen im Betriebe.

Abgesehen von den unmittelbaren Vorgelegen der Betriebsmaschinen sind die Transmissionswellen meist nur mit Rücksicht auf die gewöhnlichen Bedürfnisse hinreichend stark konstruirt, d. h. genügend widerstandsfähig, um ohne bleibende Formänderungen die belastenden Kräfte der Triebwerke aufzunehmen, aber doch nicht ausreichend kräftig, um die federnden Formänderungen in ganz wirkungslosen Grenzen zu halten.

Jede durchlaufende, in mehreren Lagern unterstützte Welle hat die Neigung, selbst bei vollständig richtiger Lagerung, sich zwischen den Lagern in der Form einer Schlangenlinie durchzubiegen. Sind die belastenden Kräfte, wie meist, abwärts gerichtet, so bilden die mittleren Lager die oberen Wendepunkte der Schlangenlinie. Zwischen ihnen liegen, je nach der Belastungsverteilung, die unteren Wendepunkte. In den Endlagern sind die Wellenköpfe, falls nicht fliegende Räder oder Scheiben noch aufserhalb derselben liegen, mit einer gewissen Neigung nach oben gerichtet, entsprechend der Tangente der elastischen Linie in diesen Auflagern, die infolge des Lagerspielraumes als freie Stützungen wirken.

Wird die Welle an irgend einer Stelle durchschnitten, um eine ausrückbare Kupplung einzuschalten, so müssen in möglichster Nähe der Schnittstelle Lager angeordnet werden, um die Wellenköpfe, welche die Kupplung aufnehmen sollen, abzustützen. Die Wellenköpfe haben auch hier, wie in den Endlagern, das Bestreben, sich unter den Belastungswirkungen der benachbarten Strecken aufwärts zu richten, und wechseln ihre Neigung, sobald die Gröfse der benachbarten Belastungen, wie bei schweren Riemen- und Seiltrieben, im Laufe der Zeit durch Dehnungen stark schwankt, oder Zahnräder mit ungleichmäfsigen Beschleunigungswiderständen usw. wechselnde Biegungsbeanspruchungen hervorrufen. Durch das Eigengewicht der Kupplung kann die Aufwärtsbiegung der Wellenköpfe gemildert, aber auch unter Umständen nach abwärts abgelenkt werden. Nur bei aufsergewöhnlich starken Wellen fallen diese Ablenkungen so klein aus, dass sie bedeutungslos bleiben.

Unter gewöhnlichen Ausführungsverhältnissen ist selbst bei sorgfältiger Montirung für ausrückbare Kupplungen auf eine im Betrieb merkbare Winkelablenkung der beiden Kupplungshälften zu rechnen, die sich durch die Montage nicht fortbringen lässt, weil die Belastungsverhältnisse während des Betriebes andere sind, als während der Montirung. Durch ungleichmäfsigen Lagerverschleifs, durch unmerkbare Senkungen des Gebäudes usw. können sich diese Verhältnisse, selbst bei durchaus soliden Anlagen, im Laufe der Zeit weiter verschlechtern. Hierzu kommen Längsschwankungen durch Verschiebung schwerer Riemen, Längsverschiebungen durch Temperaturänderungen usw., die höchstens durch besondere längsbewegliche Kupplungen von den ausrückbaren Kupplungen fern gehalten werden können.

Bei der Konstruktion und Ausführung der Kupplungen ist darauf Bedacht zu nehmen, dass nicht durch einseitige Druckwirkungen oder ungleichmäfsige Massenverteilung um die Drehachse, wie bei der Addyman'schen Kupplung, an sich gut montirte Transmissionen der Gefahr bleibender Formänderungen ausgesetzt werden.

Da aber nicht nur neue und durchweg solid ausgeführte Transmissionen in betracht kommen, sondern auch häufig für bereits bestehende, ausgelaufene und mehr oder minder stark schlagende Transmissionen mit dauernden Verbiegungen, infolge mangelhaft ausbalanzirter Scheiben und Räder, die das Schlagen der Welle nicht beseitigen lassen usw., ausrückbare Kupplungen eingeschaltet werden müssen, so sind auch grobe Fehler für das Verhalten der Kupplungen mit zu berücksichtigen. Die wenigsten Fabrikbesitzer werden sich dazu entschliefsen, mit Rücksicht auf die Kupplung eine gröfsere Transmissionsstrecke neu anzulegen, wenn ihnen auch die Mängel der bestehenden Anlage vollkommen klar sind.

Unzweifelhaft ist eine lösbare Kupplung um so allgemeiner brauchbar und um so dauerhafter im Betriebe, je beweglicher sie in sich konstruirt ist, so lange durch die Beweglichkeit der gleichmäfsige Schluss der Kupplungsflächen nicht leidet oder nicht in anderen Teilen störender Verschleifs auftritt.

Dass auf die Unempfindlichkeit der Konstruktion gegen Winkelabweichungen, auch selbst bei den sorgfältigsten Neuanlagen, besonderes Gewicht zu legen ist, wurde oben hervorgehoben. Im günstigsten Falle kann man mit Sicherheit nur darauf rechnen, dass sich die Wellenachsen mit einer kleinen Winkelneigung innerhalb der Kupplung frei schneiden. Im ungünstigsten Falle gehen die Wellenachsen mit wechselnder Winkelneigung exzentrisch, windschief an einander vorbei und sind gleichzeitig Längsschwankungen unterworfen.

Die entgegengesetzten Erfahrungen, welche in der Praxis mit einer und derselben Kupplungskonstruktion an verschiedenen Orten gemacht werden, erklären sich zum grofsen Teile daraus, dass die meisten Konstruktionen der Forderung allgemeiner Verwendbarkeit und Unabhängigkeit von den störenden Einwirkungen der örtlich vorhandenen Transmissionsanlage nicht genügen.

Der Versuch, die Lösung der Aufgabe gerade umgekehrt dadurch herbeizuführen, dass man durch eine besonders starke

Kupplungskonstruktion und kräftiges Zentriren der Wellen innerhalb der Kupplungstrommel, wie z. B. bei der Mechwartschen Ausführung von Ganz & Co, die richtige Lage der Wellenachsen zwangsweise herbeizuführen sucht, ist nicht ohne Gefahr. Liegen die Wellen an sich richtig, so ist das Verfahren überflüssig. Ist dieses nicht der Fall, so sind Klemmungen in der Kupplung oder in den benachbarten Lagern unausbleiblich, und die Gröfse der hierdurch erzeugten Anstrengungen entzieht sich jeder Berechnung.

Der Forderung der Längsbeweglichkeit genügen alle Konstruktionen, bei denen die eine Kupplungshälfte in Feder und Nut beweglich bis zum Kupplungschlusse, wie bei Kegel- und Lamellenkupplungen, vorgeschoben wird. Nicht erfüllt ist diese Bedingung, sobald beide Kupplungshälften fest auf die Wellenköpfe aufgekeilt sind und, wie bei vielen Cylinderkupplungen, die beweglichen Kupplungskörper einerseits durch den festen Reibungsschluss im Trommelumfange, andererseits durch ihre Führungen an der Mitnehmerscheibe einen kräftigen Längsschluss zwischen beiden Teilen hervorrufen. Durch Keilnuteneingriff wird die Unbeweglichkeit des Kupplungsschlusses in der Achsenrichtung bis zur vollkommenen Starrheit gesteigert.

Querbeweglichkeit ist bis zu einem gewissen Grade durch Lamellenkupplungen gewährleistet, aber immerhin durch den Reibungsschluss zwischen den Plattenpaaren stark gehindert. Kegel- und Riffelscheibenkupplungen schliefsen Querbeweglichkeit ganz aus, und ebenso verhalten sich die Cylinderkupplungen mit starrer Zentrirung im eingerückten Zustande, wie die Konstruktionen von Köchlin, Fossey, Mechwart usw.

Cylinderkupplungen mit nachgiebiger Abstützung der Kupplungsbacken gestatten wieder Querbeweglichkeit; aber die Nachteile, welche hierbei durch das Spiel der Klötze in den Führungen auftreten, wenn diese Eigenschaft wirklich in Anspruch genommen wird, sind bei der Besprechung der Dohmen-Leblanc'schen Kupplung erörtert, und die Nachteile überwiegen den Vorteil.

Die wichtigste Frage: die Unempfindlichkeit der Konstruktion gegen Winkelabweichung der Achsenrichtungen, wird durch das System der Kegelkupplungen bei steiler Kegelform einigermafsen gelöst, da die Reibungsflächen rohe Annäherungen an Kugelzonen bilden und dementsprechend bei den geringen Schwankungen, um die es sich handelt, ein gewisses Winkelspiel gewähren. Mit Rücksicht auf den festen Stützpunkt im Lager ist die Beweglichkeit um so gröfser, je steiler der Kegel und je mehr das Lager so weit entfernt steht, dass die Kegelspitze annähernd in die Mitte des Lagers fällt. Diese Bedingung ist im allgemeinen nicht ohne sonstige Nachteile zu erfüllen.

Lamellen- und Scheibenkupplungen setzen den Winkelabweichungen starre Widerstände entgegen.

Alle Cylinderkupplungen mit fester Führung der beweglichen Kupplungsbacken in der Mitnehmerscheibe zwingen diese Teile, an der Winkelabweichung der Mitnehmerscheibe gegen die Kupplungstrommel teilzunehmen, und führen zu eckendem Anliegen der Schleifflächen.

Aus diesen Betrachtungen folgt, dass keines der verschiedenen Hauptsysteme, weder die Kegel- noch die Cylinderoder die Lamellenkupplungen, an sich unmittelbar die Elemente für allgemeine Beweglichkeit der Kupplungskonstruktion darbietet. Die Lösung der Aufgabe lässt sich daher nur durch Einschalten beweglicher Zwischenglieder anstreben.

Unter der ganzen Zahl der bisher erörterten Konstruktionen weist nur die Stolterfoht'sche Ausführung mit Zaum in der Durchbildung der Einzelheiten allseitige Rücksichtnahme auf die verschiedenartigen gleichzeitig zu erfüllenden Forderungen auf.

Die eigenartige Aufhängung des Kupplungszaumes an der Mitnehmerscheibe durch Pendelschienen gestattet dem Zaum, innerhalb der erforderlichen Grenzen, ungehindert jeder exzentrischen Bewegung der umspannten Kupplungsscheibe zu folgen, sichert also volle Querbeweglichkeit. Diese Aufhängung, in Verbindung mit dem Kniehebelspannwerk und der frei beweglichen Einrückmuffe, gewährt aber auch gleichzeitig ausreichende Nachgiebigkeit gegen Winkelabweichungen und gestattet Längsschwankungen, ohne in den Gleitflächen

Zwangsspannungen hervorzurufen. So vereinigen sich in dieser Konstruktion mit den früher hervorgehobenen wertvollen Eigenschaften der Einfachheit der Form und leichter Montirbarkeit, des vollkommenen Schutzes der Schleifflächen und sicherer Handhabung beim Einrücken noch die Vorzüge einer vollkommen durchgebildeten Beweglichkeit der Kupplungshälften gegen einander.

Prüft man schliefslich die verschiedenen Konstruktionen auf ihren Wert als Schutzkupplungen für augenblickliches Ausrücken, so findet sich zunächst nur in den Kupplungen von Mansfeld und Kircheis, die im übrigen nicht als mustergiltig gelten können, durch die unmittelbare Verbindung der Ausrückvorrichtung mit einer Bremse das Bestreben ausgebildet, dieser Forderung zu genügen. Alle übrigen Konstruktionen machen die Anordnung einer besonderen Bremse notwendig, die gleichzeitig mit der Ausrückung in Thätigkeit treten müsste, um nicht nur den Antrieb zu unterbrechen, sondern auch die Bewegungsenergie des ausgeschalteten Triebwerkes hinreichend schnell zu vernichten. Bei allen schweren Kupplungen mit Einrückung von Hand durch allmähliches Verstellen des Spannwerkes lässt sich schnelle Ausrückung wohl noch am sichersten durch Einwirken plötzlich ausgelöster, stark gespannter Federwerke ermöglichen, um eine genügend schnelle Zurückführung der Einrückmuffe zu vermitteln. Derartige Ausrückwerke baut unter anderem in sehr guter Ausführung die Berlin-Anhaltische Maschinenbau-Aktiengesellschaft in Dessau.

Bei solchen Anlagen wird im allgemeinen gleichzeitig die Möglichkeit der Auslösung von weiter entfernten Punkten ins Auge gefasst und die Fernleitung durch Drahtzüge, elektrische Leitung oder sogar nach dem Prinzip der Vakuumbremse durch Luftrohrleitungen vermittelt [1]).

Die Transmission eines gröfseren Fabriksaales lässt sich,

---

[1]) Döring & Rückert in Charlottenburg hatten eine derartige Anlage auf der Deutschen Allgemeinen Ausstellung für Unfallverhütung in Berlin 1889 eingerichtet.

ohne Gefährdung der ganzen Anlage, in folge der zahlreichen Massen kaum anders in ganz kurzer Zeit stillstellen, als durch gleichzeitiges Einwirken mehrerer über den Wellenstrang verteilter Bremsen mit gleichzeitiger Ausschaltung des Antriebes. Man wird sich daher mit Rücksicht auf die Kostspieligkeit solcher Anlagen und die empfindlichen Störungen, welche das Abstellen gröfserer Transmissionsstrecken hervorruft, wohl in den meisten Fällen damit begnügen müssen, Schutzausrückungen auf einzelne kurze Wellenstrecken oder auf einzelne Arbeitsmaschinen zu beschränken, die in hervorragender Weise zu Unfällen und Betriebsunterbrechungen Veranlassung geben können. Dann verliert aber auch die Anlage einer weitverzweigten Fernleitung für die Ausrückung ihren Wert, und statt dessen ist besonderes Gewicht auf die unmittelbare Verbindung von Kupplung mit Bremse und auf leichte Ausrückbarkeit durch einfachen Seil- oder Drahtzug zu legen, der eine Hilfeleistung durch die nächststehenden Arbeiter ermöglicht. Konstruktionen, die dieser Forderung genügen, werden wir bei Erörterung anderer Kupplungssysteme in späteren Abschnitten zu besprechen haben.

Für leichtere Arbeitsmaschinen mit Riemenantrieb bietet die Leerscheibe eine genügend schnelle und sichere Ausrückung, wenn man nur die Vorsicht gebraucht, diese Scheibe der Einwirkung der treibenden Welle dadurch ganz zu entziehen, dass man sie auf einer letztere lose umschliefsenden Hülse anordnet, die entweder an ein benachbartes Lager angegossen oder durch einen besonderen Bock getragen wird.

Unglücksfällen an der Transmission ist im allgemeinen besser und billiger als durch zahlreiche Schutzkupplungen und Bremsen durch eine streng gehandhabte Fabrikordnung vorzubeugen, die gefahrbringende Annäherungen an die Transmission durch Besteigen von Leitern, zum Zweck des Schmierens, Riemenauflegens u. dergl. m. während des Betriebes überhaupt verbietet. Liegt die Transmission, statt unter der Decke, im Bereiche der Arbeitsplätze, so dass Arbeiter durch Zufälligkeiten hineingeraten können, so bieten einfache Schutzverkleidungen die sicherste Abhilfe.

B. Kupplungen mit Auslösung gespannter Federwerke.

Während bei den bisher besprochenen Konstruktionen eingeschaltete federnde Zwischenglieder des Spannwerkes stets erst durch Einrücken der Kupplung gespannt wurden, kann man die Anordnung auch so treffen, dass die selbstthätige Druckwirkung eines gespannten Federwerkes zum Zwecke der Einrückung ausgelöst und zum Ausrücken wieder aufser Thätigkeit gesetzt wird.

Ausführungen dieser Art erfüllen durch den Grundgedanken des Systemes von vornherein die Bedingung, dass der gröfste Anpressungsdruck, je nach Wahl der wirksamen Federspannung, durch den Konstrukteur festgelegt und der Willkür des Arbeiters entzogen ist, so dass Ueberanstrengungen des Triebwerkes mit Sicherheit ausgeschlossen werden können. Bei den früher erörterten Kupplungen liefs sich dies nur durch die besondere Ausbildung des Spannwerkes, durch federnde Kniehebel u. dergl. erzielen Der elastische Anpressungsdruck sichert auch hier möglichst sanftes und stofsfreies Einrücken, und die Konstruktionen lassen sich aufserdem leicht so ausbilden, dass die Welle in achsialer Richtung durch das Einrücken gar nicht belastet wird.

Die Dauer der Einrückperiode hängt von dem Lüftungsmechanismus des Federspannwerkes und von seiner Bedienung ab, aufserdem selbstverständlich von dem Verhältnisse der gröfsten Kupplungskraft zu den eingerückten Massen- und Arbeitswiderständen und von der Umdrehungszahl der Welle.

Reibungskupplung mit Federandruck von Hermann Roder in Trebnitz, D. R.-P. 11280.

Das älteste deutsche Patent für eine Kupplung mit Auslösung eines gespannten Federwerkes ist von Roder im Jahre 1880 entnommen (Fig. 84, S. 178). Die Druckfeder liegt zwischen der in Feder und Nut verschiebbaren Kupplungshälfte und einer auf die Welle aufgekeilten Scheibe mit Ringnut, welche als festes Widerlager dient. Durch Lüften der Spannschraube mit Handrad wird der Vollkegel in den inneren Umfang des mit der Welle zu kuppelnden losen, konischen Rades eingepresst und die Kupplung vollzogen. Der Anpressungsdruck wird durch den Wellenbund hinter dem Zahnrade, andererseits der Rückdruck durch das feste Widerlager hinter der Feder aufgenommen, und somit werden die achsial gerichteten Kräfte in der Welle selbst vernichtet. Die Spannschraube ist so angeordnet, dass bei vollständiger Lüftung die Feder zur ganz freien Wirkung gelangt und die Schleifringe der Spannhebel demnach im eingerückten Zustande entlastet werden. Im ausgerückten Zustande werden die Schleifringe zwar durch den Federdruck gegen die Ringnutenränder gepresst, ohne jedoch störenden Verschleifs zu erleiden, sobald das Rad den Antrieb empfängt und die ausgeschaltete Welle stillsteht.

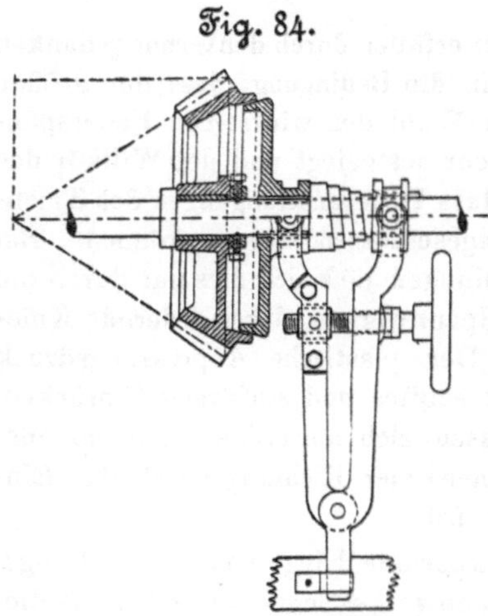

Fig. 84.

Die Anordnung ist einfach und gestattet durch die Form der Feder ziemlich bedeutende, für mittlere Kraftübertragungen ausreichende Anpressungsdrucke, ohne wesentliche Schwankungen bei eintretendem Verschleifs; aber bei etwaigen Unfällen läfst sich Ausrückung nicht schnell genug vollziehen, um ausreichenden Schutz zu gewähren; auch setzt die Lage der Spannschraube voraus, dass die Welle selbst im Bereiche des Arbeiters liegt, was bei den am meisten in betracht kommenden Deckentransmissionen nicht der Fall ist. Die ganze Kupplung fällt in der Längenrichtung nicht kurz aus.

Kupplung von G. Daimler in Cannstatt,
D. R.-P. 26007 [1]).

Die Konstruktion von Daimler kennzeichnet sich als eine Abänderung des Roder'schen Grundgedankens. Der Einrückmechanismus besteht hier, Fig. 85, aus einer Feder c mit dem Spannhebelpaar f und g, welche durch die Schraubenspindel k, mittels des Kurbelgriffes l, in oder aufser Thätigkeit gesetzt wird. In der gezeichneten Stellung stützt sich die

Fig. 85.

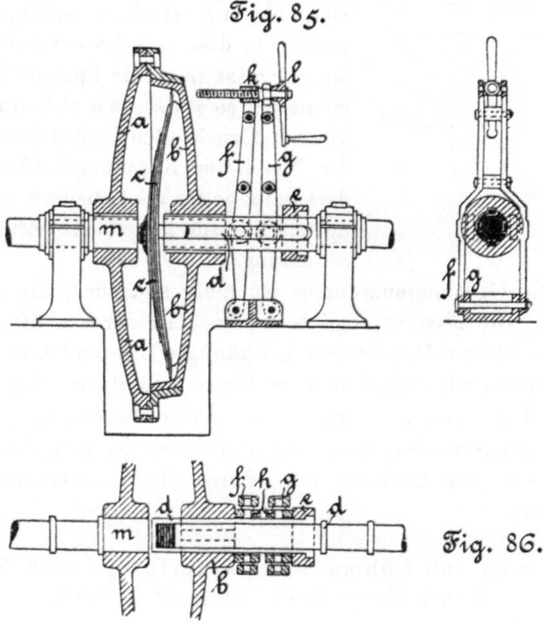

Fig. 86.

Blattfeder, an deren Stelle auch eine Evolutenfeder eingeschaltet werden kann, mit dem Kopfe ihres Bügels gegen den Kopf der treibenden Welle m und presst mit ihren freien Enden den auf der angekuppelten Welle in Feder und Nut verschiebbaren Vollkegel b in den Hohlkegel. Die Verschraubung des letzteren mit der Scheibe a auf der treibenden Welle ver-

<hr>

[1]) Zeitschr. d. Ver. deutscher Ingenieure 1884 S. 367.

nichtet in derselben den achsialen Druck. Die Spannhebel
sind fest zusammengezogen und stehen aufser Berührung
mit den umlaufenden Maschinenteilen, während die Feder
gleichzeitig vollkommen freigegeben ist. Beim Ausrücken
wird der Federbügel vom Wellenkopfe nach rechts zurückgezogen und der Vollkegel b aus der Anpressungslage durch
Verschieben nach links befreit. Zu diesem Zwecke sind die
Strapsen des Federbügels d, Fig. 86, S. 179, welche seitlich in

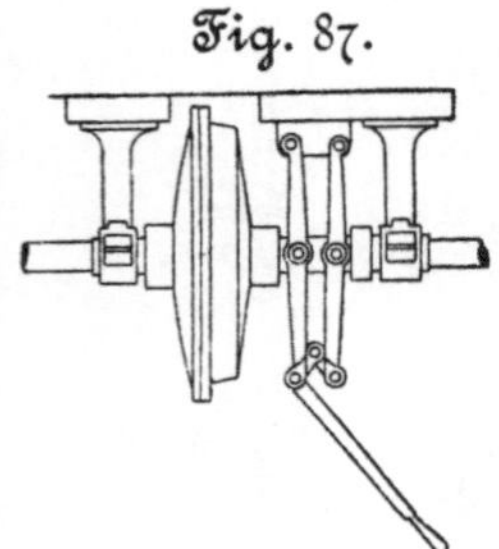
Fig. 87.

die angekuppelte Welle eingelassen
sind, bis zur Scheibe e verlängert und
greifen in diese mit Nasenvorsprüngen
ein. Presst man die Spannhebel aus
einander, so stützen sie sich mit ihren
kleinen Druckrollen h einerseits gegen
die Nabe der Kupplungshälfte b, andererseits gegen die Scheibe e und vermitteln hierdurch die beabsichtigte Verschiebung.

Die Gesammtanordnung ist nicht einfacher, als die von
Roder. Sie lässt vorzüglich in den statt der Schleifringe benutzten kleinen Druckrollen bei häufiger Ein- und Ausrückung
verhältnismäfsig schnellen Verschleifs befürchten. Beachtens-
wert ist die in Fig. 87 gezeichnete Dispositionsskizze für eine
Deckentransmission, welche die Bedienung der Kupplung, vom
Standorte des Arbeiters aus, durch ein Kniehebelwerk ermöglicht.

Kupplung von Lohmann & Stolterfoht, durch Feder-
kraft eingerückt, D. R.-P. 34285 [1]).

In Fig. 88, S. 183, ist eine Kupplung von Lohmann & Stolterfoht dargestellt, durch welche mit dem Ausrücken der Riemscheibe, bezw. einer Seilscheibe oder eines Zahnrades gleichzeitig die Berührung zwischen Nabenbohrung und der ständig
umlaufenden Welle aufgehoben wird. Hierdurch gelangt nicht
nur der Riemen selbst zum Stillstande, ohne denselben auf

---

[1]) Zeitschr. d. Ver. deutscher Ingenieure 1886 S. 368.

eine Nebenscheibe überzuführen, sondern es bleibt dabei auch jede Abnutzung zwischen der ausgeschalteten Scheibe und der Welle, sowie die Gefahr unbeabsichtigten Mitlaufens durch zufällige Reibungswiderstände ausgeschlossen. Gleichzeitig tritt mit dem Ausrücken eine Bremswirkung in Thätigkeit, um das ausgeschaltete Triebwerk möglichst schnell vollständig in den Ruhezustand zu versetzen.

Die Kupplung zwischen der Scheibe v und W erfolgt bei der Ausführung nach Fig. 88, durch Aufpressen der konisch ausgebohrten Nabe b auf den fest mit der Welle verbundenen Vollkegel a, sobald man die Spannschraube mit dem Handrade löst und dadurch dem federnden Kautschukringe e gestattet, sich auszudehnen. Durch die Ausdehnung dieses Ringes wird die äufsere Muffe b^1 in die gezeichnete äufserste Stellung nach rechts hinübergedrückt und auch in dieser Stellung noch von der Wellenlagerhülse g getragen, die zwischen dem Spannhebelpaar, um Schildzapfen drehbar, zur gleichzeitigen Unterstützung der Welle eingeschaltet ist. In folge der starren Verbindung zwischen der Riemscheibennabe und der Muffe, durch die Schraubenbolzen t, folgt die Scheibe dieser zum Kupplungsschluss führenden Bewegung.

Andererseits wird durch den Federdruck des Gummiringes aber auch die Scheibe c nach links verschoben und durch ihre Anpressung an die Stirnfläche des Vollkegels sowohl die Kupplungswirkung verstärkt, als auch der Gleichgewichtszustand der entgegengesetzten Druckwirkungen innerhalb der Kupplung herbeigeführt. An der Bewegung der Scheibe c nimmt aufserdem noch die linksseitige äufsere Muffe c^1 teil, da auch diese beiden Körper wieder durch Schraubenbolzen s starr mit einander verbunden sind.

Die linksseitige Unterstützung der Welle und der Hülse c^1 entspricht der rechtsseitigen.

In folge der starren Verschraubungen drehen sich die Muffen b^1 und c^1, wie die Zwischenscheibe c und der Gummiring, bei gekuppelter Riemscheibe gemeinsam mit der Welle. Die Verbindungsschrauben gestatten genaues Einstellen des ganzen Mechanismus und die Regelung der Gummiringfederkraft.

Nähert man die Spannhebel p einander durch die Handradschraube, so drängt die Stützhülse g die Muffe b^1 und damit die Riemscheibe nach links, während gleichzeitig die Hülse h die Scheibe c nach rechts verschiebt, so dass die Kupplung aufgehoben wird und die Riemenscheibe, durch Vermittlung der Muffen b^1 und c^1 von der Berührung mit der treibenden Welle befreit, nur auf den Stützhülsen g und h ruht. Dabei treten durch fortgesetzte Annäherung der Spannhebel die Bremsflächen 3 zwischen den Hülsen und Muffen in Thätigkeit. Der geringe Spielraum zwischen den Flächen 5 hindert, bei zufälliger Bewegung des ganzen Hebelwerkes, welches in sich ein Gelenkparallelogramm bildet, das Zurücksinken der Riemenscheibe auf den Kupplungskegel. Es kann also im ausgerückten Zustande höchstens zwischen den Flächen 5 Reibung entstehen, die aber bei der geringen Druckwirkung des beweglichen Gestelles, das kaum merkbar aus seiner Mittellage ausweicht, ganz sicher nicht genügt, um die ausgerückte und festgebremste Riemscheibe unerwartet wieder in Thätigkeit zu setzen.

Die Fig. 89, 90 und 91, S. 183, veranschaulichen Abänderungen der Konstruktion, die sich nach den vorstehenden Erläuterungen, bei der gleichmäfsig durchgeführten Bezeichnungsweise, von selbst erklären; nur ist darauf aufmerksam zu machen, dass Fig. 89 und 91 die gleichzeitige Kupplung zweier neben einander liegender Scheiben voraussetzen, und dass in Fig. 91 die Stützhülsen g und h, welche von den Spannhebeln gegen einander oder von einander fort bewegt werden, zur besseren Unterstützung der Welle nicht unmittelbar in den Spannhebeln, sondern in gesondert aufgestellten kleinen Böcken gelagert sind. Ferner ist der mit der Welle auf Drehung verbundene Kupplungskörper $a\,a^1$ in Fig. 90 und 91 zweiteilig ausgeführt, und es dient hier die Schraubenverbindung zwischen beiden Teilen zur Regelung des Federdruckes. Um diese Nachstellung zu ermöglichen, ist die Verbindung mit der Welle nur durch Feder und Nut hergestellt. In Fig. 90 ist das Verdrehen von b gegen c durch Klaueneingriff gehindert.

Obwohl die Konstruktion alle Bedingungen erfüllt, welche zur vollkommenen Schonung des Triebwerkes und des Riemens im ausgerückten Zustande gestellt werden können, und auch die Riemenverschiebung vermeidet, sind andererseits doch die Ausführungskosten zu grofs, um durch die erlangten Vorteile aufgewogen zu werden. Da sich aus diesem Grunde die Konstruktion bisher nicht weiter in die Praxis eingeführt hat, fehlen auch Erfahrungen, wie weit die ganze Anordnung zur Uebertragung gröfserer Kräfte überhaupt anwendbar ist.

Fig. 88.   Fig. 89.

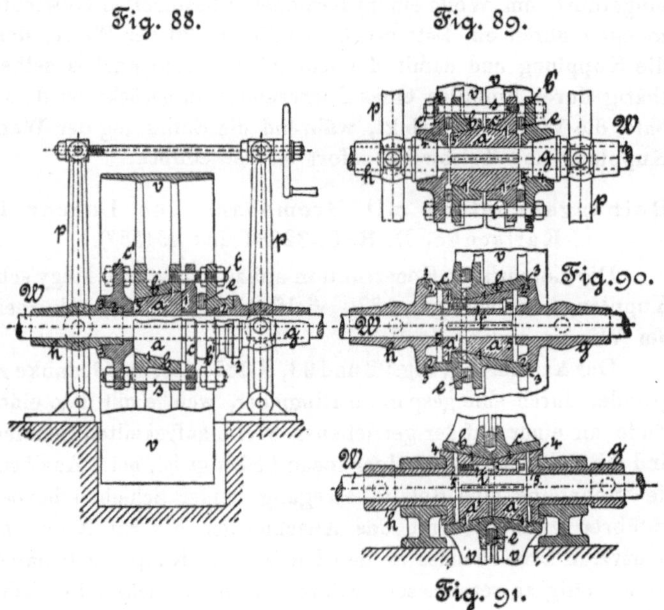

Fig. 90.

Fig. 91.

Für solche Fälle erscheint sowohl die Verwendung von Gummi-ringen, als auch die beschränkte Gröfse der eigentlichen Kupplung kaum ausreichend, und die Wahl der Spann-hebel in folge ihrer Länge und für die Bedienung un-bequemen Lage weniger empfehlenswert, als der Ein- und Ausrückmechanismus der früher besprochenen Pfarr'schen Konstruktion, die allerdings dafür mit dem Nachteile doppelter Scheiben und der Riemenverschiebung behaftet ist.

Kegelreibungskupplung der Sächsischen Maschinenfabrik in Chemnitz mit Federanpressung und selbstthätiger Ein- und Ausrückung, D. R.-P. 37030[1]).

Auf das Patent 37030 ist hier nicht näher einzugehen, da die Konstruktion nicht als eigentliche Transmissionskupplung zur Ausführung gelangt. Die Sächsische Maschinenfabrik hat sie für einen Selbstauflegeapparat, D. R.-P. 35521, eingeführt, um Wolle einem Krempel in bestimmten Gewichtsmengen durch ein Lattentuch zuzuführen, in der Weise, dass die Kupplung und damit der Antrieb des Lattentuches selbstthätig durch Einfallen eines Sperrzahnes ausgerückt wird, sobald die Wage niedersinkt, während die Entlastung der Wage Kupplung und Triebwerk sofort wieder einrückt.

Reibungskupplung mit Bremsband von Lorenz in Karlsruhe, D. R.-P. 32684 und 43455[2]).

Die Lorenz'sche Konstruktion stützt sich auf die Mégy'sche Kupplung, welche seit 1870 vielfach für Sicherheitskurbeln bei Winden benutzt ist[3]).

Der Ausführung, Fig. 92 und 93, S. 187, liegt der Gedanke zu grunde, durch eine gespannte Ringfeder, welche mit dem einen Ende an einer auf der getriebenen Welle aufgekeilten Scheibe, und mit dem anderen an einer losen befestigt ist, beim Auslösen der Spannung eine Relativbewegung beider Scheiben herbeizuführen, um hierdurch das Anschmiegen des zur Kupplung benutzten Bremsbandes an den Umfang der Kupplungstrommel selbstthätig zu veranlassen, während zum Ausrücken die Feder wieder zusammengepresst wird. Durch das Zusatzpatent 43455 ist der ursprüngliche Gedanke, der hier benutzten Zeichnung entsprechend, dahin vereinfacht, dass die Ausdehnung der gespannten Feder unmittelbar zum Anschmiegen an die Kupp-

---

[1]) Zeitschr. d. Ver. deutscher Ingenieure 1886 S. 1074.

[2]) Zeitschr. d. Ver. deutscher Ingenieure 1885 S. 847 und 1888 S. 807.

[3]) Zeitschr. d. Ver. deutscher Ingenieure 1882 S. 564 und Ernst, Hebezeuge S. 182 mit Fig. 1 Taf. 3.

lungstrommel benutzt wird, sodass die Feder selbst gleichzeitig die Stelle des früheren Bremsbandes vertritt.

Der Antrieb erfolgt auf die lose Riemenscheibe a, an welche die Kupplungstrommel seitlich vorspringend angegossen ist. Die Mitnehmerscheibe b, auf deren linksseitiger Nabe die Riemenscheibe mit Bronzefutter läuft, ist mit der getriebenen Welle fest verbunden und liegt teils innerhalb der Kupplungstrommel, teils ragt sie noch darüber mit einem stark vorspringenden, flanschartigen Rande hinaus. Letzterer ist aufsen einseitig konisch abgedreht und kann, wie aus der Zeichnung ersichtlich, zum schnellen Anhalten der ausgeschalteten Welle der Einwirkung einer darunter liegenden Bremse ausgesetzt werden.

Auf dem rechtsseitigen Nabenende der Mitnehmerscheibe sitzt ebenfalls lose die Scheibe c, deren Rand symmetrisch zum Bremsrande von b abgedreht ist und von dem gemeinsamen konischen Bremsklotz m erfasst werden kann.

Die eingangs erwähnte Spannfeder f dient gleichzeitig, wie bereits angedeutet, zum Einrücken der Kupplung und zur unmittelbaren Erzeugung der erforderlichen Reibung. Zu dem Zwecke ist das eine Ende dieser ringförmigen Feder mit einer Nase e in einen entsprechenden Ausschnitt der Scheibe b eingesetzt, während das andere Ende mit hakenförmiger Verlängerung den Ansatzarm d der losen Scheibe c erfasst, welcher durch einen länglichen Schlitz der Mitnehmerscheibe in das Innere der Kupplungstrommel hineingreift.

Für diese Verbindung bildet bei stillstehender Welle der Punkt e den festen Stützpunkt. Die vom anderen Federende erfasste lose Scheibe c giebt dem Bestreben der Feder, sich frei auszudehnen, durch Drehung im Sinne des Pfeiles, d. h. im Sinne der Umlaufrichtung der Riemscheibe, ungehindert nach und gestattet dadurch der Feder selbst, sich gegen den inneren Umfang der Kupplungstrommel anzupressen, um den Reibungsschluss zwischen Riemen- und Mitnehmerscheibe herzustellen. Die Umlaufrichtung der Riemscheibe verstärkt das Anschmiegen, da durch die Reibung das Band weiter in demselben Sinne gespannt wird. Zum Steigern der Reibungswirkung ist das 5 mm starke Stahlband aufsen mit Leder überzogen, ganz wie bei der Mégy'schen Kupplung.

Bei diesem Material lässt man die Reibungsflächen ohne Schmierung trocken auf einander einwirken.

Um dasselbe Modell für entgegengesetzte Umlaufrichtung verwenden zu können, ist in der Mitnehmerscheibe noch ein zweites Federlager e^1 vorgesehen, und es bedarf nur der Umkehrung der Federlage, um die entgegengesetzte Wirkung zu erzielen.

Zur Führung und als Schutz gegen seitliche Ausbiegungen sind an die Feder drei winkelförmige Lappen k angenietet, welche mit ihren nach innen gerichteten Schenkeln zwischen eine wulstförmige Erhöhung der Mitnehmerscheibe und seitlich gegen die Stirnfläche angeschraubte Platten eingreifen.

Die Riemscheibe, wie die lose Scheibe c, sind durch Stellringe i gegen achsiale Verschiebung gesichert.

Die Kupplung wird durch Anpressen des keilförmigen Bremsklotzes m ausgerückt, der die lose Scheibe c und die Mitnehmerscheibe b gleichzeitig erfasst. Da die Bewegungsenergie der letzteren aber teils durch ihre feste Verbindung mit dem Triebwerke der Arbeitsmaschine, teils durch die eigene Schwungmasse des hierzu absichtlich verstärkten Umfangsringes gröfser ist, als die der losen Scheibe c, so wird c schneller gebremst, als b, und dabei gleichzeitig unter Ueberwindung der entgegenwirkenden Spannung des Kupplungsbandes f, dieses vom Umfange der Kupplungstrommel abgezogen, also die Kupplung gelöst.

Das Kupplungsband schleppt hierbei die lose Scheibe noch so lange durch den Bremsklotz, bis die ausgeschaltete Welle selbst unter der Einwirkung der Bremse zum Stillstande gelangt. Alsdann bleiben die beiden Scheiben in der zuletzt eingetretenen relativ gegen einander verschobenen Lage stehen und erhalten die Feder zum selbstthätigen Einrücken gespannt, bis die Bremse wieder gelöst wird.

Die relative Verschiebung der Scheiben bleibt bei den Ausführungen, im äufseren Umfange gemessen, auf etwa 2 bis 3 mm beschränkt.

Die Anpressung des im Bocke *o* drehbar gelagerten Bremshebels wird durch den Druckbolzen *p* mit seiner Spiralfeder

Fig. 92.

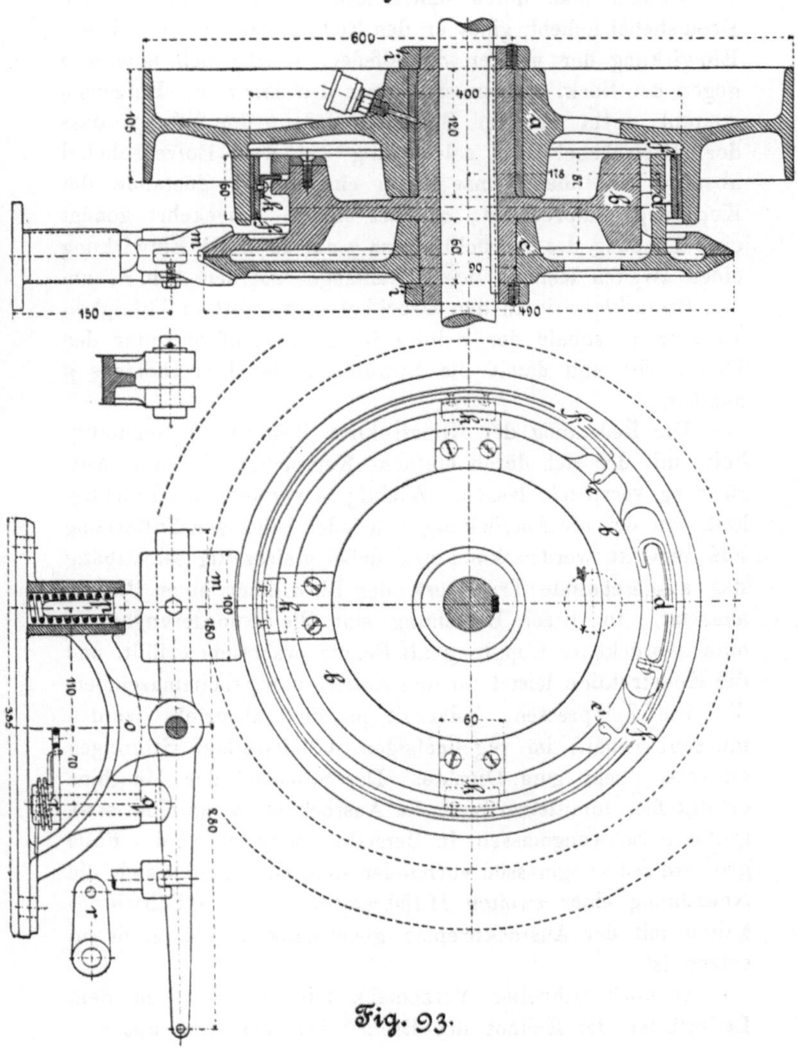

Fig. 93.

gesichert. Gleichzeitig legt sich dabei das andere Hebelende in den Kopfschlitz des sogenannten Einrückbolzens q und sperrt dessen Drehbarkeit.

Sobald man durch einen Ketten- oder Drahtzug den Bremshebel anhebt, giebt er den Einrückbolzen q frei. Unter Einwirkung der unteren Spiralfeder, welche sich einerseits gegen den Bock, andererseits gegen den Arm r des Bolzens q stemmt, dreht sich der Bolzen q alsdann um 90^0 so, dass der Bremshebel sich selbstthätig auf dem Bolzenscheitel abstützt und die Bremse, dem eingerückten Zustande der Kupplung entsprechend, gelüftet bleibt. Umgekehrt genügt eine Drehung des Einrückbolzens q um 90^0 durch Einwirkung eines zweiten Ketten- oder Drahtzuges auf den Arm r, um den Bremsklotz durch den Druckbolzen p sofort in Thätigkeit zu setzen, sobald der Schlitz im Bolzenkopfe q unter den Hebel tritt und damit die Spiralfeder des Druckbolzens p auslöst.

Die Bedeutung der Konstruktion liegt in der Schnelligkeit, mit der sich durch einfache Kettenzüge Ein- und Ausrückung vermitteln lassen. Wichtig ist vor allem die Leichtigkeit, mit der die Ausrückung von jeder beliebigen Entfernung aus bewirkt werden kann und dabei gleichzeitig selbstthätig das ausgeschaltete Triebwerk der Einwirkung einer Bremse aussetzt. In dieser Beziehung sind die Anforderungen an eine ausrückbare Kupplung als Schutzvorkehrung erfüllt, und die Konstruktion leistet für den Antrieb von Arbeitsmaschinen, die wie Ziehpressen, jederzeit plötzlich abgestellt werden müssen, sobald im regelmäfsigen Arbeitsverlauf Störungen eintreten, sehr gute Dienste. Der Stillstand der Maschine erfolgt fast unmittelbar nach der Ausrückung, wenn nicht etwa gröfsere Schwungmassen in derselben wirksam sind. Falls gröfsere Schwungmassen vorhanden sind, so empfiehlt sich die Anordnung einer zweiten Hilfsbremse, die ohne Schwierigkeiten mit der Ausrückbremse gleichzeitig in Thätigkeit zu setzen ist.

Ziemlich schneller Verschleifs tritt höchstens in dem Lederfutter der Keilnut des Bremshebels auf, das mit versenkten Schrauben befestigt, leicht zu erneuern ist. Ein etwaiger Bruch der Kupplungsfeder kann nur Betriebsunterbrechungen zur folge haben, ohne die Wirkung der ganzen Konstruktion als Schutzvorkehrung in Frage zu stellen, da hierdurch das Bremswerk nicht beeinflusst wird.

Zwei Eigentümlichkeiten der Konstruktion können unter Umständen Störungen veranlassen.

Durch die plötzlichen Torsionsentlastungen der Welle nach beendeten Beschleunigungsperioden — also vor allem am Schlusse jeder Einrückung — sucht die Welle in der Drehrichtung vorzufedern und die geschlossene Kupplung vorübergehend durch Lüften des Kupplungsbandes wieder zu lösen, sobald der Beschleunigungswiderstand verschwindet. Wenn hieraus auch für gewöhnlich nicht gerade Betriebsstörungen erwachsen, und bei kurzen kräftigen Wellen die Federung überhaupt verschwindend klein ausfällt, so wird sich die Kupplung doch als unbrauchbar erweisen, sofern bei sonstigen Mängeln der gesammten Transmissionsanlage in der Welle aufserdem noch entgegengesetzte Drehungsschwingungen durch wechselnde Beschleunigungswiderstände auftreten, ein Fall, der vorzüglich bei Gatterbetrieben häufiger zu beobachten ist.

Die Sicherheit der Ausrückung hängt nach den früheren Erörterungen von dem Ueberschusse der Bewegungsenergie der auszulösenden Massen über die Arbeit des Federwiderstandes ab. Ist die Welle im Augenblicke der beabsichtigten Ausrückung mit starken Arbeitswiderständen belastet, welche die lebendige Kraft des Schwungringes soweit abschwächen, dass sie die Kupplungsfeder nicht mehr bis zur Lüftung zusammenzudrücken vermag, so versagt die Ausrückung. Mit Rücksicht hierauf ist mindestens eine entsprechend grofse Schwungmasse der Mitnehmerscheibe, bei gleichzeitiger Beschränkung der Federspannung, erforderlich, die unter Umständen das Gesammtgewicht der Konstruktion störend vergröfsert.

Maschinen mit plötzlich und regelmäfsig wiederkehrenden grofsen Arbeitswiderständen, wie Stanzen und Ziehpressen, machen an sich schon die Einschaltung besonderer Schwungmassen notwendig und bieten daher der Anwendung der in Rede stehenden Kupplung keine Schwierigkeiten. Lorenz benutzt in solchen Fällen das Schwungrad gleichzeitig als Hilfsbremse.

Andererseits liegt in der Beschränkung der Federkraft auch eine Beschränkung der Anwendbarkeit der Konstruktion für grofse Kraftübertragungen, wenn man nicht unbequem grofse Scheibendurchmesser zulassen will. Für leichte Trans-

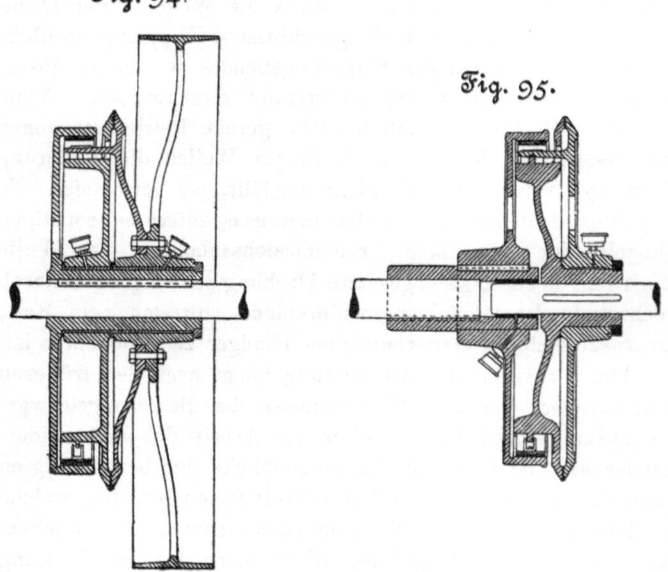

missionen und einzelne Arbeitsmaschinen hat sich die Kupplung gut bewährt. Nach einer mündlichen Mitteilung soll die Konstruktion sogar noch zur Uebertragung von 50 Pfkr. ausgeführt sein.

Mit dem schnellen Einrücken durch die rasche Ausdehnung der Feder ist der Vorteil geringer Wärmeerzeugung gesichert, während die elastische Anpressung genügenden Schutz gegen stofsweisen Antrieb bietet und Ueberanstrengungen des Triebwerkes durch den begrenzten Anpressungsdruck ausgeschlossen sind. Schliefslich ist noch hervorzuheben, dass Druckwirkungen in der Richtung der Welle gar nicht auftreten.

In den eigenen Werkstätten der Fabrik hat die Anordnung zahlreiche Anwendung gefunden. Unter anderem ist eine starke Transmissionspresse mit dieser Kupplung im Betriebe, die bei flotter Arbeit täglich einige hundertmal ein- und ausgerückt wird und bei voller Arbeit etwa 15 Pfkr. in Anspruch nehmen soll.

Fig. 94, S. 190, entspricht der Kupplung einer Riemscheibe mit der Welle für den Fall, dass die Welle den unmittelbaren Antrieb empfängt.

Fig. 95, S. 190, ist die Skizze der Anordnung für die Kupplung zweier Wellen mit einander. Für diesen Fall gewährt die Konstruktion bei weniger tiefem Eingriff der Wellenköpfe, in folge der Biegsamkeit des Kupplungsbandes, eine gewisse Winkelbeweglichkeit.

Kupplung mit mehrfachem Kniehebelwerk und Einrückung durch Federkraft, D.R.-P. No. 39416 u. 42688[1]).

In den beiden genannten Patenten ist der Gedanke verwertet, eine mehrfache Kniehebelübersetzung innerhalb der Kupplung anzuordnen, um die Einrückung mit möglichst geringer Federkraft vermitteln zu können. Ich übergehe die nähere Erörterung, da die Versuchsausführungen, soweit ich unterrichtet bin, keinen Erfolg gehabt haben, und die Konstruktionsgrundlage kaum als günstig und entwicklungsfähig bezeichnet werden kann. Unter Verweisung auf die Patentschriften und die unten angeführten Patentauszüge hebe ich an dieser Stelle nur hervor, dass die zum Ausrücken der Kniehebelwirkung benutzte Vorschubmuffe mit daumenartig wirkenden Mantelflächen zuerst in der Patentschrift 35721 auftritt, der sie entlehnt zu sein scheint.

---

[1]) Zeitschr. d. Ver. deutscher Ingenieure 1887 S. 806 und 1888 S. 647.

Lamellenkupplung von Weston.

Das Prinzip der Weston'schen Lamellenkupplungen ist bereits in dem Abschnitte über Reibungskupplungen mit Anpressung von Hand im allgemeinen erörtert und dort eine Ausführung von Gawron, welche auf der Deutschen Allgemeinen Ausstellung für Unfallverhütung in Berlin in Betrieb war, eingehend besprochen.

Ueber die zahlreichen verschiedenartigen Anordnungen, welche bereits bis zum Jahre 1868, teils für Windenbremsen, teils für Triebwerkskupplungen in England eingeführt waren, hat Weston persönlich in einer Sitzung der Institution of Mechanical Engineers Bericht erstattet.[1]

Fig. 96.

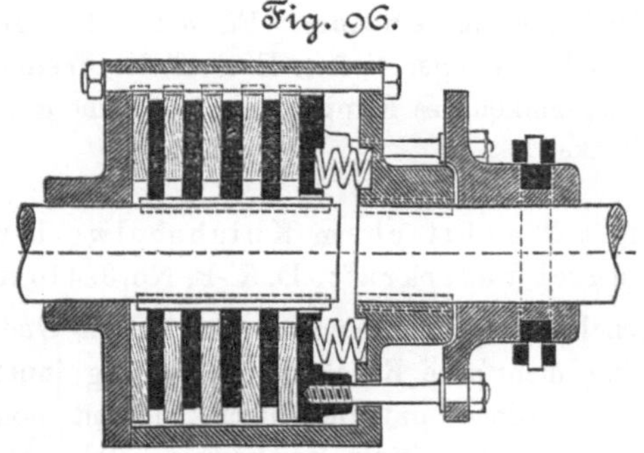

Für Wellenkupplungen wählt Weston die in Fig. 96 dargestellte Anordnung. Der ganze Lamellensatz liegt in der zweiteiligen Trommel, welche als Mitnehmer dient. Die Trommel ist mit ihren beiden Naben auf die beiden einander gegenüberstehenden Wellenköpfe gesetzt, aber nur mit dem Kopf der rechten getriebenen Welle verkeilt, sodass sich die Wellen in folge des Spielraumes zwischen ihren Köpfen bei

---

[1] Proceedings of the Institution of Mechanical Engineers 1868 S. 214 bis 237 mit Taf. 105 bis 114. Vergl. ferner den kurzen Bericht hieraus Zeitschr. d. Ver. deutscher Ingenieure 1884 S. 97 und Reuleaux, Konstrukteur IV. Aufl. S. 401.

Temperaturänderungen frei ausdehnen können. Damit ist gleichzeitig eine sehr wertvolle Kompensationsvorrichtung, wie bei der bekannten Sharp'schen Klauenkupplung, geschaffen.

Die schmiedeisernen Lamellen sind durch Feder und Nut, bei freier Längsverschiebbarkeit, mit dem linken treibenden Wellenkopf auf Drehung verbunden. Die zwischenliegenden Scheiben aus Ulmenholz werden im äußeren Umfange durch fünf Bolzen getragen, welche gleichzeitig zur Verschraubung der Trommelhälften dienen und soweit in die Holzscheiben eingreifen, dass der Antrieb der Scheiben bei geschlossener Kupplung sich von der treibenden Welle durch die Trommel auf den rechten Wellenstrang überträgt.

Durch die Einwirkung der Spiralfedern auf die Deckplatte des Lamellensatzes wird der selbstthätige Schluss der Kupplung herbeigeführt. Dabei vernichten sich Druck und Gegendruck in der Kupplung selbst, ohne Rückwirkung auf die Welle und die Ausrückmuffe. Letztere liegt außerhalb der Kupplung frei auf der mittelbar getriebenen Welle, durch Schleifring und Handhebel verschiebbar, und ist mittels durchgreifender Bolzen mit der Deckplatte des Lamellensatzes verschraubt, sodass eine Bewegung der Muffe nach rechts die Federn zusammenpresst und damit den Reibungsschluss der Kupplung aufhebt. In der ausgerückten Stellung muss der Handhebel festgestellt werden. Schleifring und Muffe bleiben nach erfolgter Ausschaltung in Ruhe.

Im Anschluss an diese Erörterungen ist zunächst hervorzuheben, dass Weston gleichzeitig mit der Einführung der Lamellenkupplung der Urheber des Gedankens der selbstthätigen Anpressung durch Federdruck ist, welcher allen zuletzt behandelten Konstruktionen zu grunde liegt, und dass er ferner, wie bereits angedeutet, auch zuerst die Ausgleichung der Wellenlängenänderungen durch Temperatureinflüsse in einfachster Weise mit der Konstruktion der Reibungskupplung verbunden hat.

In Deutschland haben die Lamellenkupplungen bisher noch immer wenig Verbreitung gefunden. Ein Versuch von

Kankelwitz, D. R.-P. No. 21647 [1]), das System zum Regeln
der übertragenen Kraft und Geschwindigkeit zu verwerten, ist,
meines Wissens, nicht zur Ausführung gelangt.

Ebenso ist das D. R.-P. 17392 [2]) von Julius Böddinghaus in
Düsseldorf, zur Uebertragung sehr stark veränderlicher Kräfte,
ein Entwurf ohne praktische Durchführung, welcher die Lamellenkupplung zu verwerten sucht, um bei normalem Arbeitswiderstande die Kraftübertragung direkt zu vermitteln, während
bei gesteigertem Widerstande die Kupplung gleiten und durch
ihre eigene relative Drehung ein stärkeres Uebersetzungsräder-
werk in Thätigkeit setzen soll.

In beiden Fällen werden wohl die verwickelten Anordnungen für den mit dem Grundprinzipe verbundenen Neben-
zweck die praktische Verwertung gehindert haben.

Für Winden und Krane ist die Lamellenkupplung teils
als wirkliche Kupplung, teils als Bremse hier und da in
Deutschland eingeführt, aber längst nicht in dem Maſse, wie
in England durch Tangye.

Die Abneigung gegen das System rechtfertigt sich unter
anderem dadurch, dass in der vorliegenden Originalkonstruktion
beim Ausrücken der Kupplung zwar die Anpressung der Platten
aufgehoben wird, die einzelnen Lamellen aber doch leicht an
einander hängen bleiben, vorzüglich, wenn das Schmiermaterial
verharzt. Hierdurch tritt, wie bereits bei der Besprechung
der Gawron'schen Lamellenkupplung erörtert wurde, nicht nur
ein störender Arbeitsverlust auf, sondern auch die Gefahr zufälligen Antriebes der ausgerückten Kupplung. Die Abhilfe,
welche Weston durch Einschalten schwacher Spiralfedern
zwischen den einzelnen Scheiben der Wellenlamellengruppe
zu schaffen sucht [3]), ist bedenklich und nicht ausreichend
zuverlässig, da hierdurch die Solidität der Grundkonstruktion

---

[1]) Wochenschr. d. Ver. deutscher Ingenieure 1883 S. 377.
[2]) Wochenschr. d. Ver. deutscher Ingenieure 1882 S. 265 und 266.
[3]) Proceedings of the Institution of Mechanical Engineers 1868
S. 219.

gefährdet wird und sich leicht unbemerkt kleine Bruchstücke dieser schwachen Federn zwischen die Lamellen einklemmen können.

Lamellenkupplung von Josef Gawron in Stettin, D. R.-P. 42529 [1]).

Den Uebelstand der mangelhaften Lösung der Lamellenkupplungen beseitigt Gawron dadurch, dass er in seiner Konstruktion, Fig. 97 bis 100, S. 197, die einzelnen Lamellenpaare durch vollkommen zwangläufige Einwirkung der Spannschrauben nicht nur zusammenpresst, sondern auch beim Ausrücken einzeln von einander trennt.

Zu dem Zweck sind die mit der Kupplungstrommel umlaufenden Lamellen $d\,d^1$, Fig. 98, mit augenförmigen Verstärkungen versehen, welche der Reihe nach abwechselnd durch die im ganzen Trommelumfange gleichmäfsig verteilten Spannschrauben $h\,h^1$, Fig. 97 und 98, erfasst werden. Je zwei auf einander folgende Spannschrauben empfangen durch den fortlaufenden Eingriff der zugehörigen kleinen Bronzestirnräder $i\,i^1$, bei Drehung irgend zweier gegenüber liegender Schrauben h oder h^1, entgegengesetzte Verstellung und pressen daher ihre zugehörigen Scheiben $d\,d^1$ entweder gleichzeitig gegen die Zwischenlamellen g, oder entfernen sie von ihnen.

Die Zwischenlamellen g sind mit ihren stärker ausgebildeten Naben durch Feder und Nut mit der getriebenen Welle a verbunden.

Für gewöhnlich wird die Kupplung durch die Schraubenfedern q geschlossen gehalten, welche auf die Ausrückarme zweier gegenüber liegender Spannschrauben h im Sinne des Kupplungsschlusses einwirken.

Zur Ausrückung selbst ist die Daumenvorschubmuffe l des Patentes 35721 von Lohmann & Stolterfoht benutzt, Fig. 98 bis 100, S. 197, deren ovale Mantelfläche m in den Kreiscylinder p übergeht. Beim Vorschieben der Muffe tritt sie zunächst mit dem flachen Oval zwischen die Ausrückhebel, spreizt diese

---

[1]) Zeitschr. d. Ver. deutscher Ingenieure 1888 S. 575.

bis auf den Durchmesser des Cylinders p aus einander und sichert diese Hebelstellung, durch welche die Spannschrauben gelüftet werden, wenn man schliefslich die Muffe noch weiter vorschiebt, so dass der Cylinder p selbst unter die Hebelspitzen tritt. Die Hebelspreizung erfolgt selbstthätig an der frei vorgeschobenen Muffe dadurch, dass die Hebel bei ihrem Umlauf mit der Kupplungstrommel sich an den daumenartig wirkenden Flächen des festgehaltenen Ovals m in die Höhe schieben.

Um eine ausreichende Verstellung der Spannschrauben zu erzielen, sind die Ausrückarme abgestuft. Jeder Hebel besteht aus drei verschieden langen Armen n, n^1 und n^2, die der Reihe nach zuerst von m erfasst und dann auf p hinüber geschoben werden.

In Fig. 99, S. 197, ist die Anfangsstellung, in Fig. 100 die zweite und dritte, sowie punktirt schliefslich auch die vierte Stellung angegeben.

Die Ausrückung lässt sich also innerhalb zweier Wellenumdrehungen herbeiführen. Die Einrückung erfolgt fast augenblicklich, sobald man die Ausrückmuffe mit dem Handhebel k zurückzieht.

Die vorliegende Konstruktion ist zur Uebertragung von 5 Pfkr. bei 100 Umdrehungen der Welle i. d. Min. bestimmt. Die Reibfläche ist rd. 1700 qcm grofs und leistet die Uebertragung, wenn man den Reibungskoëffizienten zu 0,12 annimmt, bei etwa 3 kg Druck auf 1 qcm.

Zum Ausgleich der Zentrifugalkraft ordnet Gawron Gegengewichtsarme für die Ausrückklinken an. In der hier benutzten Zeichnung ist diese Entlastungsvorrichtung noch nicht angedeutet.

Die Firma empfiehlt die vorstehend besprochene Konstruktion ganz besonders zur Kupplung von Wellen mit sehr hoher Umdrehungszahl. Die Ausrückung erfolgt unzweifelhaft vollkommener, als bei der früher besprochenen Lamellenkupplung derselben Fabrik, da sich die Lamellenpaare mit gleich grofsen Abständen zwischen den einzel-

nen Scheiben lüften; aber die Bewegungsenergie der ausgeschalteten Welle lässt letztere bei grofser Umdrehungszahl
naturgemäfs nicht sofort zum Stillstande bringen. Ferner können
Verzögerungen in der Ausrückung leicht dadurch entstehen,
dass die Ausrückmuffe nicht scharf genug angepresst wird,

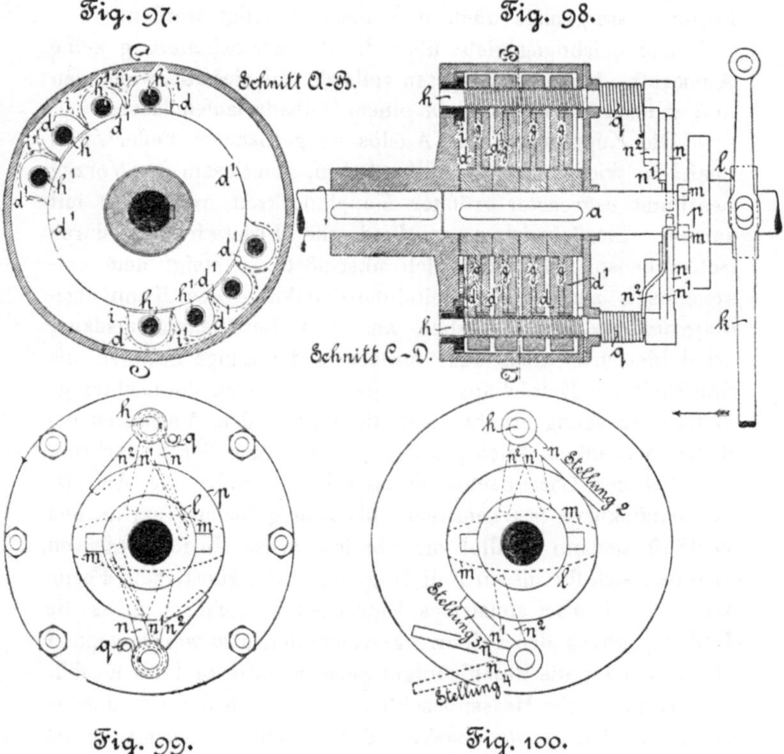

um die dreistufige Verstellung der Ausrückklinken in unmittelbar auf einander folgenden halben Umdrehungen zu bewirken,
weil der Muffe der Eintritt zwischen die Hebel während jeder
halben Umdrehung nur je einmal freigegeben wird, und zwar
in dem Augenblick, in welchem die Ausrückklinken das Oval
in den Endpunkten seiner kurzen Achse berühren.

Auch dieser Versuch, die Lamellenkupplungen zu verbessern, löst die Aufgabe nicht befriedrigend. Die Konstruktion ist verwickelt und das vielteilige Spannwerk störendem Verschleifs ausgesetzt. Die stark vorstehenden Ausrücker sind ohne Schutztrommel gefahrvoll. Der Mangel der Winkelbeweglichkeit, welcher allen Lamellenkupplungen anhaftet, konnte naturgemäfs auch hier nicht beseitigt werden.

Die Zeichnung giebt über die Art der Schmierung keine Auskunft. Am zuverlässigsten vollzieht sich dieselbe, wenn man den ganzen Lamellensatz in einem Oelbade laufen lässt.

Die Kupplungen mit Auslösung gespannter Federwerke besitzen, wie eingangs hervorgehoben, gemeinsam den Vorzug bestimmt begrenzter gröfster Kupplungskraft, verbunden mit sanfter Einrückwirkung. Wird die Federwirkung durch Schraubenspindeln allmählich ausgelöst, so steigt dem entsprechend auch die Arbeitsintensitätskurve des Kupplungsdiagrammes nur allmählich an. Die Beschleunigungsdauer wird hierdurch mehr oder minder in die Länge gezogen, die Sanftheit der Einrückung gesteigert, aber auch die nachteilige Wärmeerzeugung erhöht, und diese setzt dem Verfahren gewisse Schranken. Bei plötzlicher Auslösung der Federkraft, wie bei der Lorenz'schen Konstruktion, steigt die Arbeitsintensitätskurve fast senkrecht bis zum gröfsten Wert an und verläuft alsdann parallel zur Abscissenachse. In folge hiervon ergeben sich für diesen Fall Diagramme der günstigsten Form. Um auch hierbei stofsfreies Einrücken zu sichern, muss die Federspannung den Triebwerkswiderständen so weit angepasst werden, dass die Beschleunigungsdauer nicht zu kurz ausfällt und zu plötzliche Massenbeschleunigungen unbedingt vermieden werden. Die Anwendbarkeit der plötzlichen Auslösung ist demgemäfs an die Voraussetzung geknüpft, dass die Triebwerkswiderstände nicht im Augenblicke der Einrückung, zu verschiedenen Zeiten, innerhalb zu weiter Grenzen schwanken.

Die Forderung möglichst allseitiger Beweglichkeit ist von allen vorstehenden Konstruktionen nur unvollkommen gelöst, und nur die Lamellenkupplungen sind ganz gegen Eindringen von Staub gesichert.

C. Reibungskupplungen mit Anpressung durch Einwirkung des laufenden Triebwerkes.

Die Gröfse des erforderlichen Anpressungsdruckes für schwere Kupplungen hat den Gedanken nahe gelegt, ein Hilfstriebwerk einzuschalten, das unter der Einwirkung des laufenden Haupttriebwerkes die Einrückarbeit vom Motor selbst verrichten lässt, so dass die Thätigkeit des Arbeiters auf Ein- und Ausschalten, bezw. Umsteuern dieses Hilfstriebwerkes beschränkt bleibt.

Die Leichtigkeit, mit der sich auf solche Weise jede Kupplung durch einen verhältnismäfsig sehr kleinen Kraftimpuls ein- und ausrücken lässt, hat eine ganze Reihe von Konstrukteuren veranlasst, sich mit dieser Aufgabe zu beschäftigen und sie in verschiedener Weise zu lösen. Durch die Fachlitteratur sind bisher nur einzelne der Ausführungen bekannt geworden. Bei der rühmenden Anerkennung des Grundgedankens ist in den bezüglichen Quellen die Wirkungsweise nur äufserlich erörtert, ohne weiter darauf einzugehen, dass es sich nicht blos darum handelt, eine Kupplung mit wenig Kraftaufwand ein- und auszurücken, sondern dass die Brauchbarkeit der einzelnen Konstruktion wesentlich von der Art und der Dauer dieses Vorganges, sowie von der Begrenzung der erzeugten Kupplungskraft abhängt, und dass Einfachheit und geringes Gewicht zu den wesentlichen Grundforderungen gehören. Hierauf wird im nachfolgenden näher einzugehen sein.

a) Selbstthätige Spannwerke mit Wendegetriebe und Räder- und Schraubenübersetzung.

Unter den drei Systemen, welche sich in der Praxis für Kupplungen mit Antrieb des Spannwerkes durch Einwirkung der treibenden Welle ausgebildet haben, scheint die Anordnung mit Wendegetrieben zuerst entstanden zu sein. Das Wendegetriebe sitzt entweder auf der mittelbar angetriebenen

Welle und befindet sich dann im ausgerückten Zustande selbst
in Ruhe, oder es ist auf der treibenden Welle angeordnet und
läuft mit derselben um, ohne jedoch im ausgerückten Zustande
eine relative Bewegung seiner beiden Hälften anzunehmen.
Im ersteren Falle wird zum Einrücken die eine Hälfte des
Wendegetriebes mit der treibenden Welle gekuppelt und zum
Ausrücken die andere lose mitlaufende Hälfte festgehalten,
um die entgegengesetzte Relativbewegung zu erzielen. Im
zweiten Falle tritt das Wendegetriebe für das Spannwerk in
Thätigkeit, sobald man die eine der beiden Getriebehälften
festhält oder ihre Umlaufgeschwindigkeit verzögert. Durch
Festhalten der einen Hälfte wird das Einrücken, durch Festhalten der anderen das Ausrücken vermittelt. Bei beiden
Anordnungen wird der rotirende Antrieb der Wendegetriebe
durch Räder- und Schrauben- oder Schneckenübersetzungen
zur achsialen oder radialen Verschiebung der Kupplungskörper ausgenutzt, je nachdem die Hauptkupplung als Kegel-,
Scheiben- oder Cylinderkupplung konstruirt ist.

Kupplung von Escher-Wyſs & Co. in Zürich,
entworfen von H. Bosshard[1]).

Die eigentliche Kupplung wird durch den Hohlkegel c,
Fig. 101, S. 201, und den Vollkegel d gebildet, von denen der
erstere mit dem Armstern m verschraubt und hierdurch mit der
treibenden Welle b fest verbunden ist, während der Vollkegel
auf der getriebenen Welle durch Feder und Nut Längsverschiebungen gestattet. Die Verschiebung erfolgt durch eine
flachgängige Schraube, deren Mutter f auf der Welle a
zwischen einem Bund und einem Stellring frei drehbar angeordnet ist, und die in das Gewinde des Nabenkopfes der
Kupplungshälfte d eingreift. Zum Antriebe der Schraube dient
eine trommelförmige Hilfskupplung e. Diese ist frei drehbar
und verschiebbar auf dem äuſseren Mantel der Mutter f, und
kann durch einen Schleifring, mittels des umschlieſsenden Zau-

---

[1]) Meiſsner, Konstruktion der Triebwerke S. 563 u. Taf. 13,
Fig. 3 bis 5.

mes h, durch Hebelwerk und Handschraubenspindel gegen den linken konischen Rand des Hauptkegels angepresst werden. Die übertragene Drehung bringt das im Inneren der Trommel gelagerte Planetenrad g zum Abwälzen an den Umfängen der Stirnräder i und k, welche in Verbindung mit dem Planetenrad das Wendegetriebe der Kupplung bilden. Von den beiden Stirnrädern sitzt i auf der Schraubenmutter f, h auf der eingreifenden Nabe des Kupplungskegels d. Die beabsichtigte achsiale Verschiebung des letzteren zum Einrücken der Hauptkupplung wird dadurch herbeigeführt, dass das Planetenräderwerk mit verschiedener Zähnezahl, 60 und 61, für die grofsen

Fig. 101.

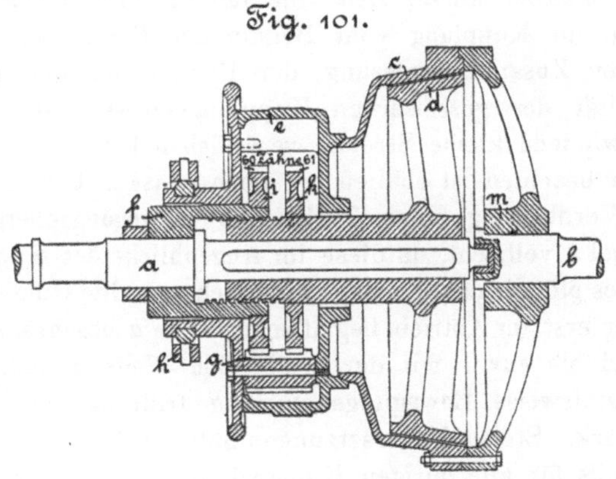

Stirnräder ausgeführt ist. Das Differentialräderwerk sucht den Anpressungsdruck der Kupplung so lange zu steigern, wie sich die Trommel e mit c und der treibenden Welle b noch schneller als die Kupplungshälfte d und die mittelbar getriebene Welle a drehen. Da nun aber der Beharrungszustand der Kupplung, wie in den allgemeinen theoretischen Untersuchungen nachgewiesen, keineswegs mit dem Eintritt der gröfsten Kupplungskraft allgemein zusammenfällt, und der starre Kupplungsschluss andererseits schon vor Eintritt des Beharrungszustandes die weitere Verstellung des Spannwerkes hindert, so bietet der Reibungsschluss der Hilfskupplung e den unentbehrlichen und einzigen Schutz gegen Bruchzerstörung

des Planetenräderwerkes. In dieser Hinsicht ist die Betriebssicherheit der Kupplung wesentlich abhängig von der Geschicklichkeit des bedienenden Arbeiters, der durch zu scharfes Anpressen der Hilfskupplung immerhin die Bruchgefahr herbeiführen kann.

Das Uebersetzungsverhältnis des Spannwerkes ist, wie
in den allgemeinen Schlussbetrachtungen des Abschnittes noch
näher begründet werden soll, von gröfserem Einfluss auf die
Stärke der Kupplungskraft, als auf die Zeitdauer der Kraftsteigerung. Die Kupplungskraft wächst, wenn der Arbeiter
nicht etwa die Hilfskupplung schleifen lässt, jedenfalls in
aufserordentlich kurzer Zeit von Null bis zum gröfsten Wert,
da sich die Kupplung vom Beginn der Berührung bis zur
stärksten Zusammenpressung der Flächen bei der geringen
Elastizität der gusseisernen Kupplungskörper nur um eine
verschwindend kleine Strecke verschieben kann.

Zu beachten ist schliefslich noch, dass sich der Antrieb
unter Vernichtung eines Teiles der Bewegungsenergie der
Trommel e vollzieht, da diese im Augenblicke des Kupplungsschlusses plötzlich auf die augenblicklich erreichte Umdrehungszahl der erst im Antrieb begriffenen Welle a beschränkt wird,
während sie zuvor mit der treibenden Welle umlief. Auch
diese stofsweise Bewegungshemmung trifft das Differentialräderwerk. Starke Uebersetzungen mildern den Stofs. Aehn-
liches gilt für alle übrigen Konstruktionen dieser Gruppe.

Zum Ausrücken der Hauptkupplung muss zunächst die
Hilfskupplung ausgerückt und durch eine auf ihren äufseren
Umfang einwirkende Bandbremse zum Stillstande gebracht
werden. Die relative Drehung der inzwischen noch weiterlaufenden Welle a gegen die gebremste Trommel e, mit dem
Planetenrade g, vermittelt alsdann die rückläufige Bewegung
des Differentialräderpaares, welche das Lösen der Hauptkupplung und damit auch den Stillstand der Welle a nach sich
zieht.

Die vorstehende Erörterung liefert den Nachweis, dass die
Kupplung nur der Bedienung eines mit ihr vertrauten Arbeiters
überlassen werden kann, dass ferner die indirekten Ein-

wirkungen der Bedienung, ähnlich wie bei nur von Hand eingerückten Kupplungen, Dauer und Gestaltung der ganzen Einrückperiode von der Geschicklichkeit des Arbeiters abhängig
machen, und dass auch der schliefsliche Anpressungsdruck
kein bestimmt begrenzter ist. Dabei ist zu beachten, dass
sich durch die Einschaltung des selbstthätigen Spannwerkes
dem Arbeiter das Urteil über die Wirkung seiner eigenen
Thätigkeit mehr entzieht, als bei unmittelbarer Handhabung
des Anpressungsmechanismus.

Die Schmierung einzelner Spannwerkgetriebe ist durch die
eingekapselte Anordnung schwierig oder gar nicht möglich.

Dass die ganze Kupplung sehr schwer und kostspielig ausfällt, ist aus der Zeichnung zu entnehmen.

Mehr oder minder haften die gerügten Uebelstände an
dem Systeme überhaupt und finden sich meist bei den nachstehend erörterten Konstruktionen, wenn auch, wie das besonders hervorgehoben werden wird, einzelne derselben Verbesserungen aufweisen.

Kupplung von Rieter in Winterthur.

Fig. 102 und 103 (siehe die Tafel zu S. 205) veranschaulichen zwei Ausführungen von Rieter in Winterthur, welche im
wesentlichen einer schon vor mehr als zwanzig Jahren von derselben Firma zuerst eingeführten Konstruktion entsprechen,
die inzwischen wiederholt für gröfsere Arbeitsübertragungen
verwertet ist.

In beiden Fällen ist die Welle mit der Betriebsmaschine
ständig im Umlauf. Fig. 102 stellt die Kupplung eines konischen
Zahnrades mit der Welle dar, welche 200 Pfkr. bei 120 Umdr.
überträgt. Fig. 103 veranschaulicht die Abänderung für die
Kupplung einer Seilrolle.

Das zu kuppelnde Zahnrad e sitzt frei drehbar auf der
verlängerten Nabe der fest mit der Welle verbundenen Mitnehmerscheibe b. Zur Kupplung dienen drei kupferne Backen f,
welche in die konisch eingedrehte Ringnut des Rades eingreifen und je durch zwei in der Mitnehmerscheibe gelagerte
Schraubenbolzen fest angezogen oder gelüftet werden können.

Zu beachten ist die Ausbildung und Versteifung der Lücke in den Radarmen, welche durch das Einbauen der Kupplungsklötze und die durchlaufende Ringnut bedingt wird.

Beim Anziehen der Schrauben wird das Rad gegen die Scheibe gepresst und dadurch jeder Druck von der Welle ferngehalten. Da aber bis zum Eintritt des Beharrungszustandes in der Kupplung nicht nur die Klemmbacken in der Ringnut, sondern auch das Rad an der Scheibe vorbeigleiten, so ist zwischen beiden ein kupferner Widerlagring eingeschaltet. Für die Wahl des Kupfers dürfte unter anderem die Rücksicht entscheidend gewesen sein, dass es verhältnismäſsig elastisch und weich ist und dadurch den schroffen Druckübergang während der Anpressungsperiode mildert.

Das Wendegetriebe, welches die Spannschrauben in Thätigkeit setzt, besteht aus zwei Scheiben c und d. die gegen Längsverschiebung geschützt, frei drehbar auf der Hauptwelle sitzen und auf den inneren Stirnflächen ihrer Naben konisch verzahnt sind. Zwischen beiden Scheiben ist auf der Hauptwelle ein ringförmiger Rahmen aufgekeilt, welcher auf radial gestellten Zapfen zwei gleich groſse konische Zahnräder trägt, die mit den erst erwähnten konischen Nabenverzahnungen in Eingriff stehen.

So lange die beiden Scheiben c und d sich selbst überlassen bleiben, werden sie durch den doppelseitigen Eingriff der konischen Räderpaare gezwungen, an der Drehung der Hauptwelle teilzunehmen, und bewegen sich daher mit derselben Winkelgeschwindigkeit, wie die Mitnehmerscheibe b.

Wird aber, wie in der Zeichnung dargestellt, der Handhebel h nach links hinübergedrückt, so dass von der Hebelachse aus die rechte Scheibe durch den darunter liegenden Bremsarm verzögert oder ganz zurückgehalten wird, so wälzen sich die konischen Zwischenräder des Wendegetriebes an der festgehaltenen Scheibe d ab, während sich die andere Scheibe frei mit verdoppelter Winkelgeschwindigkeit dreht. Für die selbstthätige Verstellung des Spannwerkes kommt in diesem Falle nur die festgehaltene Hälfte des Wendegetriebes in betracht. Durch den Umtrieb der Mitnehmerscheibe, an deren äufserer Stirnfläche drei Wellen m mit Schneckenrädern und Kopfschnecken gelagert sind, wälzen sich die Schneckenräder in der Schnecke s ab, welche den Kopf der langen Nabenhülse der gebremsten Scheibe d bildet. Die Zwischenwellen übertragen den empfangenen Antrieb weiter durch ihre Kopfschnecken auf die Schraubenräderpaare am äufseren Umfange der Mitnehmerscheibe, in deren Naben das Muttergewinde für die Spannschrauben der Kupplungsbacken eingeschnitten ist. Die Spannschrauben werden hierdurch festgezogen.

Ist die Kupplung geschlossen, so wird der Schluss durch die Selbsthemmung des Spanntriebwerkes mit den mehrfachen Schraubenübersetzungen aufrecht erhalten, und der Arbeiter kann den Steuerhebel in die wirkungslose Mittellage zurücksinken lassen.

Zum Ausrücken ist die linke Wendegetriebescheibe c durch den Bremshebel zu hemmen. Alsdann dreht sich die Scheibe d nebst der Schnecke s mit der doppelten Winkelgeschwindigkeit der treibenden Welle und vermittelt dadurch, dass sie der Mitnehmerscheibe vorauseilt, die Lösung des Spannwerkes.

Konstruktiv erscheint die Rieter'sche Kupplung sorgfältiger durchgebildet, als die von Escher-Wyfs. Das Bestreben der Gewichtsverminderung tritt deutlich hervor, die Triebwerkteile können von aufsen geschmiert werden, und die Bedienung ist dadurch vereinfacht, dass Ein- und Ausrücken durch einen einzigen Steuerungshebel vermittelt werden.

Im übrigen ist auch hier darauf aufmerksam zu machen, dass im Augenblicke des Kupplungsschlusses die weitere Verstellung des Spannwerkes innerhalb der engen Grenzen, welche die elastische Nachgiebigkeit der Kupferbacken setzt, nahezu plötzlich unterbrochen wird, und durch die Schwungmasse der Mitnehmerscheibe scharfe Pressungen in den Schraubengetrieben entstehen. Die plötzliche Bewegungsunterbrechung wirkt auf die festgehaltene Wendegetriebescheibe d zurück und zieht sie über den Bremsklotz fort.

Beim Lösen der Kupplung wird nur der Anpressungsdruck aufgehoben, ohne dass die Reibungsflächen vollständig aufser Berührung gelangen, so dass ein fortdauerndes leichtes Schleifen im ausgerückten Zustande stattfindet. In folge der nur teilweisen Ueberdeckung der Gleitflächen ist das Einfallen von Staub nicht gehindert und dadurch sowohl die sanfte Wirkung der Kupplung, wie der dauernd gute Zustand der Reibungsflächen gefährdet.

Kupplung von Schneider & Jacquet in Strafsburg,
D. R.-P. 7251.

Die Konstruktion von Schneider & Jacquet ist im Jahre 1879 vermutlich in folge der Rieter'schen Ausführungen entstanden.

Das Wendegetriebe besteht auch hier aus zwei nebeneinanderliegenden losen Bremsscheiben, Fig. 104 und 106, S. 207, von denen die eine an der Nabe, die andere im inneren Umfange verzahnt, einen doppelseitigen Eingriff für die in der Mitnehmerscheibe gelagerten Stirnräder, Fig. 104 u. 105, herstellen[1]).

Beide Scheiben laufen daher auch ohne gegenseitige relative Drehung mit der Mitnehmerscheibe um, so lange die Bremsen aufser Thätigkeit sind. Unzulässig erscheint die einfache lose Abstützung der inneren Bremsscheibe auf dem Umfange der festen Kupplungshälfte. Die Stirnradachsen endigen auf der anderen Seite in Schraubenspindeln und erfassen mit diesen die zugehörigen Muttern, welche in dem Schleifringe der längsverschiebbaren Kupplungshälfte zweiteilig eingesetzt, durch Flanschenverschraubung festgehalten werden. Sobald nun die eine oder die andere der beiden Wendegetriebescheiben gebremst wird, empfangen die Stirnräder von der festgehaltenen Scheibe durch die Drehung der linken Kupplungshälfte rechts- oder linksläufigen Antrieb und vermitteln so durch die Schrauben Ein- oder Ausrückung der Kupplung, während die freie Wendegetriebescheibe lose umläuft.

Wie aus Fig. 105 ersichtlich, werden die Bremsklötze durch Gewichtsbelastung der Hebel selbstthätig gelüftet. Die Patentinhaber empfehlen ferner, nur die Ausrückbremse mit einer Zugstange zu versehen, um bei Unfällen die Auslösung ohne Irrtum sofort bewirken zu können, während die Einrück-

---

[1]) Durch einen Zeichenfehler ist in Fig. 104 die Trennungsfuge der Scheiben fortgelassen. Dieselbe ergiebt sich aus Fig. 106.

bremse durch eine besondere Stange mit Haken in Thätigkeit gesetzt werden soll.

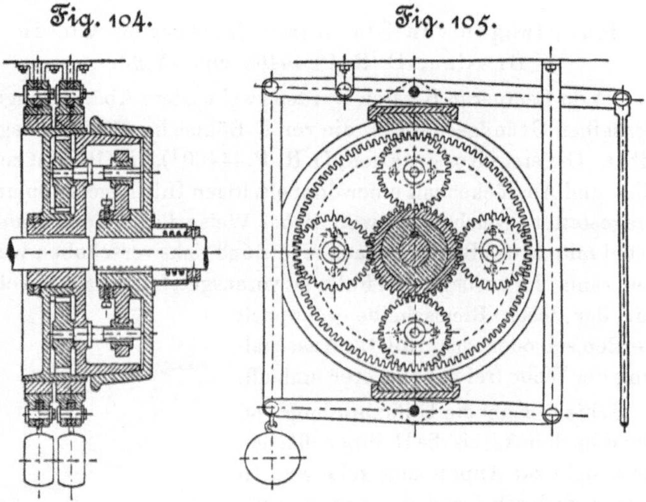

Fig. 104.   Fig. 105.

Die hierdurch gewährte Sicherheit gegen Irrtümer wird jedenfalls mit einer Unbequemlichkeit der sonstigen Bedienung erkauft. Die fernere Anweisung, bei länger dauernden Ausrückungen die verschiebbare Kupplungshälfte so weit zurückzuschrauben, dass die Spannschrauben nur noch mit ihren gewindefreien Köpfen in die Muttern fassen, und die infolge dessen erforderliche Anordnung einer Spiralfeder hinter der Kupplung, um die ganz herausgeschraubten Spannschrauben wieder zum Angriffe zu bringen, erscheinen zwecklos. Ganz unzutreffend ist die Angabe, dass die Kupplung keiner Schmierung bedürfe, weil im eingerückten Zustande alle Teile ohne

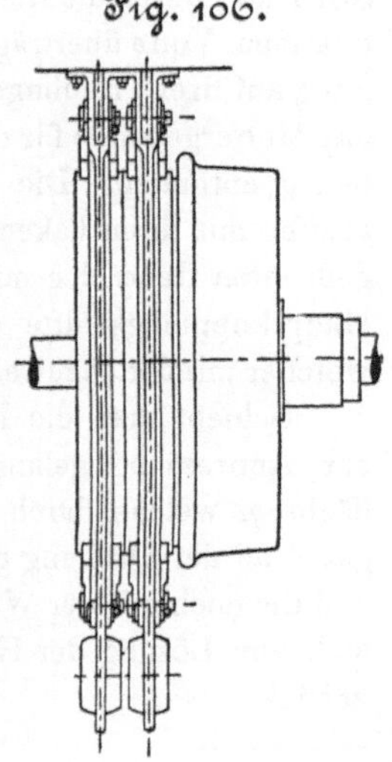

Fig. 106.

Relativbewegung mitlaufen. Schneider & Jacquet übersehen dabei vollständig die Vorgänge beim Aus- und Einrücken.

Kupplungen von Stanislaus Lentner & Co. in
Breslau, D. R.-P. 44460 und 45190.

Von Lentner in Breslau werden zwei weitere Abänderungen desselben Grundgedankens, die von E. Böhme herrühren, ausgeführt. Die erste Konstruktion, D. R.-P. 44460[1]), Fig. 107, ist zum Ein- und Ausrücken mit einer doppelseitigen Hilfskegelkupplung ausgestattet, welche in gewöhnlicher Weise durch einen Handhebel mittels des Bügels m nach rechts und links verschoben werden kann. Im vorliegenden Falle ist vorausgesetzt, dass die Welle mit der losen Riemscheibe gekuppelt werden soll oder nach erfolgter Ausschaltung der Welle frei auf letzterer umläuft.

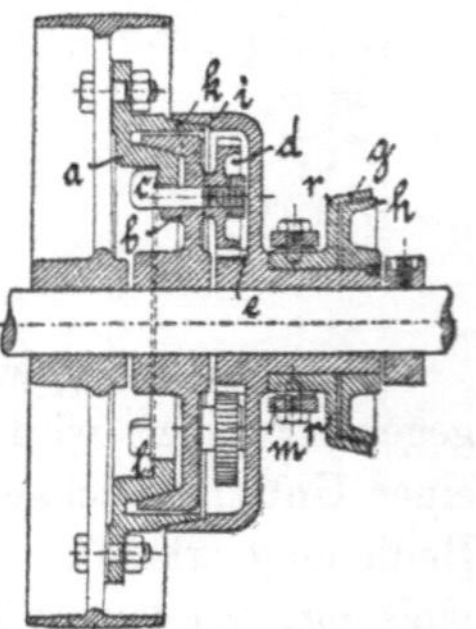

Fig. 107.

Schiebt man die Hilfskupplung von Hand nach links, bis die Reibungsflächen bei k und i zur Anpressung gelangen, so werden dadurch i und das angegossene Stirnrad e durch die Riemscheibe mitgenommen. Von e überträgt sich die Bewegung auf drei Trieblinge d, deren Naben das Muttergewinde für die Spannschrauben c enthalten. Die Spannschrauben greifen mit ihren hakenförmigen Köpfen hinter den inneren ausgedrehten Rand der mit der Riemscheibe verschraubten einen Hauptkupplungshälfte und pressen sie fest in den Hohlkegel, welcher mit der anzutreibenden Welle auf Drehung verbunden ist.

Schiebt man die Hilfskupplung nach rechts, bis g und h zur Anpressung gelangen, so bremst sich h an der Kegelfläche g, welche durch die eingreifenden Zapfen der Ausrückgabel an der Drehung gehindert ist; e gelangt zum Stillstande, und die noch mit der Welle umlaufenden Trieblinge d schrauben sich zur Lösung der Hakenschrauben und der Hauptkupplung zurück.

---

[1]) Zeitschr. d. Ver. deutscher Ingenieure 1888 S. 1107.

Die zweite Konstruktion von E. Böhme, D. R.-P. 45190 [1]), beschränkt sich auf eine Abänderung des Wendegetriebes. Die Darstellung in Fig. 108 berücksichtigt aufserdem den Fall der Kupplung zweier Wellen.

Es ist hier die Form des Rieter'schen Wendegetriebes mit Doppelscheiben in eigenartiger Weise dahin abgeändert, dass nur die eine der beiden Scheiben, f, welche mit dem Spannwerktriebrade e aus einem Stücke gegossen lose auf der anzutreibenden Welle sitzt, unmittelbar auf die Verstellung des Spannwerkes einwirkt und von der anderen durch Vermittlung eines Reibungsrollenpaares den Antrieb zum Ein-

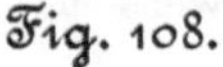

Fig. 108.

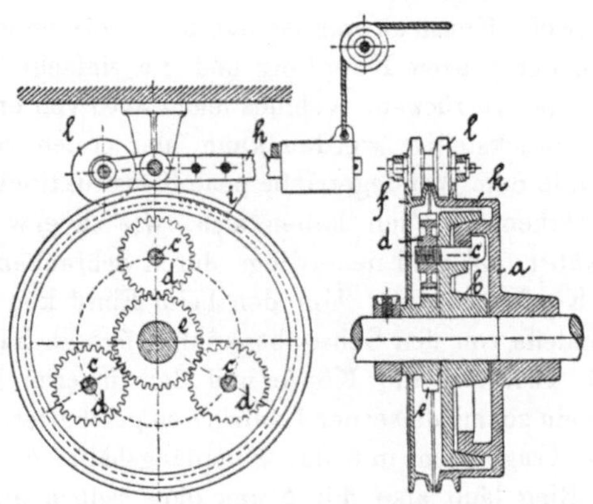

rücken empfängt, während die Lösung der Kupplung durch Bremsen von f eingeleitet wird.

Die mit der treibenden Welle fest verbundene Kupplungshälfte a ist am Umfange ihres äufseren Schutztrommelmantels k mit einem Keilnutenanguss versehen, welcher dem kegelförmig ausgedrehten Umfange der benachbarten Scheibe f genau entspricht. Die Uebertragung des Antriebes von a auf f erfolgt durch die im Hebel h drehbar gelagerte Doppelkeilrolle l und durch Einwirken des Seilzuges auf diesen Hebel, wodurch

---

[1]) Zeitschr. d. Ver. deutscher Ingenieure 1889 S. 183.

die Rolle in die benachbarten Keilnutenumfänge eingepresst wird. Der Antrieb von f pflanzt sich durch e auf die Stirntrieblinge c und dadurch auf die Hakenschrauben c fort, welche die Kupplungshälften zusammenziehen. Die Kupplungshälfte b nimmt den ruhenden Wellenstrang mit.

Sich selbst überlassen bleibt die Kupplung durch den Reibungswiderstand der Spannschrauben geschlossen, so lange die Zugleine des Hebels gespannt gehalten wird. Macht man die Leine frei, so sinkt der Hebel unter der Einwirkung seiner Gegengewichtsbelastung soweit zurück, bis sich der Bremsklotz i in den Umfang der Scheibe f einpresst, und sich nunmehr das Spannwerk an dem festgebremsten Stirnrade e zurückschraubt.

Die zweite Konstruktion ist durch die zusammengedrängtere Form der ganzen Kupplung und die einfache Bedienung beim Ein- und Ausrücken, welches leicht auch von entfernteren Punkten bewerkstelligt werden kann, der ersten vorzuziehen und enthält in dem Wendegetriebe neue Konstruktionsgedanken.

Die Hakenschrauben haben sich, wie zu erwarten war, nicht bewährt und sind neuerdings durch Schrauben mit vierkantigen Köpfen ersetzt. Um den beim Einrücken auftretenden Verschleiß von den Schraubenköpfen fern zu halten, wird jetzt noch zwischen die Köpfe und den inneren Rand der Scheibe a ein schmiedeiserner Laufring eingeschaltet, der durch besondere Tragbolzen mit der Kupplungshälfte b verbunden ist. Der Ring läuft also mit b um, ohne jedoch andererseits an achsial gerichteter Beweglichkeit gehindert zu sein, so dass er sich zum Anpressen und Lüften auf den Tragbolzen, wie auf dem Schaft der Schraubenbolzen, frei verschieben kann.

Ferner soll die ursprünglich sehr mangelhafte Schmierung, welche nur durch zeitweises Einwerfen von starrem Fett in den Hohlraum der Kupplung vermittelt wurde, jetzt wenigstens durch eine regelmäßige Zuführung für die Gleitflächen verbessert sein. Da das Fett aber nicht an die Triebwerksteile der Spannvorrichtung gelangt, so erleiden die Schrauben nach wie vor starken Verschleiß und müssen nach längerem Betrieb ausgewechselt werden. Dies geschieht durch eine verschließ-

bare Oeffnung in der Stirnscheibe der Kupplungstrommel.
Gleichzeitig damit wird aber auch wohl ein Ersatz der kleinen
Stirnräder notwendig werden, deren Naben das Muttergewinde
enthalten. Das sind Uebelstände der Gesammtanordnung.

Alle vorstehend besprochenen Konstruktionen sind für
Kegelkupplungen ausgebildet. Die nachstehenden Ausführungen
zeigen die Anwendung des Systemes auf Cylinderkupplungen.

Kupplung von Schönberger in Wien.

Schönberger in Wien hat für gröfsere Arbeitsübertragungen
von Seiltrieben auf ausschaltbare Wellen die Cylinderkupplung mit selbstthätigem Spannwerke versehen. Die bezügliche Konstruktion ist in Fig. 109 und 110, S. 212, dargestellt[1]).

Die treibende Seilscheibe s ist auf die Nabe der losen
Kupplungstrommel t aufgekeilt. Das Mitnehmerkreuz k, dessen
kräftige Zapfenarme den Kupplungsbacken b zur Führung
dienen, und welches aufserdem in Gabelarmen die Spannschraubenspindeln mit Schneckenrädern trägt, sitzt fest auf
der im ausgerückten Zustande ruhenden Welle. Das Spannwerk wird durch die mit den Schneckenrädern in Eingriff
stehende Schnecke a vervollständigt, deren lange Nabenhülse
die Welle frei drehbar umschliefst.

Zum Antriebe des Spannwerkes durch die treibende
Seilscheibe dient die doppelseitige Hilfsklauenkupplung m,
welche in der gezeichneten Stellung mit dem Verschlussdeckel
der laufenden Kupplungshälfte t in Eingriff steht und durch
Feder- und Nutverbindung die Schnecke a, damit also auch
das ganze Spannwerk in Thätigkeit setzt.

Für die Muttern der Spannschrauben in den Bremsbacken
sind elastische Buffer durch Einlagen von Gummischeiben vorhanden, die sowohl den Anpressungsdruck der Kupplungsbacken federnd vermitteln, als auch die schroffe Bewegungsunterbrechung, welche das selbstthätig angetriebene Spannwerk
im Augenblicke des Kupplungsschlusses in allen bisher behan-

---

[1]) Meifsner, Die Kraftübertragung und Konstruktion der
Triebwerke S. 561 und Taf. 4.

14*

delten Fällen erleidet, mildern. Trotz dieses Schutzes wird
der starre Klaueneingriff der Hilfskupplung Bruchgefahren in

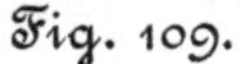

Fig. 109.

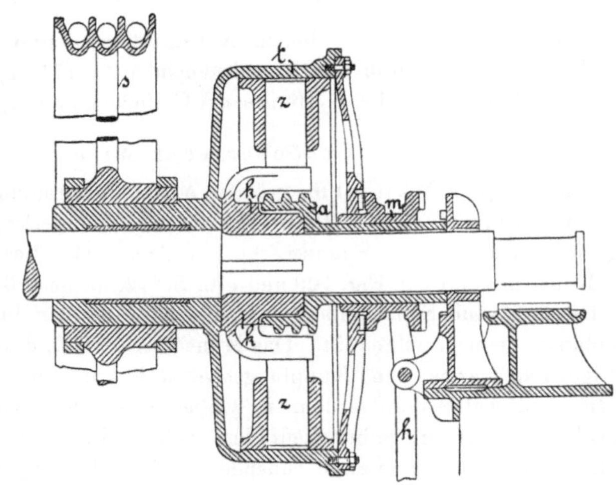

<table>
<tr><td>

Fig. 110.

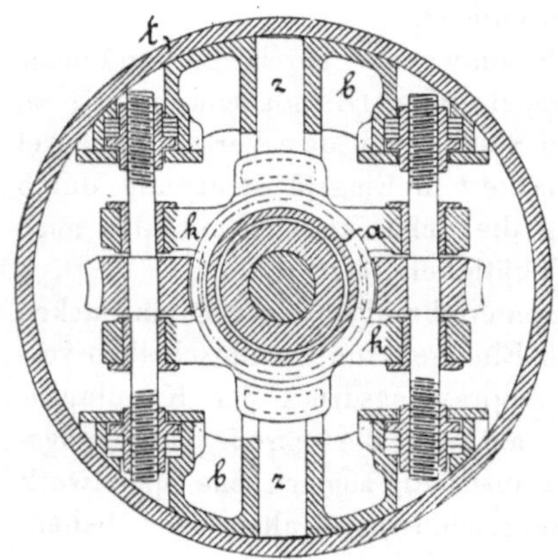

</td><td>

diesem Augenblicke ver-
anlassen, sodass ein Er-
satz der Klauenkupp-
lung durch eine Rei-
bungskupplung dringend
geboten ist. Das scheint
schon von Schönberger
selbst erkannt zu sein,
denn die benutzte Quelle
führt auch eine derartige
Abänderung an, freilich
ohne sie näher zu be-
gründen.

</td></tr>
</table>

Zum Ausrücken ist die
Hilfskupplung m durch
den Handhebel h nach rechts hinüberzuschieben und durch
den Klaueneingriff mit dem benachbarten Bocke, bezw. durch

Bremsreibung, daran festzustellen. Alsdann schraubt sich das ganze Spannwerk an der festgehaltenen Schnecke zum Lösen der Hauptkupplung zurück.

Kupplung von Braun & Stackfleth in Berlin, D. R.-P. 19936.

Braun & Stackfleth benutzen als Wendegetriebe das bereits mehrfach erörterte Doppelbremsscheibensystem in Verbindung mit einer Stirnzahnräderübersetzung, die schliefslich durch Schneckenräderwerke auf die Spannschrauben der Kupplungsklötze übertragen wird. Die beiden Bremsscheiben f und h, Fig. 111, sitzen, wie üblich, lose auf der treibenden Welle a, sind aber hier so ausgebildet, dass sie gleichzeitig eine Schutztrommel für die innen liegenden Triebwerkteile bilden. Zwischen beiden Scheiben sitzt fest auf der Welle der Träger m für die Achsen der Trieblingspaare i und e, von denen die Räder i mit einem an

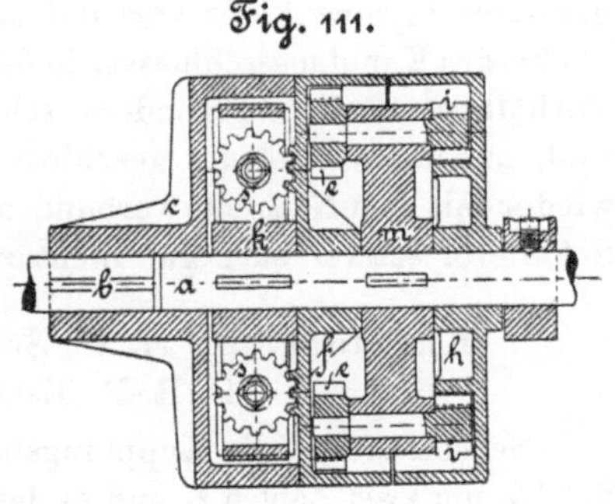

die Scheibe h angegossenen, aufsen verzahnten Kranz und die Trieblinge e mit der Innenverzahnung der Scheibe f in Eingriff stehen. In folge des doppelseitigen Zahneingriffes werden bei gleicher Wahl der Uebersetzungsverhältnisse beide Bremsscheiben von m mitgenommen und laufen frei mit der Welle a um, wenn sie der äufseren Bremswirkung entzogen bleiben.

Sobald man aber die Scheibe h durch einen Bremsklotz feststellt, bewegt sich die Scheibe f allein, und zwar mit der doppelten Winkelgeschwindigkeit der treibenden Welle, eilt ihr also voraus. Um diese Relativbewegung zum Anpressen der Kupplungsbacken auszunutzen, welche in der linksseitigen, mit der getriebenen Welle verbundenen Trommel c untergebracht sind, ist an die Stirnfläche der Scheibe f eine Zahnspirale angegossen und diese mit den Schneckenrädern s der Spannschrauben in Eingriff gebracht. Die Zahnspirale erscheint in der Zeichnung im Schnitt.

Die Anordnung des Mitnehmerkreuzes k entspricht mit den radialen Führungen für die Kupplungsbacken und hinsichtlich der Lagerung der Spannschraubenspindeln mit ihren Schneckenrädern im ganzen der kurz zuvor besprochenen Ausführung von Schönberger, Fig. 110, S. 212, nur fehlen die elastischen Widerlager, und es tritt eine dauernde Belastung der Spannschrauben auf, da das Mitnehmerkreuz hier auf der treibenden Welle, statt auf der getriebenen festgekeilt ist. Die Ausrückung der Kupplung erfolgt durch Bremsen der Scheibe f.

Auch hier ist eine ganze Anzahl dem Verschleifs ausgesetzter Triebwerkteile vorhanden, die vorzüglich im Augenblicke des Kupplungsschlusses, in folge der mehrfach erörterten Verhältnisse, einer besonders scharfen Pressung ausgesetzt sind, und die vollständig geschlossene Form der Kupplung ist wieder mit dem Nachteile verbunden, dass den einzelnen Teilen Schmieröl schwer oder gar nicht zugeführt werden kann.

Kupplung von H. W. Schenk in Berlin,
D. R.-P. 37034 [1]).

Schenk ordnet die Kupplungsbacken a_1 und a_2, Fig. 112, S. 215, um zwei Zapfen f_1 und f_2 des Mitnehmers d drehbar an, der auf die treibende Welle A aufgekeilt ist. Hierdurch wird eine der sonst erforderlichen zwei Spannschrauben erspart und Eckbewegungen der Backen vorgebeugt. Die Spannschraube h ist im übrigen, wie gewöhnlich, in einer Gabel u des Mitnehmers gelagert. Die zugehörigen Muttern g sind mit Rücksicht auf die Drehbarkeit der Kupplungsbacken mit Schildzapfen in die Köpfe der Backen eingehängt. Der Antrieb der Spannschraube erfolgt durch den Eingriff des Schneckenrades k in die lose auf der Welle und der Mitnehmernabe drehbare Schnecke i und wird durch ein Bremsscheibenwendegetriebe mit Stirnräderübersetzung vermittelt,

---

[1]) Zeitschr. d. Ver. deutscher Ingenieure 1886 S. 1094.

das im Grundgedanken der schon mehrfach verwerteten Anordnung von Schneider & Jacquet entspricht.

Die Bremsscheibe n ist mit der langen Nabenhülse l der
Schnecke i und damit auch mit der Stirnradverzahnung r
dieser Nabe fest verbunden. Die zweite Bremsscheibe o ist
mit innerer Verzahnung q ausgestattet. Mit beiden Ver-
zahnungen steht gleichzeitig das kleine Stirnrad s ir Eingriff,

Fig. 112.

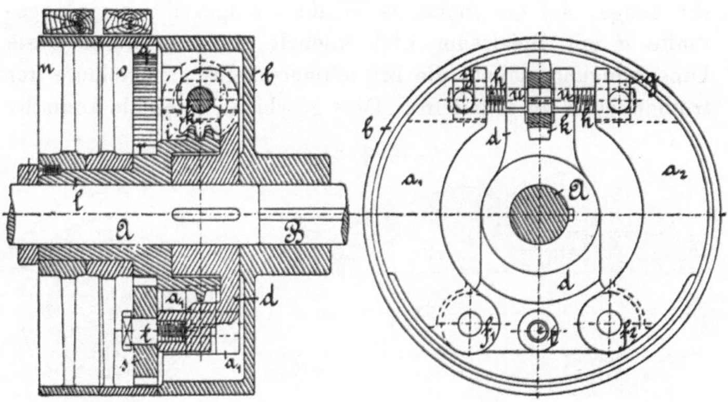

dessen Drehachse t, in den Mitnehmer d eingeschraubt, mit
diesem ständig an der Drehung der treibenden Welle teilnimmt.

Die Wirkungsweise des Wendegetriebes ist nach den
mehrfachen Erörterungen ganz ähnlicher Konstruktionen ohne
weiteres klar. Die Ausführung gehört zu den besseren ihrer
Art in folge der sorgfältigen Durchbildung ihrer Einzelnheiten
und der Zugänglichkeit aller Teile.

**Kupplung von Ezra Jesse Sterling in Brooklyn,
D. R.-P. 21668[1]).**

In eigentümlicher Weise ist das in den vorstehenden Konstruktionen vielfach angewandte Hilfsmittel, durch Bremsen
einer Scheibe die vorhandene Triebkraft der laufenden Trans-

---

[1]) Wochenschr. d. Ver. deutscher Ingenieure 1883 S. 162.

mission zum Kupplungsschluss in Thätigkeit zu setzen, von Sterling unter Benutzung eines schraubenförmig gewundenen federnden Zaumes für die in Fig. 113 dargestellte Kupplung verwertet.

Der schraubenförmige Kupplungszaum c ist an einem Ende durch seine Verbindung mit der Muffe b auch mit der getriebenen Welle fest verbunden, während das andere Ende durch Hakeneingriff an die lose Mitnehmerbremsscheibe f angeschlossen ist. Der Zaum umschliefst im freien Zustande die lange, auf die treibende Welle a aufgekeilte Kupplungsmuffe d mit Spielraum und knebelt sie erst durch feste Umschlingung, sobald die Mitnehmerscheibe am Umlaufe der treibenden Welle teilnimmt. Dies geschieht, wenn die konische

Fig. 113.

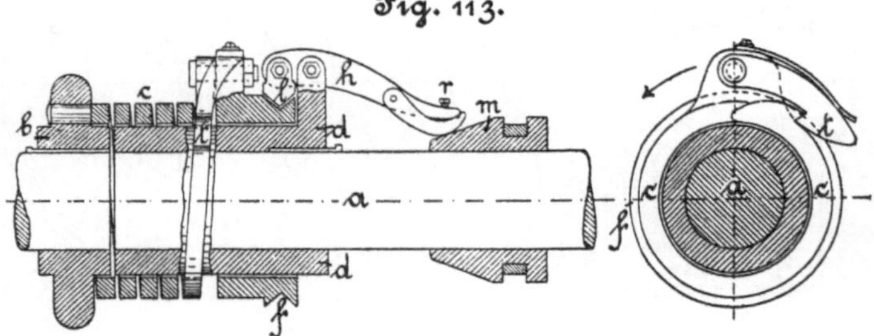

Einrückmuffe vorgeschoben wird und durch ihre Einwirkung auf den Druckhebel h den Bremsklotz l in die ringförmige Nut der Scheibe d einpresst. Nach erfolgtem Kupplungsschlusse überträgt der starke Reibungswiderstand zwischen c und d den Antrieb von a auf b. Die kräftige Reibungswirkung des Kupplungszaumes, in folge der mehrmaligen Umschlingung der Muffe, beschränkt in vorteilhafter Weise den erforderlichen Anpressungsdruck der Hilfskupplung, welche unmittelbar von der Einrückmuffe in Thätigkeit gesetzt wird, und überlässt thatsächlich die Hauptarbeit des Kupplungsschlusses dem laufenden Triebwerke.

Nach vollständiger Einrückung ruht der Spannhebel h, ohne achsial gerichtete Rückwirkung in der Welle, auf der cylindrischen Rast der Einrückmuffe, und der Hebelschuh ermöglicht in Verbindung mit der Stellschraube r den Anpressungsdruck beim Montiren, wie später nach eingetretenem Verschleifse, zu regeln.

Die Federung des Kupplungszaumes unterstützt im Verein mit dem Reibungsschlusse bis zu einem gewissen Grade die Sanftheit der Einrückung und begünstigt andererseits schnelles Lösen beim Ausrücken. Durch das selbstthätige Zurückweichen der Scheibe f bei Aufhebung des Bremsdruckes wird eine sonst erforderliche zweite Scheibe für die Kehrbewegung überflüssig. Das Wendegetriebe schrumpft auf eine einzige Scheibe mit Reibungsschluss zum Einrücken und mit Federspannung zum Ausrücken zusammen.

Durch den einseitigen Kraftschluss zwischen dem Kupplungszaume c und der Scheibe f mittels des Mitnehmerhakens t ist dafür gesorgt, dass die Feder nicht etwa bei Umkehrung der Wellendrehung gefährlich gespannt werden kann, eine Vorsicht, die für gewöhnlich aufser Acht gelassen werden darf.

Schliefslich ist darauf hinzuweisen, dass die Kupplung eine gewisse, wenn auch beschränkte Beweglichkeit besitzt. Am störendsten werden sich im Betriebe stärkere Schwankungen von Massenwiderständen und Torsionsfederungen in den Wellen selbst auf den Schluss der Kupplung fühlbar machen. Jede vorübergehende Entlastung der Torsionsanspannung des Kupplungszaumes, die sowohl am Ende der Einrückperiode, wie nach jeder neuen Beschleunigungsperiode während des Betriebes eintritt, lüftet die Knebelwirkung des Zaumes, und plötzliche starke Schwankungen dieser Art können den Reibungsschluss für kurze Zeit aufheben. Hierin liegt eine gewisse Unsicherheit bezüglich der gleichförmigen Wirkungsweise der Kupplung begründet, die dadurch erhöht wird, dass es schwierig sein wird, dauernd gleichmäfsiges Anliegen der Schraubenflächen zu erzielen und damit die erste Bedingung sanfter Wirkung zu sichern. Gegen einfallenden Schmutz ist die Kupplung gar nicht geschützt. Auch darf nicht übersehen werden, dass bei der hier gewählten Anordnung die Centrifugalkraft des ständig mit der treibenden Welle umlaufenden

Spannhebels leicht willkürliche Aenderungen im Kupplungszustand hervorrufen kann.

Ausgeführt wird das Patent unter anderem in etwas veränderter Form des Einrückmechanismus von Cranston & Co. in New York [1]).

Shaw hat das System dahin abgeändert, dass er den schraubenförmigen Kupplungszaum in das Innere einer Trommel verlegt und denselben dann naturgemäfs zum Erzeugen der Kupplungsreibung beim Einrücken durch Auseinanderwinden nach aufsen drängt [2]).

Wirft man auf die vorstehend besprochenen Konstruktionen einen Rückblick, so ergiebt sich, wie kaum anders zu erwarten, durch das eingeschaltete Wendegetriebe und durch das Einbauen des ganzen Spannwerkes in die Kupplung selbst eine mehr oder minder verwickelte Gesammtanordnung. Die Kupplungen fallen mehrteilig und schwer aus.

Der Vorteil der leichten Einrückbarkeit wird also nicht ohne Nachteil erkauft. Dazu kommt, dass die leichte Ein- und Ausrückbarkeit keineswegs auch die bezüglichen Vorgänge so weit abkürzt, dass hieraus ein besonderer Vorteil für die Verwendung der Konstruktionen als Schutz bei Unfällen zu ziehen wäre, ganz abgesehen davon, dass keine der Ausführungen mit einer Bremse zur Vernichtung der Bewegungsenergie des ausgeschalteten Triebwerkes versehen ist.

In dieser Beziehung ist zu beachten, dass die von Hand eingerückten Wendegetriebe, gleichgiltig, wie sie auch immer im einzelnen ausgebildet sein mögen, sowohl beim Schliefsen, wie beim Oeffnen der Hauptkupplung zunächst die Beschleunigungs- bezw. Verzögerungswiderstände der unmittelbar mit dem Spannwerke verbundenen Massen zu überwinden haben, bevor das Spannwerk mit voller Geschwindigkeit in Thätigkeit tritt. Hieraus erwächst ein Zeitverlust, der nach den allgemeinen theoretischen Erörterungen um so gröfser ausfällt,

---

[1]) Engineering und Mining Journal vom 18. Juni 1887 und Dingler 1888 Bd. 269 S. 57 mit Fig. 1 bis 4 Taf. 5.

[2]) Dingler 1889 Bd. 272 Taf. 22 Fig. 16.

je gröfser die in Rede stehenden Beschleunigungswiderstände sind. Für Kupplungen mit grofser Umdrehungszahl und starker Kraftübertragung sind diese Massenwiderstände, wie schon aus den verschiedenen Zeichnungen zu entnehmen, nicht unerbeblich und verursachen anfängliches Schleifen des Wendegetriebes.

In diesen Widerständen liegt ein weiterer Grund für die durchgehend benutzten Reibungsschlüsse bei den Wendetriebwerken, da starre Eingriffe beim Beginne der Ein- und Ausrückung unfehlbar Stöfse erzeugen würden. Der andere Grund für diese Konstruktionswahl, dass auch im Augenblicke des Kupplungsschlusses durch das plötzliche Unterbrechen der selbständigen Spannwerksbewegung die Gefahr stofsweiser Vernichtung der Bewegungsenergie dieser Teile auftritt, die eine nachgiebige Verbindung in dem sonst zwangläufigen Getriebe notwendig macht, ist bereits früher hervorgehoben.

Der ganze Vorgang beim Einrücken der Kupplung ist ziemlich verwickelt und entspricht im allgemeinen dem am Schlusse der allgemeinen theoretischen Untersuchungen behandelten Falle der Kraftübertragung durch zwei hinter einander angeordnete Reibungskupplungen.

Ist die Hauptkupplung bei der zuletzt vorangegangenen Ausrückung so weit gelöst, dass beim Einrücken das Spannwerk zunächst nur allein in Thätigkeit tritt, ohne gleich die Berührung der Hauptkupplungskörper herbeizuführen, so wirkt das Wendegetriebe wie eine ausschliefslich von Hand eingerückte Reibungskupplung, der sich anfänglich, abgesehen von den Reibungswiderständen, nur die Beschleunigungswiderstände der unmittelbar mit dem Spannwerk verbundenen Massen entgegensetzen, und erst später tritt der Einrückwiderstand der Hauptkupplung als äufserer Arbeitswiderstand hinzu. Erlangen die Massen ihre volle Beschleunigung, bevor die Hauptkupplung in Thätigkeit tritt, so steigt die Anpressung der letzteren in folge der unmittelbaren Einwirkung der treibenden Welle bei der verschwindend kleinen Strecke, um welche sich die starren Kupplungskörper überhaupt zusammenpressen lassen, aufserordentlich schnell, vorausgesetzt, dass der Arbeiter das

als Hilfskupplung dienende Wendegetriebe scharf genug anpresst. Die Gröfse der Kupplungskraft hängt von der Gröfse
des Druckes ab, welchen der Arbeiter auf das Wendegetriebe
ausübt, und von dem Uebersetzungsverhältnisse des Spanntriebwerkes, ist also schliefslich genau wie bei unmittelbar von
Hand eingerückten Kupplungen von dem bedienenden Arbeiter
abhängig; aber die Einwirkung der treibenden Welle gestattet
bei sachgemäfser Bedienung der Kupplung, wie bereits angedeutet, die Kraftwirkung sehr schnell zu steigern und damit
die Wärmeerzeugung zu beschränken. Die Beschleunigungsperiode der Hauptkupplung wickelt sich dann im wesentlichen
unter dem Einfluss einer konstanten Kraft, entsprechend dem
frühzeitigen Eintritt der gröfsten Kupplungsanpressung, ab, sodass sich annähernd die günstigsten Einrückverhältnisse, wie
bei einer von vornherein konstanten Kupplungskraft, erreichen
lassen. Dabei darf aber nicht übersehen werden, dass die Konstruktion nur die Möglichkeit hierzu bietet und im übrigen
alles von der Geschicklichkeit des Arbeiters abhängt. Die
mehrfach verbreitete Vorstellung, dass die Einwirkung der
treibenden Welle auf das Spannwerk auch gleichzeitig die
Kupplungskraft selbstthätig je nach Bedürfnis regele, ist nach
den vorstehenden Erörterungen irrtümlich und die Gefahr von
Triebwerksüberanstrengungen durch zu weitgehendes Steigen
der Kupplungskraft, und von Stöfsen, durch zu kräftiges Anpressen der Handkupplung, nicht ausgeschlossen. In dieser
Hinsicht entbehren die Ausführungen der Sicherheit, welche
früher besprochene Konstruktionen mit bestimmt begrenzter
Kupplungskraft bieten.

Hat das Spannwerksgetriebe bei Beginn der Anpressung
der Hauptkupplung noch nicht seine volle Antriebgeschwindigkeit erreicht, so verzögert sich auch dementsprechend die
Beschleunigungsperiode der Hauptkupplung unter Zunahme der
Wärmeerzeugung. Das Kupplungsdiagramm nimmt also je nach
der Bedienung, unter sonst gleichen Verhältnissen, ganz verschiedene Gestalten an.

In bezug auf die Beurteilung der einzelnen Konstruktionen hinsichtlich der gegenseitigen Beweglichkeit der Kupp-

lungshälften und der störenden Wirkungen radial beweglicher Backen ist auf das frühere Kapitel: »Allgemeine Betrachtungen und Vergleiche« zu verweisen.

b) Selbstthätige Spannwerke mit Einwirkung der Einrückmuffe auf Druckhebel.

Die verwickelte Gesammtanordnung und die störenden Nebenwirkungen, welche mit dem Einschalten von Hilfskupplungen zum selbstthätigen Einrücken der eigentlichen Kupplung verbunden sind, haben dazu geführt, die selbstthätige Verstellung des Spannwerkes durch die treibende Welle mit der Einrückmuffe in der Weise zu verbinden, dass die Muffe während des Vorschubes selbst unbelastet bleibt, dagegen das Spannwerk in Thätigkeit setzt, sobald sie ihre Endstellung erreicht. Hierbei erfolgt die von Hand bewirkte Einleitung des Kupplungsschlusses ohne nennenswerten Kraftaufwand, und letzterer vollzieht sich meist schon nach einer halben Umdrehung der Welle, ohne störend große Massenbeschleunigungswiderstände des leicht gehaltenen Spannwerkes.

Kupplung von Jul. Steiner in Chemnitz,
D. R.-P. 1882 [1]).

Steiner benutzt zur Kupplung des treibenden Zahnrades a, Fig. 114, S. 222, mit der Welle eine Bandbremse, deren Scheibe f auf die Welle aufgekeilt ist, während sowohl das feste Ende des Bremsbandes, wie auch der Drehzapfen für den Spannhebel mit dem lose auf der Welle laufenden Zahnrade verbunden sind. Der Spannhebel verstellt sich zum Festziehen der Kupplungsschlinge beim Vorschube der ganz frei auf der Welle angeordneten Einrückmuffe e, welche sich zunächst durch Klaueneingriff mit der noch ruhenden Scheibe f kuppelt. Durch den Reibungswiderstand der Schleppfeder g wird der Bremshebel d, bei der durch den Pfeil angegebenen Umlaufsrichtung, alsdann nach rechts zum Ausschlage gebracht. Zieht man die Muffe

---

[1]) Wochenschr. d. Ver. deutscher Ingenieure 1882 S. 253.

nach links zurück, so dreht sie sich, von der Schleppfeder mitgenommen, frei auf der Welle, während sich die Kupplungsschlinge unter der Einwirkung der kleinen Blattfeder h lüftet,
durch welche der Bremshebel in seine Anfangslage zurückgedrängt und durch den Anschlagstift i und den Federdruck
festgehalten wird.

Die Patentschrift enthält noch mehrere Abänderungen des
Grundgedankens, wie z. B. die Benutzung von Schleifringen

Fig. 114.

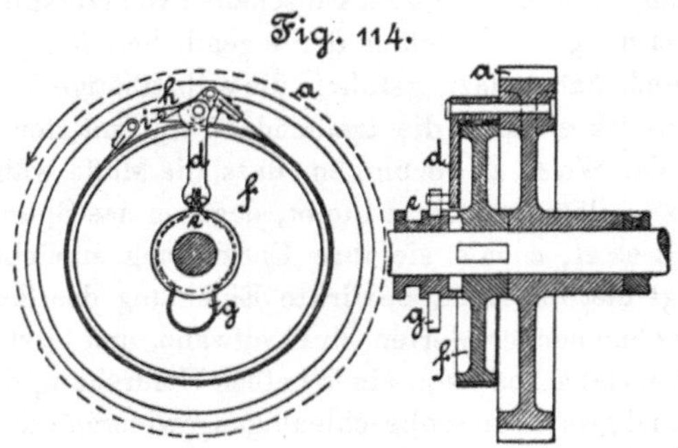

mit justirbarer Anpressung statt der einfachen Schleppfeder
und Spannhebelwerke mit doppelter Uebersetzung; aber auch
mit diesen teilweisen Verbesserungen bleibt doch die ganze
Konstruktion von zweifelhaftem Werte und könnte überhaupt
nur für kleinere Kraftübertragungen in betracht kommen.
Mindestens müsste aber auch in solchen Fällen für eine vollkommene Ausgleichung der Zentrifugalkraft gesorgt werden,
um willkürliche Bewegungen des Spannhebelwerkes zu verhindern.

Kupplung von R. Hoffmann in Finsterwalde, D. R.-P. 37031 [1]).

Hoffmann verwendet statt des schmiegsamen, äußeren Bremsbandes eine sichelförmige, federnde Bremsbacke, Fig. 115, S. 223,
deren Dreh- und Mitnehmerzapfen d in eine Speiche der losen
Riemscheibe eingesetzt ist. Im ausgerückten Zustande werden

---

[1]) Zeitschr. d. Ver. deutscher Ingenieure 1886 S. 1094.

die freien Enden der Bremsbacke durch die Einwirkung der Spiralfeder von dem inneren Umfange der auf die Welle aufgekeilten Kupplungstrommel *b* abgezogen, andererseits beim Einrücken durch die Druckklinken *k* angepresst. Die Anpressung wird durch Verschieben der Muffe *m* eingeleitet, mit welcher eine zweite Muffe *e* durch Verschraubung mittels durchgreifender Stangen *t* so verbunden ist, dass beide Muffen sich gleichzeitig bewegen. Die Muffe *e* besteht, entsprechend der zuerst von Stolterfoht angewandten Anordnung, D. R.-P. 35721, aus zwei Abstufungen, einem Oval- und einem Kreiscylinder vom Durchmesser der grofsen Achse des ersteren. Der Vorschub der Muffe lässt sich ungehindert in dem Augenblicke bewirken, in welchem der kleinste Durchmesser des Ovals

Fig. 115.

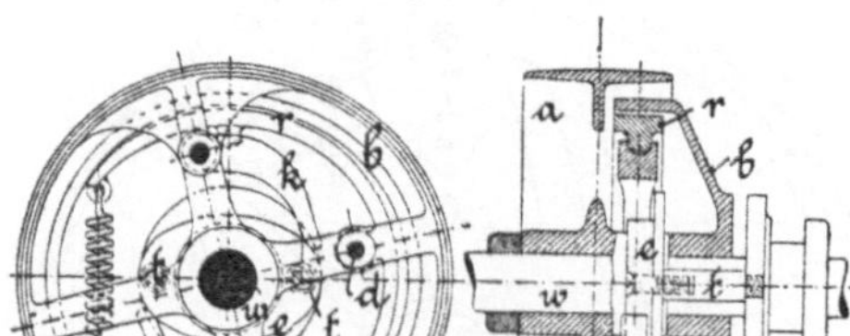

zwischen die Spitzen der mit der Riemenscheibe ständig umlaufenden Druckklinken tritt. Während die Riemscheibe mit den Klinken weiter rotirt, heben sich letztere an der einstweilen noch ruhenden Mantelfläche der unrunden Muffe, bis sie auf die Entfernung der Durchmesserlänge des kreiscylindrischen Teiles von *e* auseinandergespreizt werden. In diesem Augenblicke muss die Muffe weiter vorgeschoben werden, um die Klinken dauernd in der gespreizten Stellung für den Kupplungsschluss zu erhalten. Bis zum Eintritt des Beharrungszustandes schleifen die Klinkenenden auf dem kreiscylindrischen Mantel von *e*. Andererseits löst sich die Kupplung, sobald man den Klinken durch Zurückziehen der Muffe die als Spannwerk wirkende Unterstützung entzieht.

Obgleich die Anordnung konstruktiv besser durchgebildet erscheint, als die Steiner'sche, wird doch auch sie nur für kleinere Kraftübertragungen verwendbar sein und ziemlich raschen Verschleifs aufweisen. So lange es sich aber nur um kleine Kraftübertragungen handelt, liegt überhaupt keine Veranlassung vor, selbstthätige Spannwerke anzuwenden.

Kupplung von Lohmann & Stolterfoht, D. R.-P. 29256.

Zu der Gruppe der hier erörterten Konstruktionen gehört auch eins der verschiedenartigen Kupplungssysteme,

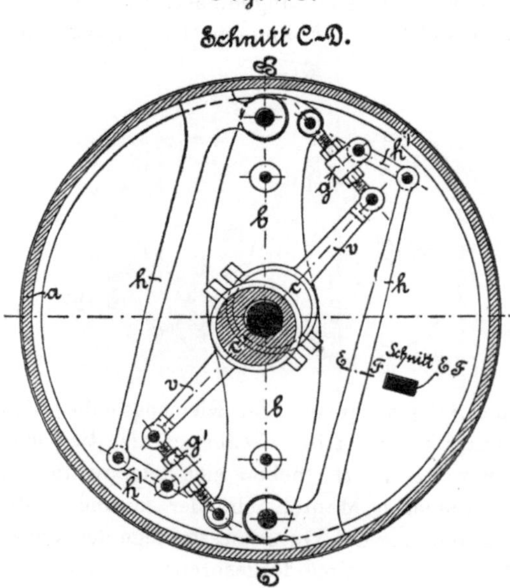

welche Lohmann & Stolterfoht ausgebildet haben. Die in der Ueberschrift angeführte Patentschrift enthält zunächst eine schematische Zusammenstellung der Abänderungen, deren der Grundgedanke fähig ist, durch welchen die Konstrukteure aber auch gleichzeitig die Aufgabe gelöst haben, Ein- und Ausrücken nach einander durch eine und dieselbe Steuerungsbewegung einzuleiten, um jeden Irrtum beim Bedienen der Kupplung auszuschliefsen. Da aber gerade die Verwirklichung dieses Gedankens zu Schwierigkeiten in der schliefslichen Durchbildung der Einzelheiten führt, ist hier nur die wirkliche Ausführung zu erörtern und im übrigen auf den Inhalt der Patentschrift zu verweisen.

Für die in Fig. 116 bis 122, S. 224 bis 227, dargestellte Konstruktion ist vorausgesetzt, dass die Welle k ständig umläuft und mit ihr die lose Trommel a gekuppelt werden soll, welche entweder als Riemscheibe ausgebildet sein kann oder

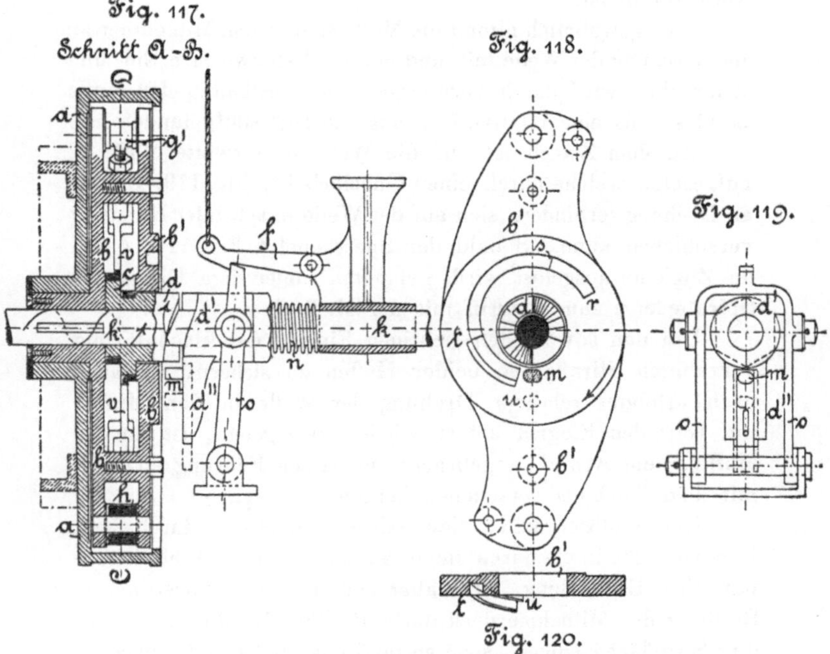

Fig. 117. Schnitt A-B.

Fig. 118.

Fig. 119.

Fig. 120.

mit einem Zahnrade verschraubt wird. Die Kupplungsbacken bilden, wie aus Fig. 116 ersichtlich, die kurzen Druckarme der federnden Anspannungshebel h und sind einerseits in dem auf der Triebwelle aufgekeilten Mitnehmer b, um Zapfen drehbar, gelagert, andererseits durch Kniehebel h', deren Widerlager auf

Schraubenspindeln nachstellbar angeordnet sind, mit dem Schub-
gestänge $v g^1$ zweier Exzenter c verbunden. Jede Drehung dieser
Exzenter um 180^0 vermittelt nach einander das volle Anpressen
und wieder vollständiges Lösen der Kupplung. Die weiteren
Einzelheiten der Konstruktion beziehen sich daher ausschliefslich auf die erforderliche Verdrehung der Exzenter um genau
180^0 beim jedesmaligen Wechsel der Umsteuerung.

Die Exzenter sind an die lose auf der Welle drehbare
Muffe d, Fig. 117, S. 225, angegossen und in achsialer Richtung
durch die Deckplatte b^1 gesichert, welche mit dem Mitnehmer
verschraubt ist.

Für gewöhnlich nimmt die Muffe sammt dem Mitnehmer an
der Drehung der Welle teil, und der Wechsel zwischen Ein- und
Ausrücken wird durch vorübergehendes Festhalten der Muffe
bewirkt, bis eine relative Drehung um 180^0 stattgefunden hat.

Zu dem Zweck ist auf die Welle eine zweite Muffe d'
aufgesetzt, welche durch einen Gabelhebel o, Fig. 119, S. 225,
an Drehung verhindert, sich auf der Welle in achsialer Richtung
verschieben kann. Sobald der Sperrhebel f, Fig. 117, durch
die Zugleine ausgelöst wird, gelangt d' unter dem Druck der
Spiralfeder n zum Eingriff mit der Muffe d.

Um nun sowohl den richtigen Eingriff der klauenförmig
verzahnten Stirnflächen beider Muffen zu sichern, als auch
nach erfolgter relativer Drehung der Welle in den Muffen
um 180^0 den Eingriff sofort wieder freizugeben, ist an der
Muffe d' ein Arm d'' angebracht, in dessen Führung sich ein
mit dem Zapfen m versehener Schlitten bewegt.

Der Schlitten fällt, sich selbst überlassen, durch sein
Eigengewicht in die durch einen Anschlag, Fig. 119, begrenzte
punktirte Endstellung, wird aber andererseits bei bestimmter
Stellung der Mitnehmerdeckplatte b^1, Fig. 118, durch eine in
ihre Stirnfläche eingegossene spiralförmige Bahn $r\,s\,t\,u$ erfasst,
gehoben und am Schlusse der Bewegung zurückgedrängt, wobei dann gleichzeitig der Endzustand durch das Einfallen des
Sperrhakens f hinter den ebenfalls zurückgedrängten Muffen-
hebel o gesichert wird. Die Ansteigung der spiralförmigen
Führungsbahn liegt auf der Strecke tu. Wie aus der Figur

ersichtlich, kann der Stift m bei herabgesunkenem Schlitten und vorgeschobener Muffe, d. h. nach erfolgter Auslösung des Sperrhakens, auf der Strecke rs frei in die Spiralnut eintreten, wird dann durch die mit der Welle rotirende Nut gehoben und nach einer halben Umdrehung zurückgedrängt. Nachdem hierdurch die Ausrückung der Muffe d' vollzogen und letztere durch den Sperrhaken f festgehalten ist, fällt der Schlitten sofort nach unten zurück und bleibt der Einwirkung der Spiralbahn entzogen, bis eine abermalige Auslösung der Klinke erfolgt.

Damit ist also die beabsichtigte Wirkung einer jedesmaligen relativen Verdrehung des Exzenterpaares um 180^0 gesichert, und es handelt sich schliefslich nur noch darum, unbeabsichtigte relative Drehungen der Kupplungsmuffe d gegen den Mitnehmer bb^1 zu hindern.

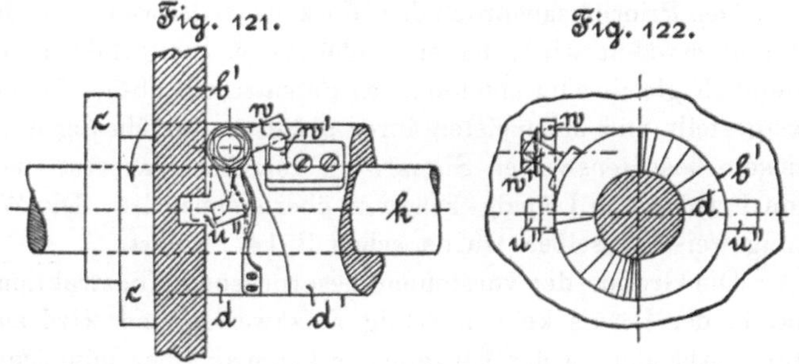

Diese Sicherung wird durch einen Sperrhebel w, Fig. 121 und 122, bewirkt, welcher in den beiden Hauptstellungen durch eine Feder zum Eingriff in die eine oder andere der diametral gegenüberliegenden Aussparungen u'' der Mitnehmerdeckplatte gebracht, andererseits aber vor der jedesmaligen Verstellung der Muffe d gegen den Mitnehmer durch einen an der verschiebbaren Klauenmuffe d' befestigten Anschlagstift w^1 rechtzeitig ausgelöst wird.

Die sinnreich durchdachte Ausbildung der Konstruktion verdient volle Anerkennung, aber die Aufgabe, welche sich Lohmann & Stolterfoht hierbei gestellt haben, durch eine einzige Steuerkette die eingerückte Kupplung auszulösen oder sie einzurücken, lässt sich wohl überhaupt kaum mit einfachen

15*

Mitteln lösen und bedingt eine Anzahl von Nebenteilen, die den Gesammtmechanismus verwickelter gestalten, als für die Praxis wünschenswert ist.

Mit vollem Recht ist daran festzuhalten, den sichersten Schutz gegen Betriebsstörungen und Unfälle durch möglichste Einfachheit der Triebwerksteile anzustreben.

Die ganze Ausführung hat im wesentlichen nur historisches Interesse und ist von der Firma selbst nicht weiter verfolgt, welche den Vorteil des Systems, »Steigerung der Kupplungskraft bis zur gröfsten Wirkung in möglichst kurzer Zeit, bei leichter Ein- und Ausrückbarkeit, ohne störende Massenwiderstände in der Kupplung selbst« alsbald in weit einfacherer Weise durch die erst später zu besprechenden Klinkenfriktionskupplungen verwirklicht hat[1]).

Den Prioritätsanspruch des Glockensignals, welches in dem Patent erwähnt wird, haben Lohmann & Stolterfoht in der ziemlich gleichzeitig erschienenen Patentschrift 28471 für sich festgestellt und die meisten ihrer späteren Ausführungen mit diesem beachtenswerten Signalwerk versehen, das erst später von Friedrich in Leipzig-Plagwitz übernommen ist. Die Wirkungsweise desselben wurde schon S. 147 erklärt.

Die Gruppe der vorstehend besprochenen Konstruktionen hat in der Praxis keinen Erfolg aufzuweisen und wird auch durch Abänderung der Einzelheiten kaum zu einer günstigeren Entwicklung zu bringen sein. Die ebenfalls der Gruppe noch zuzuzählenden Patente von J. C. Eckardt, D. R.-P. 19927[2]) nebst Zusatzpatent 21973, sind nur versuchsweise ausgeführt worden und leiden an so erheblichen Mängeln der konstruk-

---

[1]) In bezug auf die geschichtliche Entwicklung ist zu bemerken, dass das erste Patent für eine zusammengesetzte Klauenreibungskupplung von Lohmann & Stolterfoht 28471 nur durch Zufall etwas früher in die Patentliste eingereiht ist, als die hier besprochene, thatsächlich ältere Konstruktion D. R.-P. 29526, für welche sich die Firma den Patentschutz sicherte, als sie ihre Versuche über die Verwendbarkeit des zusammengesetzten Systems noch nicht abgeschlossen hatte.

[2]) Wochenschr. d. Ver. deutscher Ingenieure 1882 S. 469.

tiven Durchbildung, dass hierauf nicht weiter einzugehen ist. Das ganze System nähert sich, wie bereits angedeutet, in seiner Wirkungsweise, trotz abweichender äußerer Anordnung, den im letzten Kapitel zu besprechenden Klinkenfriktionskupplungen, ohne mit gleich einfachen Mitteln die Vorteile der letzteren zu gewähren.

c) Selbstthätiger Kupplungsschluss durch Zentrifugalkraft.

Die Benutzung der Zentrifugalkraft zum selbstthätigen Kupplungsschluss ist durch die Stauffer'sche Zentrifugalbremse, D. R.-P. 2798, angeregt, welche durch die Windenkonstruktion von Briegleb, Hansen & Co. in Gotha, in Verbindung mit der Mégy'schen Sicherheitskurbel, weite Verbreitung gefunden hat [1]).

Selbstthätige Reibungskupplung von J. F. Kallsen und H. Jungclaußen, D. R.-P. 6350 [2]).

Kallsen und Jungclaußen, in Brodersby bei Missunde, haben den Grundgedanken der Ausnutzung von Zentrifugalkräften zum selbstthätigen Einrücken von Reibungskupplungen zuerst sorgfältiger durchgebildet und die in Fig. 123, S. 230, wiedergegebene Konstruktion durch Verbindung eines Wattschen Schwungkugelregulators mit einer Kegelkupplung ausgebildet. Die Kupplungshälften sind, wie aus der Figur ersichtlich, zur vollständigen Umhüllung des Schwungkugelmechanismus glockenförmig gestaltet. Der Antrieb erfolgt durch das Zahnrad auf die lange gusseiserne Hülse, welche die mitzunehmende Welle lose umschließt, und deren Kopf die Drehzapfen für die Schwungkugelarme trägt. Gleichzeitig mit der Hülse wird auch die hierauf frei verschiebbare rechte Kupplungshälfte *d* durch Klaueneingriff vom Zahnrad aus mitgenommen und folgt im übrigen der Einwirkung des Schwungkugelausschlages durch die Verbindung der Schwungarme und der

---

[1]) Vergl. Ernst, Hebezeuge S. 182, 195 und 232.
[2]) Wochenschr. d. Ver. deutscher Ingenieure 1881 S. 423.

Glocke *d* mittels der Zugstangen. Die rechte Kupplungshälfte verschiebt sich demgemäfs während des Antriebes bis zum Eingriff mit der linken, fest mit der Welle verbundenen Kupplungshälfte *e* und pflanzt durch diese den Antrieb auf die Welle selbst fort. Zum Lösen des Kupplungsschlusses, bei unterbrochenem Antriebe, ist zwischen den Hülsenkopf und die Nabenstirnfläche der verschiebbaren Kupplungshälfte eine Schraubenfeder eingeschaltet, die gleichzeitig beim Anlassen des Triebwerkes als Schutz gegen stofsweises Zusammenprallen der Kupplungshälften dient.

Die Kupplung lässt sich, bei sonst sorgfältiger Durchbildung der Gesammtkonstruktion, während des Betriebes nicht ausrücken. Demgemäfs ist in der Patentschrift auch nur hervorgehoben, dass sie dem Zwecke dienen solle, bei rasch

Fig. 123.

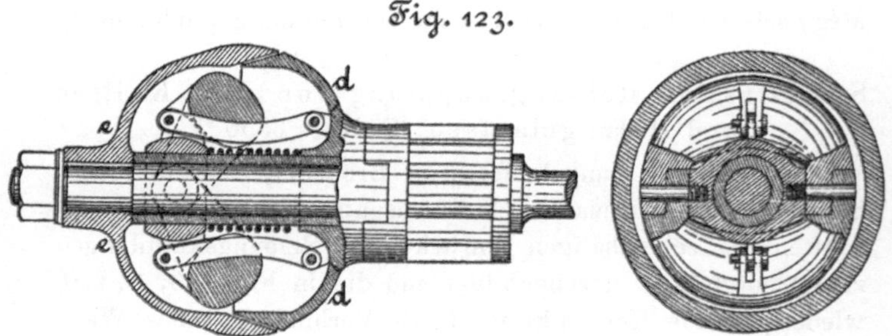

vorgehoben, dass sie dem Zwecke dienen solle, bei rasch umlaufenden Maschinenteilen, wie z. B. bei Dreschmaschinentrommeln, einen allmählichen Antrieb zu ermöglichen, also die Gefahren abzuwenden, welche bei verhältnismäfsig leicht konstruirten Maschinenteilen durch zu plötzliche Massenbeschleunigung während des beginnenden Antriebes oder später während des vollen Betriebes durch zufällige Ueberschreitungen des normalen Arbeitswiderstandes auftreten.

Die Reibungskupplung für schnelllaufende Wellen von J. E. Meyer in Kopenhagen, D. R.-P. 23530[1]), und die selbstthätige Zentrifugalkupplung von F. R. Norlow in

---

[1]) Wochenschr. d. Ver. deutscher Ingenieure 1883 S. 397.

Kopenhagen, D. R.-P. 24739 [1]), bilden in gleicher Weise, wie die vorstehend erörterte Konstruktion, nur Sicherheitskupplungen zum Schutze gegen plötzliche Stofswirkungen ohne Ausrückbarkeit während des Betriebes.

In beiden Fällen ist die Gesammtanordnung dahin vereinfacht, dass die Kupplungsklötze selbst, ähnlich wie bei der Stauffer'schen Zentrifugalbremse, lose in der Kupplungstrommel untergebracht sind und nur durch radiale Führungen mit der treibenden Welle in Verbindung stehen. So können die Klötze einerseits den Antrieb der Welle aufnehmen, andererseits, unter der Einwirkung der Zentrifugalkraft, sich frei nach aufsen bis gegen den inneren Umfang der Kupplungstrommel bewegen, um den Reibungsschluss herbeizuführen. Beide Ausführungen unterscheiden sich im übrigen nur dadurch, dass Meyer glatte Kupplungsbacken, Norlow solche mit Keilnuteneingriff anwendet.

Die Vereinfachung der Konstruktion ist auf Kosten der Dauerhaftigkeit gewonnen. Unter der Einwirkung der am äufseren Umfange der Klötze wirkenden Kupplungskraft ecken sich die Backen in ihren mangelhaften Führungen und klemmen sich mit der Zeit gelegentlich fest. Wesentlich sorgfältiger ist die nachstehende Konstruktion ausgebildet, bei welcher gleichzeitig die Ausrückbarkeit während des Betriebes berücksichtigt ist.

Zentrifugalkupplung von E. Becker in Berlin,
D. R.-P. 7205 [2]).

Die bekannte Zentrifugalbremse von Becker [3]), welche mit grofsem Erfolge zur selbstthätigen Begrenzung der Lastsenkgeschwindigkeiten bei Winden, Kranen und Aufzügen Eingang gefunden hat, ist von vornherein auch gleichzeitig

---

[1]) Zeitschr. d. Ver. deutscher Ingenieure 1884 S. 87 und Uhland, Der praktische Maschinenkonstrukteur 1884 S. 102 nebst Taf. 20 Fig. 1 und 2.

[2]) Wochenschr. d. Ver. deutscher Ingenieure 1881 S. 423.

[3]) Ernst, Hebezeuge S. 196.

als ausrückbare Reibungskupplung entworfen und mehrfach
ausgeführt. Die Ausrückung kann jederzeit durch einen
Handhebel erfolgen, der, wie weiter unten auseinander zu
setzen ist, auf die Zentrifugalkupplungsklötze einwirkt.

Die sichelförmigen Kupplungsklötze f, Fig. 124, sind
um Zapfen e drehbar auf der Stirnseite einer fest mit der
treibenden Welle a verbundenen Mitnehmerscheibe c gelagert
und von der Kupplungstrommel h eingeschlossen, welche auf
dem Kopfe der getriebenen Welle b sitzt. Durch die Form
der Klötze und die Nähe der Druckflächen i, in geringem
Abstande von dem Drehzapfen e, gelangt die im Schwerpunkte
angreifende Zentrifugalkraft mit starker Hebelübersetzung für

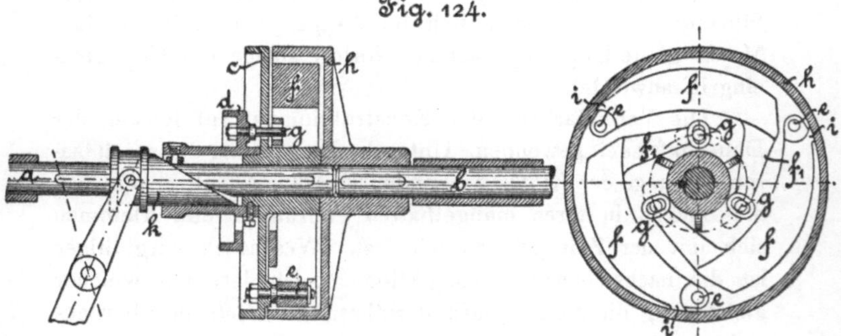

Fig. 124.

den Kupplungsschluss zur Wirkung und gestattet dementsprechend die Schwungmassen verhältnismäfsig klein zu wählen.
Zum Ausrücken müssen die Klötze vom Umfange der Kupplungstrommel abgezogen werden. Zu dem Zwecke ist auf die
Nabe der Mitnehmerscheibe c eine gegen Längsverschiebung
geschützte, im übrigen aber frei drehbare Muffe d aufgesetzt,
deren Bolzen g durch längliche Schlitze der Mitnehmerscheibe
hindurchgreifen und die Augen der Klotzarme f_1 erfassen.

Dreht man die Muffe im Sinne des Uhrzeigers, so erfolgt
die beabsichtigte Lösung, indem die Klötze gezwungen werden,
dieser Bewegung zu folgen.

Die Drehung der Muffe selbst wird durch den Vorschub der Muffe k vermittelt, da diese mit ihrer Schrauben-

fläche den in die hohle Nabe von d eingesetzten Stein zur
Seite drängt. In der gezeichneten vorgeschobenen Stellung
der Muffe sind die Klötze gelüftet. Aus der Wirkungsweise
der Muffe folgt ferner ohne weiteres, dass beim Zurückziehen
der Stein, hiermit die Scheibe d und schliefslich die Zentrifugalklötze frei werden; andererseits bedingt aber das fortdauernde Bestreben der Klötze, sich nach aufsen zu bewegen,
die Sperrung des Handhebels in der Ausrücklage, um selbstthätiges Einrücken zu verhindern. Hieraus ergiebt sich eine
Belastung des Schleifringes, welche während jeder Betriebs-
unterbrechung zu dauerndem Verschleifse führt. Für angestrengten Betrieb erscheinen aufserdem die kleinen Druckflächen der
Klötze ungenügend grofs.

Zentrifugalkupplung von O. Fredrik Jönsson in Stockholm, D. R.-P. 38535[1]).

Die letzt erwähnten Uebelstände hat Jönsson durch eine
unmittelbare Sperrung der Kupplungsklötze im ausgerückten
Zustande und durch volle Flächenberührung der Kupplungsklötze zu beseitigen gesucht, indem er auf die Uebersetzung
der Zentrifugalkraft verzichtet und dafür Federdruck mit zu
Hilfe nimmt.

Die Jönsson'sche Kupplung, Fig. 125, S. 234, ist mit vier
Kupplungsklötzen ausgestattet, welche in den prismatischen
Führungen eines auf der treibenden Welle aufgekeilten Mitnehmerkreuzes radial frei beweglich sind. Jeder Klotz wird
nach aufsen gegen den inneren Umfang der Kupplungstrommel
durch zwei Spiralfedern i gepresst, die, symmetrisch zur Mittel-
achse angeordnet, durch cylindrische Kernbolzen gegen willkürliche Ausbiegungen geschützt sind. Die Kernbolzen greifen
einerseits in die Nabe des Mitnehmerkreuzes, andererseits in
die Unterfläche der Klötze ein, ohne die Bewegung der letzteren zu hindern.

Die Klötze sind ferner durch Gelenkschienen l und m mit
der frei auf der Welle angeordneten Ausrückmuffe p verbunden.

---

[1]) Zeitschr. d. Ver. deutscher Ingenieure 1887 S. 421.

Die stangenförmige Verlängerung von m bildet den Sperr-mechanismus für die ausgerückten Klötze.

In der gezeichneten Stellung ist die Kupplung eingerückt. Die Anpressung der Kupplungsklötze seitens der Spiralfedern wird durch die Zentrifugalkraft bis zum vollständigen Schlusse der Kupplung gesteigert. Um den Reibungswiderstand ausreichend zu erhöhen, ist die Trommel mit Leder ausgekleidet.

Zieht man die Muffe p zurück, so entfernen sich die Zentrifugalklötze vom Trommelumfang, während gleichzeitig die Verlängerungen n der Schienen m so weit aus den Löchern o der Mitnehmerscheibe zurücktreten, dass nur noch die Nase n^1 in

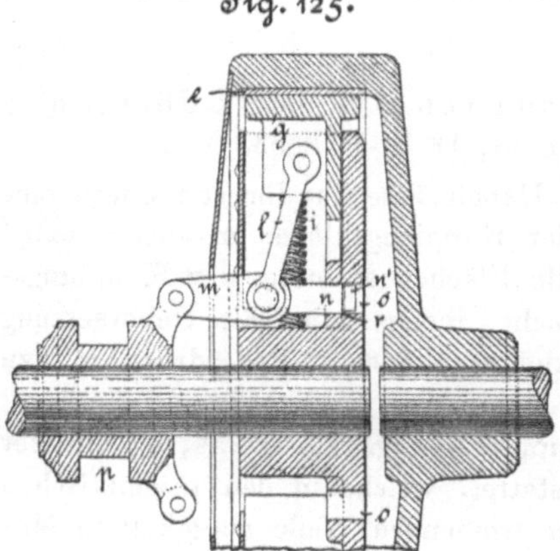

das Loch hineingreift und die schräge Anlauffläche, welche den Uebergang von n^1 zu n bildet, sich gegen die scharfe obere Kante der Eintrittsöffnung legt. Die fortdauernde Wirkung der Zentrifugalkraft verhindert alsdann, im Verein mit den Spiralfedern, selbstthätiges Auslösen der Sperrung, während ein kräftiger Druck gegen die Muffe in achsialer Richtung die Stangen n wieder über die Anlaufflächen in die Löcher hineinzwängt und damit die Klötze freigiebt.

Bedenklich erscheint für die Dauer der Sperrung die nahezu schneidende Wirkung der Lochkanten auf die Anlaufflächen der Sperrnasen, welche bei grofsen Kräften und lebhaftem Betrieb rasche Zerstörungen mit Sicherheit erwarten lassen. Aufserdem besitzt die Konstruktion die Mängel aller Cylinderkupplungen mit radial verschieblichen Backen.

Auch die Zentrifugalkupplung von Weston, welche von Watson, Laidlaw & Co. in Glasgow ausgeführt wird, bietet weder eine befriedigende Lösung, noch beachtenswerte neue

Konstruktionsgesichtspunkte, und es ist daher hier nur auf die Veröffentlichungen über dieselbe zu verweisen[1]).

Schliefslich ist noch anzuführen, dass Burmeister & Wain in Kopenhagen in dem D. R.-P 32985 das Prinzip der Zentrifugalkupplungen in umgekehrter Weise benutzt haben, um für schnelllaufende Maschinen, Zentrifugen usw. beim Ueberschreiten der zulässigen Umdrehungszahl den Antrieb auszurücken[2]).

Die vorstehenden Erörterungen führen zu dem Endergebnis, dass für alle Zentrifugalkupplungen aus der Notwendigkeit, den Zentrifugalapparat mit der treibenden Welle in Verbindung zu setzen, um ihn jederzeit zur selbstthätigen Wirkung bringen zu können, der Uebelstand erwächst, dass die Wirkung der Zentrifugalkraft beim Ausrücken überwunden und während der ganzen Dauer der Ausschaltung lahmgelegt werden muss. Der selbstthätigen Einrückung steht also eine nur durch äufsere Spannwerke zu vermittelnde Ausrückung gegenüber, welche, von Hand bewirkt, sich bei grofsen Kraftübertragungen blofs mit entsprechend kräftigen Uebersetzungen und dementsprechend langsam ausführen lässt. Als Schutzkupplungen bei Unfällen, welche schnelle Ausrückbarkeit verlangen, erscheinen die Zentrifugalkupplungen daher nicht geeignet und bieten in dieser Hinsicht anderen gut durchgebildeten Ausführungen gegenüber jedenfalls keine Vorzüge.

Die Kupplungsdiagramme nehmen unter normalen Verhältnissen durch das schnelle Ansteigen der Intensitätskurve der Kupplungskraft eine günstige Gestalt an; aber es darf hierbei nicht übersehen werden, dass durch die Abhängigkeit der Zentrifugalkraft von dem Quadrate der Wellenumdrehungszahl die obere Grenze der Kupplungskraft, bei wechselnder Umdrehungszahl, sehr starken Schwankungen ausgesetzt ist. Soweit nun durch plötzliches Anwachsen der Arbeitswiderstände die Umdrehungszahl herabgesetzt wird, so sinkt damit auch sofort

---

[1]) Iron 3. Juni 1887 und hiernach Dingler 1888 Bd. 269 S. 55 und 56 mit Fig. 15 Taf. 4.

[2]) Zeitschr. d. Ver. deutscher Ingenieure 1885 S. 966.

die Kupplungskraft erheblich. Wenn daher nicht von vornherein ein starker Ueberschuss vorhanden ist, tritt frühzeitige Neigung zu Gleitverlusten auf, die allerdings den Schutz gegen Ueberanstrengung erhöht, aber doch zu störenden Wärmeerzeugungen führen kann, während andererseits ein zu reichlicher Ueberschuss der Kupplungskraft mit der Gefahr des stofsweisen Einrückens verbunden ist. Weiter ist aber auch in betracht zu ziehen, dass bei Betriebsmaschinen mit mangelhafter Regulirung plötzliches Ausschalten gröfserer Arbeitswiderstände, zufälliges Abgleiten eines schweren Riemens usw., starke Beschleunigungen hervorrufen können, mit denen die ganz und gar von der Umdrehungszahl abhängige Kupplungskraft aufserordentlich schnell wächst. Geht die Maschine durch, so liegt die Gefahr vor, dass die Kupplung selbst durch die Zentrifugalkraft zertrümmert wird, ohne dass die unerlässliche Beschränkung der Gewichtsverhältnisse gestattet, auch diesen Fall von vornherein bei Wahl der Abmessungen zu berücksichtigen. Ein derartiger Unfall, welcher sich bei einer zur Uebertragung von 50 Pfkr. ausgeführten Kupplung in einer Fabrik ereignet hat, sollte zur ernstlichen Warnung dienen.

Unter solchen Verhältnissen erklärt es sich, dass trotz der günstigen Aufnahme, welche die Zentrifugalbremsen in der Praxis für Winden, Krane und Aufzüge gefunden haben, bei denen ganz bestimmte Maximalbeschleunigungsverhältnisse vorliegen, die Zentrifugaltriebwerkskupplungen nur in beschränkter Zahl ausgeführt sind. Den Vorzügen des Systems stehen Nachteile gegenüber, die einen erfolgreichen Wettbewerb mit anderen bewährten Konstruktionen nicht erwarten lassen.

D. Reibungskupplungen mit Anpressung durch hydraulischen Druck.

Hydraulische Kupplung von Jackson.

Der Gedanke, Reibungskupplungen durch hydraulischen Druck anzupressen, ist schon vor mindestens 30 Jahren aufgetaucht und scheint zuerst von Jackson verwirklicht zu sein [1]).

Jackson benutzt für seine cylindrische Reibungskupplung vier Backen. Jede Backe wird durch einen kleinen Pressstempel getragen und durch diesen in dem Mitnehmerkreuz radial geführt, dessen sich senkrecht durchkreuzende Bohrungen gleichzeitig die Druckräume für die Pressflüssigkeit bilden. Die Welle des Mitnehmerkreuzes ist von der Stirnfläche des einen Endzapfens bis zur Kreuzungsstelle der Presskolbenstiefel in achsialer Richtung angebohrt und nimmt den Druckkolben auf. Derselbe ist am Ende mit flachem Gewinde ausgerüstet und wird durch Handrad mit Nabenschraube von aufsen, wie der Reitnagel einer Drehbank, nach innen verschoben, um beim Vordringen in die Kernbohrung die Kupplungsbackenkolben bis zum Kupplungsschlusse nach aufsen zu drängen.

Die Konstruktion leidet, abgesehen von der nicht billigen Ausführung, unter anderem an dem Uebelstande, dass die Kupplungsbacken, auch nach Aufhebung des hydrostatischen Anpressungsdruckes, unter der Einwirkung der Zentrifugalkraft, den Kupplungsschluss aufrecht zu erhalten suchen.

Hydraulische Reibungskupplung von Jul. Steiner in
Chemnitz, D. R.-P. 18143.

Steiner hat die Konstruktion von Jackson in der durch Fig. 126, S. 238, veranschaulichten Weise dahin abgeändert, dass er nur zwei Kupplungsbacken verwendet und die Druckkolben *e* parallel zur Wellenachse in eine Einrückmuffe einsetzt, welche unter Einwirkung einer Spiralfeder die Kolben stets in den mit Wasser oder Oel gefüllten Druckraum der Kupplung vorzudrängen sucht. Beim Ausrücken der Kupplung muss demgemäfs der Handhebel in seiner Endstellung gesperrt werden, um selbstthätiges Wiedereinrücken zu verhindern. Im übrigen hat Steiner durch Wahl schwacher Druckkolben und möglichst

---

[1]) Schweizerische Polytechnische Zeitschrift Bd. IV S. 42 und hieraus Dingler's Polytechnisches Journal 1859 Bd. 153 S. 251 mit Figur auf Taf. 4.

grofser Wasserdruckquerschnitte der Kupplungsbacken *c* eine
starke Kraftübersetzung gewonnen. Zu dem Zwecke sind die
Kupplungsbacken als bewegliche Presscylinder ausgeführt und
über die hohlen Mitnehmerarme *a* gesetzt, welche, mit hydrostatischen Liderungen versehen, als Führungskolben dienen.
Die Kupplungsbacken sind ferner durch Spiralfedern *h* unter
einander verbunden, um den Kupplungsschluss, nach Aufhebung
des Anpressungsdruckes, mit Sicherheit zu lösen.

Zum Anfüllen und zur Ergänzung der Druckflüssigkeit ist
die Verschlussschraube *i* zu entfernen.

Im übrigen entpsricht die Kupplung den auch sonst bekannten Ausführungen. Die Kupplungstrommel *b* ist lose auf

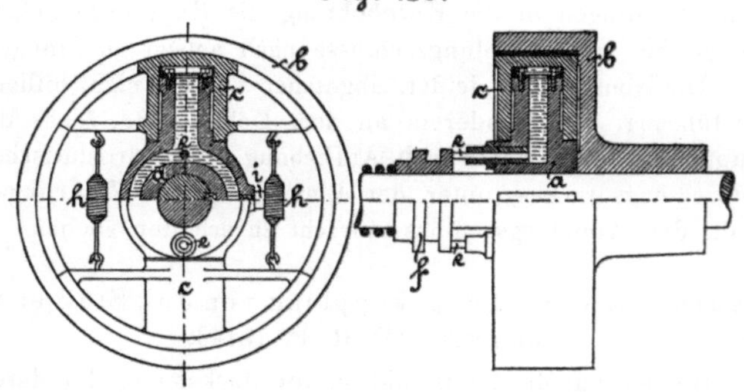

Fig. 126.

die Welle gesetzt und kann entweder zu einer treibenden Riemenscheibe erweitert werden oder als Träger eines Zahnrades
dienen.

Die Steiner'sche Konstruktion weist der bei weitem älteren
Jackson'schen gegenüber nicht zu verkennende Verbesserungen
auf, teils durch vereinfachte Gesammtausführung, ohne lange
Wellenbohrungen, teils durch die elastische Spiralfeder, welche
den Kupplungsschluss auch noch selbstthätig aufrecht erhält,
wenn Verschleifs in den Gleitflächen eintritt oder kleine Mengen
der Druckflüssigkeit durch die Dichtungen entweichen.

Das volle Ausnutzen des Prinzipes der hydraulischen Presse
liefert starke Druckübersetzungen mit verhältnismäfsig geringen

schädlichen Reibungswiderständen des Spannwerkes, und die Unzusammendrückbarkeit der Flüssigkeit gestattet Ein- und Ausrücken der Kupplung durch kleine Hubwege der Einrückmuffe.

Die Entlastung der Welle in achsialer Richtung ist eine fast vollkommene, da nur die einseitige Wirkung der kleinen Druckkolbenquerschnitte nicht ausgeglichen wird.

Trotz dieser guten Eigenschaften bleibt der Uebelstand bestehen, dass die Liderungen mit der Zeit undicht werden und dadurch häufigere Betriebsstörungen eintreten, als bei Kupplungen mit starren Spannwerken. Die Praxis scheint sich aus diesem Grunde mit der Konstruktion nicht befreundet zu haben.

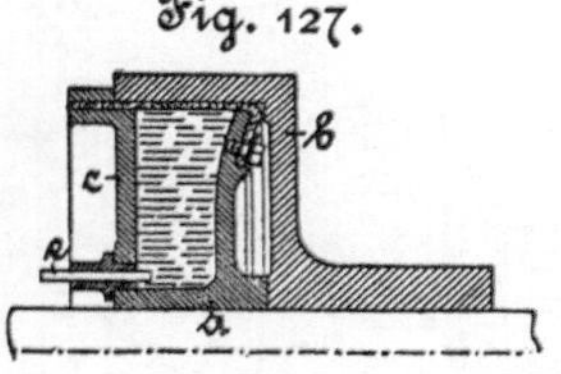

Noch weniger dauerhaft erscheint die in Fig. 127 dargestellte Abänderung, bei welcher der Kupplungsschluss durch Anpressen einer Membrane oder einer Ledermanschette gegen den inneren Umfang der Kupplungstrommel vermittelt werden soll.

Reibungskupplung mit hydraulischem Gestänge innerhalb der Welle von Charles John Galloway und John Henry Beckwith in Manchester, D. R.-P. No. 10596.

Beachtenswerter ist die Ausbildung, welche das hydraulische System in England durch Galloway und Beckwith für ganz grofse Kraftübertragungen zum Antriebe von Walzwerken mit Kehrbewegung erfahren hat.

Fig. 128, S. 240, stellt die Vorgelegewelle S eines solchen Walzwerkes dar, auf welcher die beiden Kehrstirnräder L_1 und L_2 des Wendegetriebes lose sitzen und durch Weston'sche Lamellenkupplungen wechselweise mit der Welle gekuppelt werden. Hierdurch wird der Antrieb, welchen sie vom Motor durch Wechselgetriebe empfangen, die weiter unten zu erörtern sind, vermittels des fest mit der Welle verbundenen

Stirnrades O auf die Walzenwelle rechts- oder linksläufig übertragen.

An die Stirnräder L_1 und L_2 sind die Kupplungstrom-

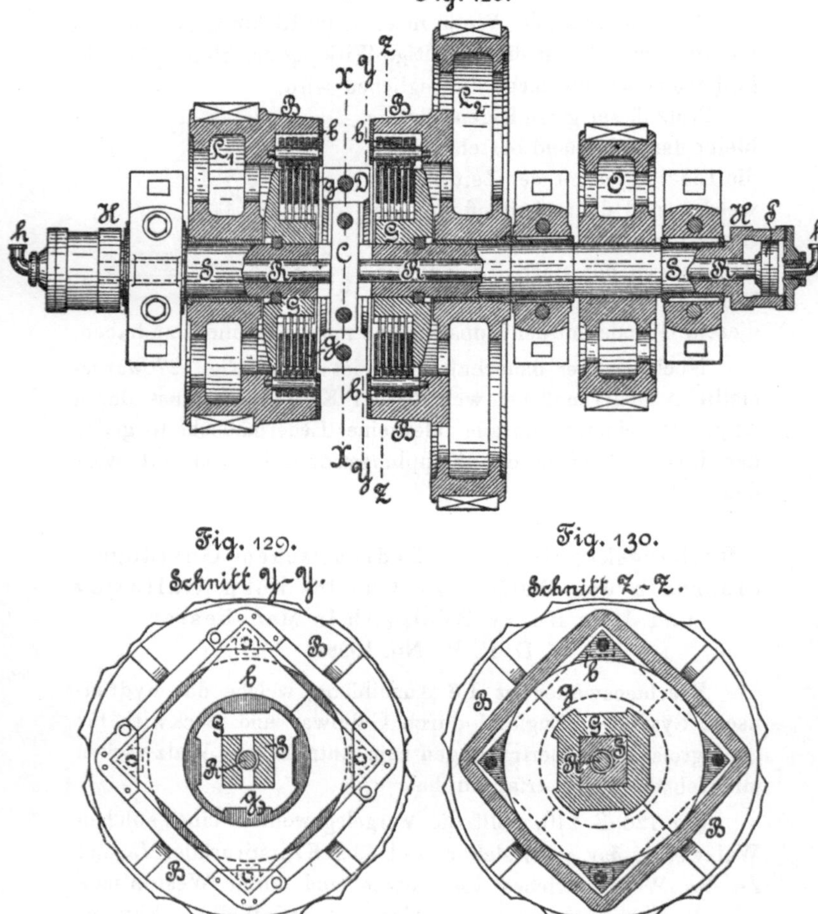

Fig. 128.

Fig. 129.
Schnitt Y-Y.

Fig. 130.
Schnitt Z-Z.

meln B angegossen, die zur Aufnahme des Lamellensatzes dienen. Die eine Hälfte des Lamellensatzes besteht aus viereckigen Platten b, in Fig. 129 und 130 im gröfseren Mafsstab in der Ansicht, in Fig. 128, S. 240, im Schnitt dargestellt, welche an vier Zapfen in der Achsenrichtung frei verschiebbar aufgehängt sind. Die Gegenplatten g sind auf den prismatischen Querschnitt der Mitnehmerscheibennaben G genau aufgepasst und hierdurch, bei ebenfalls freier Verschiebbarkeit in der Achsenrichtung, mit diesen Scheiben auf Drehung fest verbunden. Die Mitnehmerscheiben selbst sitzen auf der mittleren Wellenstrecke von quadratischem Querschnitt und sind durch hintergelegte, in die Welle eingelassene Ringe gegen Verschiebung in achsialer Richtung geschützt.

Das Herausfallen der Lamellen aus der Kupplungstrommel wird durch Eckplatten verhindert, die gleichzeitig zur Abstützung der Tragbolzen für die Trommellamellen dienen.

Um die Lamellen möglichst bequem einbauen und, wenn nötig, auswechseln zu können, sind alle Platten, wie aus Fig. 129 und 130, S. 240, ersichtlich, zweiteilig hergestellt und die Eckplatten um Gelenkbolzen drehbar angeordnet, sodass sie zurückgeklappt werden können, sobald man die Kopfschrauben löst, mit denen sie im übrigen gegen die Stirnfläche des Tommelrandes festgeschraubt werden.

Die wechselweise Kupplung wird durch die Pressplatte D vermittelt, die, auf dem mittleren prismatischen Teile der Welle verschiebbar, durch das Querstück C von den im hohlen Kern der Welle gelagerten Kolbenstangen R erfasst und durch diese gesteuert wird. Zum bequemen Einbauen der Pressplatte D ist auch diese, ebenso wie die Lamellenscheiben, zweiteilig hergestellt. Die Schnittfigur 131 veranschaulicht die Verschraubung der beiden Pressplattenhälften und zeigt die Verbindung mit dem Querstücke C, welches durch einen entsprechenden Längsschlitz der Welle S hindurchgreift und von beiden Seiten durch die stumpf dagegen stofsenden Kolbenstangenenden eingeschlossen ist. Die Wellenköpfe H, Fig. 128,

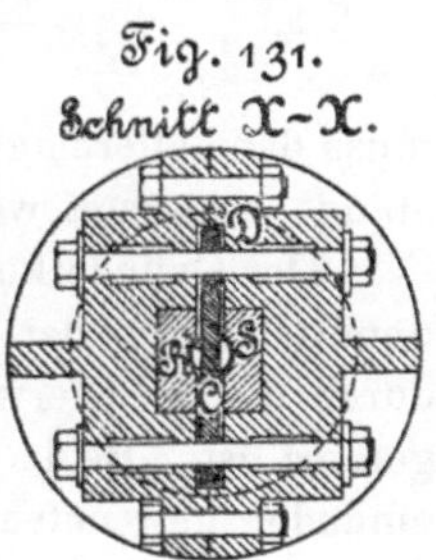

bilden die Druckcylinder, in denen die abwechselnd in Thätigkeit gesetzten Presskolben P untergebracht sind. Zu- und Ableitung des Druckwassers finden durch die Rohre h statt, welche, mit Rücksicht auf die Drehung der Welle, in die Cylinderdeckel zentrisch frei eingesetzt und nur durch Stopfbüchsen abgedichtet werden.

Beide Kolben sind einfach wirkend, und der Druck des eintretenden Wassers gegen den einen Kolben veranlasst das gleichzeitige Zurückweichen des anderen, indem die hinter ihm befindliche Wasserfüllung hierbei abströmt. Zu dem Zwecke müssen die für jeden Druckcylinder erforderlichen Dreiwegesteuerungen so unter einander verkuppelt werden, dass mit dem Oeffnen des Druckwassereintrittes für den einen Cylinder gleichzeitig der Auslass für den anderen Cylinder freigegeben wird und beide Steuerungen zur selben Zeit in die Ruhestellung der Mittellage gelangen.

Durch die Gesammtanordnung ist dafür gesorgt, dass durch den Rückdruck des Kraftwassers gegen den Cylinderdeckel der Anpressungsdruck der Lamellen, welcher sich vom Kolben bis auf die Mitnehmerscheibe G fortpflanzt, in der Welle selbst vernichtet wird, ohne sie achsialen Verschiebungen auszusetzen.

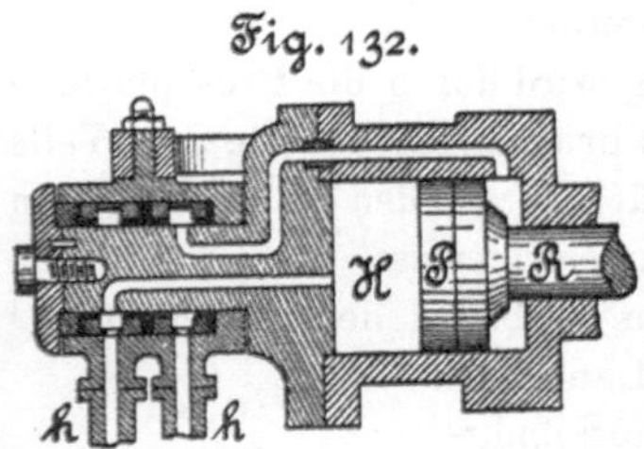

Fig. 132.

Fig. 132 veranschaulicht eine Abänderung der Presscylinderkonstruktion mit doppelt wirkendem Kolben, um den zweiten Kolben entbehrlich zu machen und die Wellenbohrung auf die halbe Länge zu beschränken; in diesem Falle muss dann allerdings auch das Querstück C fest in die Kolbenstange eingesetzt werden.

Der Cylinderkopf enthält zwei Kanäle, von denen der eine unmittelbar an der inneren Deckelfläche mündet, der andere durch die Cylinderwandung bis in den hinteren Cylinderraum geführt ist. Beide Kanäle stehen fortdauernd mit den von einander getrennten, einzeln abgedichteten Ringkanälen und durch diese mit den Rohrleitungen h in Verbindung, können also jeden Augenblick der wechselweisen Einwirkung der doppelten Dreiwegesteuerungen unterworfen werden. Da auch hier die

Rohre h feststehen, während sich der Presscylinder mit der Welle dreht, ist der Cylinderkopf zapfenförmig ausgebildet und wird von einer ruhenden, mit dem Gestelle verschraubten Hülse umschlossen, in welche die Ringkanäle mit ihren hydrostatischen Dichtungen eingebaut sind. Die Hülse ist mit Angüssen für den Anschluss der Rohrleitungen h versehen.

Die schematische Anordnung des Kehrstirnräderwerkes ist der Fig. 133 zu entnehmen.

Der Motor setzt die Welle E mit stetigem Drehsinn in Thätigkeit. Von hier verzweigt sich der Antrieb durch das Zahnrad F nach links auf das Kupplungsrad L_1, nach rechts durch die Vorgelegewelle mit den Stirnrädern M und N auf das zweite Kupplungsrad L_2. Je nachdem das eine oder das andere der beiden Kupplungsräder durch den Wechsel der Kupplung mit der Welle S verbunden wird, empfängt diese rechts- oder linksläufigen Antrieb, der sich durch die Stirnräder O und A auf die Walzenwelle W fortpflanzt.

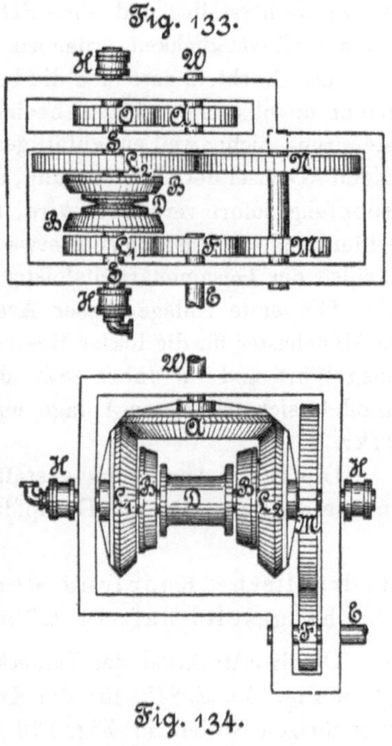

Fig. 133.

Fig. 134.

Fig. 134 veranschaulicht eine Vereinfachung des Kehrräderwerkes durch das bekannte Wendegetriebe mit konischen Zahnrädern.

Für den in Rede stehenden Zweck tritt die Leichtigkeit und Zuverlässigkeit der schnell wechselnden Umsteuerung, sowie die kraftvolle Wirkung der ganzen Kupplungsanordnung in den Vordergrund. Der Kraftwasserverbrauch ist bei den kurzen Kolbenhüben sehr gering, und Wasserverluste durch Undichtigkeiten spielen keine Rolle, weil die Füllung jederzeit von aufsen aus einer Druckleitung ergänzt wird. Aufserdem lassen sich die Dichtungen bei den kleinen Kolbendurchmessern sorgfältig herstellen und ohne Schwierigkeiten in folge der bequemen Zugänglichkeit erneuern.

Der Nachteil, dass sich die benutzten Lamellenkupplungen leicht unvollkommen lösen, beeinflusst die Sicherheit der Umsteuerung nicht, weil ein zufälliges Weiterlaufen, bei dem ständigen Wechsel der Umsteuerung, durch den Schluss der Gegenkupplung sofort vernichtet wird, und der schädliche Reibungswiderstand, welcher hierbei etwa auftritt, im Hinblick auf die Gröfse der Gesammtarbeitsleistung nicht ins Gewicht fällt.

Die erste Anlage dieser Art ist von W. & J. Galloway in Manchester für die Ickles Bessemer Steel Works in Sheffield ausgeführt und im Jahre 1879 dem Betrieb übergeben. Es handelt sich bei dieser Anlage um Uebertragung von 550 ind. Pfkr. [1]).

Die ganze Anordnung gestattet ohne wesentliche Aenderungen die Benutzung von Dampfdruck statt des Druckwassers.

Hydraulische Kupplung der Lübecker Maschinenbaugesellschaft in Lübeck, D. R.-P. 21915 [2]).

Die Konstruktion der Lübecker Maschinenbaugesellschaft ist in Fig. 135, S. 245, für die Kupplung eines Rades mit der zugehörigen Welle, in Fig. 136 für die lösbare Verbindung zweier Wellen mit einander dargestellt.

Im ersten Falle tritt das Druckwasser in der Wellenachse von dem Wellenkopf aus in den Hohlraum der festen Kupplungshälfte K ein und verschiebt die als Druckkolben wirkende benachbarte Scheibe so weit nach links, bis das mitzunehmende Zahnrad, fest zwischen dem Druckkolben und einer Gegenscheibe auf der anderen Seite eingeklemmt, durch

---

[1]) Engineer August 1879 S. 159.
[2]) Wochenschr. d. Ver. deutscher Ingenieure 1883 S. 319.

die Reibung in den beiden mit Holzsegmenten ausgefütterten Ringflächen mitgenommen wird. Die Nabe der Kolbenscheibe ist durch eine Lederstulpe gegen die Welle abgedichtet und der Spalt zwischen dem äußeren Scheibenrand und der festen Kupplungshälfte K durch eine biegsame Membran M abgeschlossen. Um die Membran nicht durch das Torsionsmoment zu belasten, greifen die beiden Kupplungsteile in der Nähe des Umfanges durch zahnförmige Mitnehmer Z in einander.

Bei der zweiten Form der Kupplung zur Verbindung zweier Wellen, Fig. 136, tritt das Druckwasser ähnlich wie bei der durch Fig. 132, S. 242, erläuterten Anordnung von Galloway

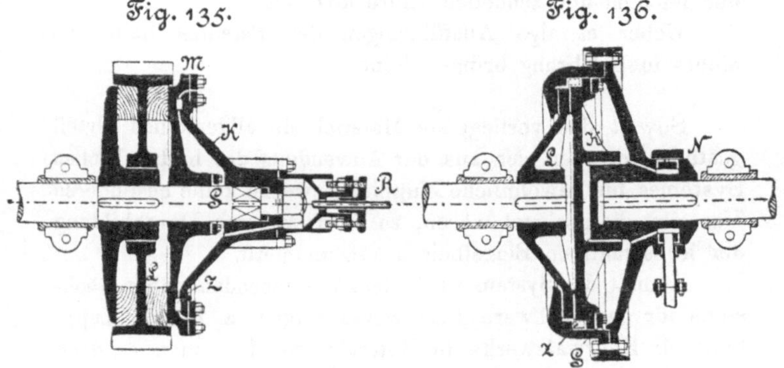

in eine Ringnut N der festen Kupplungshälfte ein und gelangt von hier, nach außen durch hydrostatische Liderungen abgedichtet, in den Hohlraum der Kupplung. Das Druckwasser wirkt zunächst auf die Kolbenscheibe K, drängt aber mit dieser gleichzeitig auch die in Feder und Nut verschiebbare Kupplungshälfte L auf der anderen Seite gegen das ringförmige Widerlager, welches mit dem Rande der festen Kupplungshälfte verschraubt ist. Hier ist durch Mitnehmerzähne Z wieder dafür gesorgt, dass die Kolbenscheibe an der Drehung der festen Kupplungshälfte teilnimmt, um schädliche Reibungswiderstände durch relative Drehungen zu vermeiden.

In beiden Fällen entspricht die Anordnung der eigentlichen Reibungskupplung dem Lamellensysteme mit kleinster

Plattenzahl, und der erzeugte Reibungsdruck wird doppelt nutzbar gemacht. Die Welle ist gegen einseitigen Druck in achsialer Richtung geschützt. Zur Steuerung soll ein Dreiwegehahn benutzt werden.

Die Patentschrift hebt besonders hervor, dass Druckcylinder und Kolben ohne eingeschaltete Zwischenglieder wesentliche Teile der Kupplung bilden. Dem gegenüber ist hervorzuheben, dass dies andererseits zu versteckt liegenden, schwer zugänglichen Liderungen führt, und dieser Uebelstand sowohl, wie die Unzuverlässigkeit der Kupplungslösung beim Aufhören des Anpressungsdruckes, überwiegen für die gewöhnlichen Anforderungen des Transmissionsbetriebes die Vorteile der leichten und schnellen Einrückbarkeit.

Ueber etwaige Ausführungen des Patentes habe ich nichts in Erfahrung bringen können.

Soweit das vorliegende Material ein allgemeines Urteil gestattet, ergeben sich aus der Anwendung des hydraulischen Systemes für gewöhnliche Kupplungszwecke keine besonderen Vorteile, die geeignet wären, zu einer weiteren Durchbildung der konstruktiven Einzelheiten aufzumuntern.

Kommt das System nach dem Vorstehenden daher höchstens für ganz schwere Triebwerksanlagen, z. B. als Kupplung für Kehrwalzwerke in Betracht, so zieht man es doch selbst hier neuerdings mit Recht vor, die ganze Anlage dadurch zu vereinfachen, dass man die Betriebsmaschine selbst mit Umsteuerung ausrüstet, falls dieselbe nicht gleichzeitig noch anderen Zwecken zu dienen hat.

III. Gemischte Kupplungen mit Klauen- oder Klinken- und Reibungsschluss.

A. Verbindung von Klauen- und Reibungsschluss.

Die Vorteile, welche die Reibungskupplungen durch sanfte Einrückbarkeit bieten, und die Eigenschaft der Klauenkupplungen, selbstthätig geschlossen zu bleiben, haben den Gedanken nahegelegt, beide Systeme zur Konstruktion einer Doppelkupplung zu verbinden. Die älteren Ausführungen dieser Art benutzen die Reibungskupplung zum Einrücken und schliefsen die Klauenkupplung erst, nachdem der Beharrungszustand in dem Triebwerke eingetreten ist, um den Vorschub der Klauenmuffe ohne heftigen Stofs vollziehen zu können.

Fig. 137 und 138, S. 248, veranschaulichen derartige Doppelkupplungen nach Konstruktionen von Klein und C. Bach.

Klein verlegt die Reibungskupplung in das Innere der Klauenkupplung, Fig. 137 [1]). Bach ordnet, Fig. 138, umgekehrt die Reibungsflächen im äufseren Umfange und andererseits die Klauen nahe an der Welle an, um den Anpressungsdruck der Kegel und die Stofsgeschwindigkeit des Klaueneingriffes möglichst herabzusetzen [2]). Beide Ausführungen leiden an dem Uebelstande, dass sich, vorzüglich bei schnelllaufenden Wellen, der Zeitpunkt, in welchem der Beharrungszustand eintritt, nicht beurteilen lässt, und daher die Gefahr bestehen bleibt, dass durch zu frühzeitigen Klauenvorschub

---

[1]) Armengaud, Publ. ind. 1887 vol. 23 Taf. 19.
[2]) Bach, Maschinenelemente Taf. 20 Fig. 289.

doch noch starke Stofswirkungen auftreten. Durch Einschalten
einer tönenden Signalvorrichtung, welche während des Gleitens
in Thätigkeit tritt, wäre dieser Missstand zu beseitigen, aber
selbst dann ist immer noch die Unsicherheit vorhanden, dass

Fig. 137.

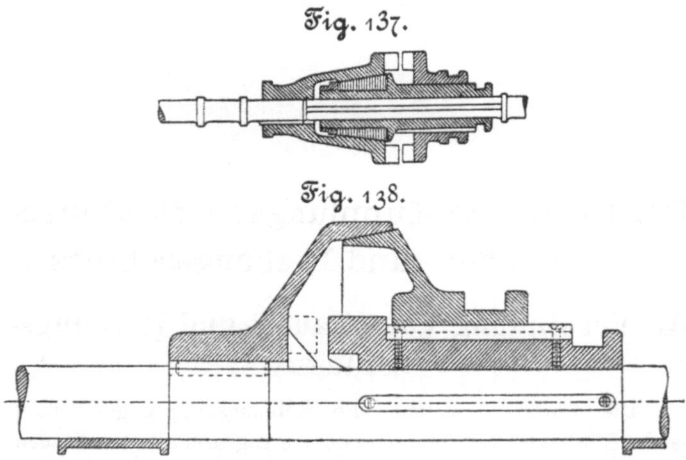

Fig. 138.

die Einrückbarkeit der Klauenmuffen von der zufälligen Stellung
der Klauenzähne gegen einander beim Eintritt des Beharrungszustandes abhängt und unter Umständen die Kupplung nochmals etwas gelüftet werden muss, um die Klauen in einander
schieben zu können.

Kombinirte Reibungs- und Zahnkupplung von
J. Börsum in Lillehammer-Norwegen, D. R.-P. 31118[1]).

In etwas veränderter Form ist derselbe Grundgedanke von
Börsum in der Konstruktion Fig. 139, S. 249, verwertet. Auch
hier wird zunächst die Reibungskupplung mit den Kegel-
körpern a und b geschlossen. Der nachträgliche Klauenschluss
erfolgt durch die radial einfallende Klinke z, welche unter der
Einwirkung der durch eine Spiralfeder h selbstthätig vorge-
drückten Einrückmuffe p mit kegelförmiger Druckfläche steht

<hr>

[1]) Zeitschr. d. Ver. deutscher Ingenieure 1885 S. 496.

und mit ihrem keilförmigen Zahn *n*, bei übereinstimmender gegenseitiger Stellung, in die Nabenlücke *m* des treibenden Kupplungskörpers *a* eingreift, sobald man den Stellhebel der Einrückmuffe *p* loslässt. Beim Zurückziehen der Muffe soll die Feder *o* den Klinkenhebel wieder ausrücken.

Die Neigung der kegelförmigen Druckmuffe, bei ausgelöstem Handhebel die Klinke selbstthätig einzulegen, erleichtert die Bedienung, erhöht aber unter Umständen auch die Gefahr zu frühzeitigen Klaueneingriffes. Im übrigen giebt

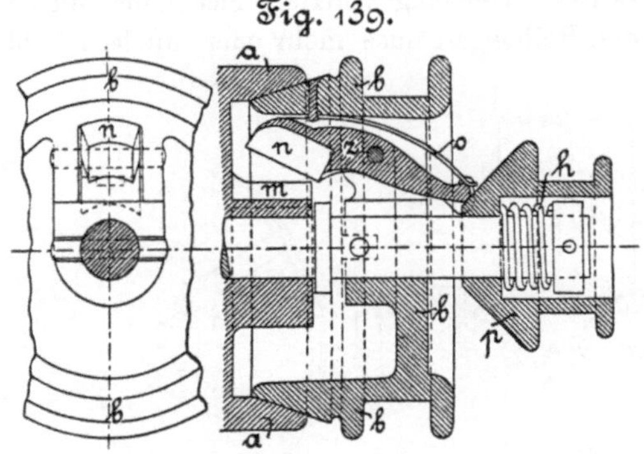

Fig. 139.

die konstruktive Durchbildung der einzelnen Teile zu schweren Bedenken Veranlassung, und das gleiche gilt von den weiteren Abänderungen der hier in betracht gezogenen Grundform, welche in der Patentschrift niedergelegt sind. Hierhin gehört unter anderem der allgemein von Börsum vorgeschlagene Ersatz von Feder und Nut durch einen Schlitz, in Verbindung mit einem einfachen Rundbolzen quer durch die Welle. Im vorliegenden Falle wird auch die Ausrückfeder *o*, bei einigermafsen anwachsenden Belastungsverhältnissen der Klinke, ihren Dienst versagen.

Klauen-Reibungskupplung von Lohmann & Stolterfoht, D. R.-P. 28471.

Lohmann & Stolterfoht benutzen das zusammengesetzte Kupplungssystem in der Weise, dass die Reibungskupplung mit einem der vollen Arbeitsübertragung entsprechenden An-

pressungsdruck ständig geschlossen bleibt und der Klaueneingriff nur zum Ein- und Ausrücken dient. Durch diese
Verbindung tritt zwar beim Einrücken unbedingt ein Stofs
auf, der aber wenigstens bestimmt begrenzt und unabhängig
von den Massen der Transmission ist, da er ausschliefslich von dem Massenbeschleunigungswiderstande der Klauenkupplung und dem Reibungswiderstande der Kegel herrührt.
Die Trägheitsmassen der Transmission sind durch den Reibungsschluss der Hauptkupplung von der Klauenmuffe getrennt,
und ihre Beschleunigung vollzieht sich unter allen Umständen
durch den Reibungsschluss mehr oder minder allmählich.

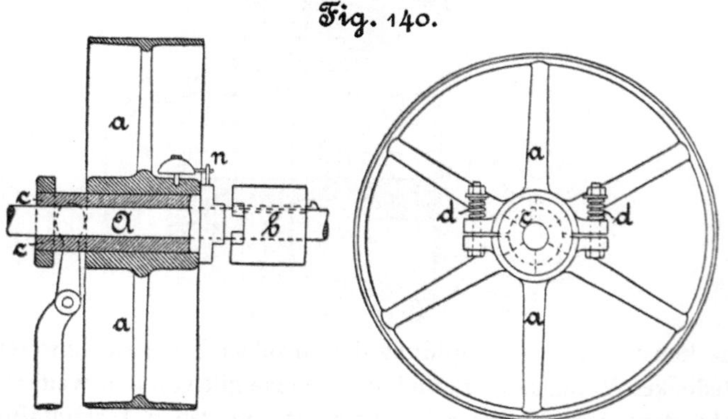

Fig. 140.

Bei dieser Konstruktion verschwindet die Unsicherheit in
der Bedienung, da nur eine Kupplung ein- und auszurücken ist.

Fig. 140, veranschaulicht in der Hauptsache die Ausführung
des Gedankens.

Die Riemscheibe a, welche mit der Welle A gekuppelt
werden soll, ist mit geteilter Nabe auf die Hülse c aufgesetzt,
und ihr Klemmdruck lässt sich durch die Spannschrauben d
mit federnden Unterlagen leicht nach Mafsgabe der durch den
Reibungsschluss zu vermittelnden Arbeitsübertragung regeln.
Die Hülse c bildet die lose und durch Handhebel verschiebbare Hälfte einer Klauenkupplung, deren andere Hälfte b fest
auf die Welle aufgekeilt ist. Beim Einrücken dreht sich
zunächst nur die Kernhülse c sofort mit der treibenden Welle,

während die aufgeklemmte Riemscheibe erst allmählich mitgenommen wird.

In der Figur findet sich gleichzeitig die Signalvorrichtung angedeutet, welche, wie schon früher angegeben, durch die Patentinhaber zuerst in die Praxis eingeführt und unter Patentschutz gestellt ist. So lange die Scheibe auf der Hülse gleitet, wird der federnde Klöppel, je nach der Zahl der Anschlagstifte n, ein oder mehrmals während einer relativen Scheibenumdrehung zurückgedrängt und gleich darauf zum Anschlagen gebracht, sodass die Glocke bis zum Eintritt des Beharrungszustandes ertönt.

Kupplung von Daevel in Kiel und Benz & Co. in Mannheim, D. R.-P. 42819 [1]).

In ganz ähnlicher Weise hat später Daevel in Kiel eine Reibungskupplung eingeschaltet, um die Umsteuerung eines Kegelräderwendegetriebes mit Klaueneingriff bei gröfseren Schwung-

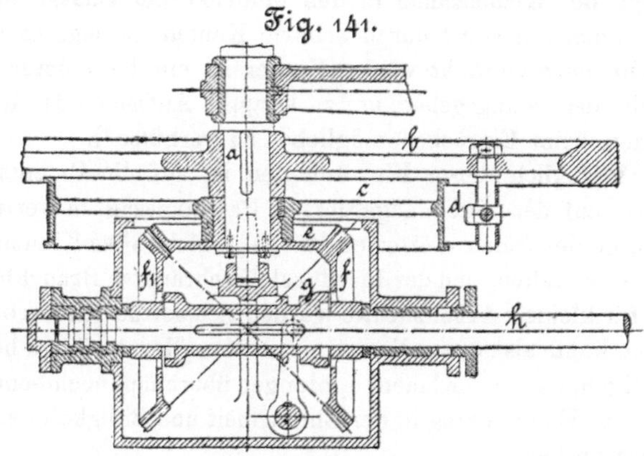

massen einigermafsen stofsfrei zu gestalten. Die Umsteuerung der Welle h, Fig. 141, erfolgt in bekannter Weise durch Verschieben der Klauenmuffe g, um entweder das rechtsseitige Kegelrad f oder das linksseitige f_1 mit h zu kuppeln und den Antrieb von e rechts- oder linksläufig zu übertragen.

---

[1]) Zeitschr. d. Ver. deutscher Ingenieure 1888 S. 607.

Zwischen dem Schwungrade b auf der treibenden Welle a und dem lose auf letzterer angeordneten Kegelrade e sitzt die Bandbremse cd, welche die Einwirkung der Schwungmassen auf die Zahnräder während des Umsteuerns durch vorübergehendes Gleiten abschwächt und damit die Stöfse beim Umkehren der Wellendrehung mildert.

Klauen-Reibungskupplung von Lohmann & Stolterfoht, D. R.-P. 35721.

In dem Reichspatent No. 35721 haben Lohmann & Stolterfoht weitere konstruktive Verbesserungen des gemischten Kupplungssystemes niedergelegt und empfehlen statt des sonst üblichen vollen Klaueneingriffes beschränkte Eingrifftiefe anzuwenden. Hierdurch wird eine gewisse federnde Durchbiegung der Klauen ermöglicht, während gleichzeitig der zum Eingriff nicht benutzte Fufs der Klauenzähne eine entsprechende Verstärkung der Querschnitte und allmähliche sanfte Formübergänge der Klauenzähne in den Muffenkörper zulässt, so dass also auch die sonst durch scharfe Kanten gesteigerte Bruchgefahr eingeschränkt wird. Ferner ist ein besonderer Hilfsmechanismus angegeben, um zu knappes Aufsetzen der Klauenkanten beim Einrücken möglichst zu verhüten [1]).

Bezüglich dieser Einzelnheiten ist auf die Patentschrift, bezw. auf den unten angeführten Patentauszug zu verweisen. In folge der früher erörterten Mängel, welche allen Klauenkupplungen anhaften, und der hierdurch beschränkten Brauchbarkeit nur für kleinere Arbeitskräfte werden sich solche Schutzvorkehrungen kaum als notwendig erweisen. Vor allem bleibt zu berücksichtigen, dass, wo Klauenkupplungen überhaupt noch benutzbar sind, ihr Hauptvorzug in der Einfachheit und Billigkeit der Konstruktion liegt.

Für leichtere Riementriebe wird die einfache, zweckentsprechend durchgebildete Klauenkupplung noch am meisten in betracht kommen und der Reibungsschluss des Riemens vielleicht sogar einen ausreichenden Ersatz für die Reibungskupplung des gemischten Kupplungssystemes bieten. Für gröfsere

---

[1]) Zeitschr. d. Ver. deutscher Ingenieure 1886 S. 799, Patentauszug Fig. 2.

Arbeitsübertragungen bilden die ungünstigen Ausrückverhält-
nisse der Klauen, selbst bei Anwendung des gemischten Systemes, abgesehen von den Uebelständen beim Einrücken, un-
überwindliche Schwierigkeiten.

Bei weitem wichtiger ist die in Rede stehende Patentschrift für die geschichtliche Entwicklung der gemischten
Kupplungen durch den Uebergang vom Klauen- zum Klinken-
system, für die Ein- und Ausrückung, und durch die Wahl von
Kegelkupplungen, an stelle der ursprünglich benutzten Cylinderreibungskupplung, ferner durch den glücklichen Gedanken,
die Reibungskupplung beim Ausrücken als Bremse in Thätigkeit zu setzen.

Ueber die Veränderungen der Konstruktion nach dieser
Richtung geben die nachfolgenden Erörterungen Aufschluss.

B. Verbindung von Klinken- und Reibungsschluss.

Klinken-Reibungskupplung von Lohmann & Stolterfoht, D. R.-P. 35271 [1]).

Die 1884 unter Patentschutz gestellte Reibungskupplung
von Lohmann & Stolterfoht, mit Ein- und Ausrückung durch
Klinken und mit Bremswirkung beim Ausrücken, wird gegen-
wärtig meist, entsprechend den Figuren 142 und 143, S. 254
und 255, mit den zugehörigen Einzelheiten, Fig. 144 bis 147,
ausgeführt.

Die dauernd festgeschlossene Reibungskupplung ist eine
Kegelkupplung, deren Hohlkegel a im allgemeinen auf die getriebene Welle aufgekeilt wird. Die vorgeschraubte Stirnscheibe d
mit Schutzrand, zur Ueberdeckung der vorstehenden Spannschrauben, presst den losen Vollkegel an.

Um den Anpressungsdruck genau zu regeln, sowie die unmittelbar zu berücksichtigenden, verschwindend kleinen Formänderungen durch Erwärmung und Verschleiſs während des Betriebes selbstthätig auszugleichen, sind Gummischeiben unter die
Unterlegscheiben der Spannschraubenmuttern gelegt, während

---

[1]) Zeitschr. d. Ver. deutscher Ingenieure 1884 S. 997.

gröbere Nachstellungen nach stärkerem Verschleifs in einfachster Weise durch Nachziehen der Muttern bewirkt werden.

Die Klinkenkupplung besteht aus dem fest auf die treibende Welle aufgekeilten Klinkenzahnrade c, nebst den zugehörigen Klinken m und Ausrückarmen g, deren gemeinschaftliche Achsen in je zwei Lageraugen, im losen Vollkegel drehbar, untergebracht sind.

Der Klinkenkörper — in Fig. 147 besonders gezeichnet — ist zusammen mit den Ausrückarmen durch Stahlguss aus einem

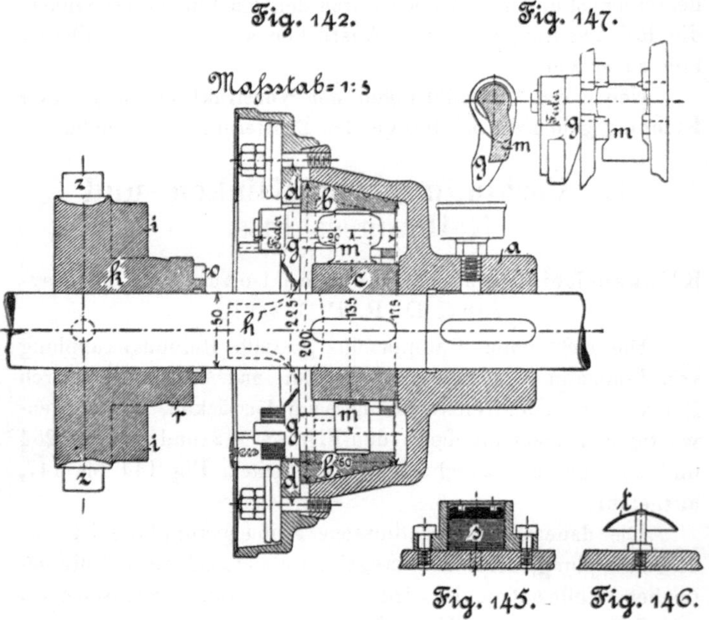

Fig. 145.   Fig. 146.

Stücke hergestellt. Durch die kräftigen Spiralfedern auf den vierkantigen Köpfen der Drehachsen werden die Klinken stets selbstthätig nach innen gegen die Stofsflächen der Radzähne gedrängt und von diesen während des Betriebes mitgenommen.

Zum Lüften der Klinken beim Ausrücken dient die bereits mehrfach erörterte Ausrückmuffe k, Fig. 142 und 144, mit exzentrischen Anlaufflächen des Ovales o, welches mit den Scheitelkurven in die cylindrische Rast r übergeht und beim Vorschieben gegen die Kupplung die Ausrückarme bis zum vollständigen Auslösen der Klinken auseinanderspreizt.

Dass die Ausrückmuffe mit exzentrischen Hubdaumen durch die vorliegende Patentschrift zuerst bekannt geworden ist, wurde bereits bei anderen früher besprochenen, aber später entstandenen Konstruktionen anderer Fabriken hervorgehoben. In der hier gezeichneten Gestalt ist sie aber noch in beachtenswerter Weise durch die Klauenangüsse i weiter ausgebildet, um die Bremswirkung der Kupplung nach dem Ausrücken in Thätigkeit zu setzen. Drängt man die Muffe vollständig gegen

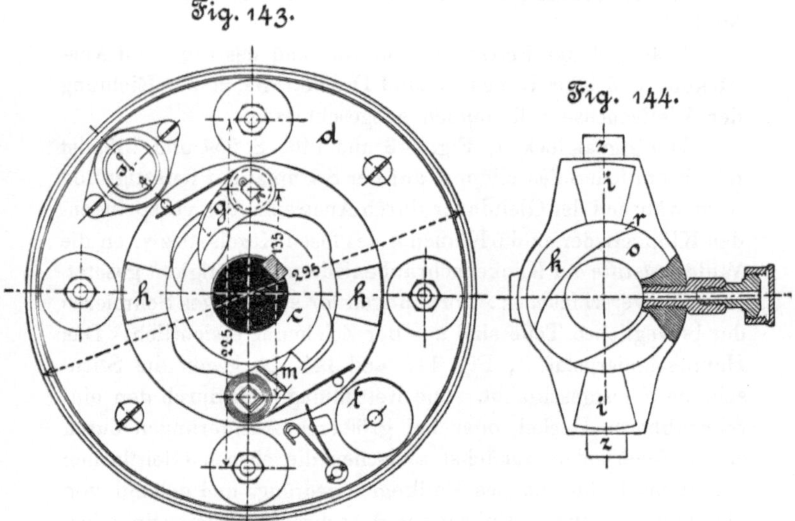

die Kupplung vor, so treten die Knaggen i in die Bahn der an den losen Kupplungskegel b angegossenen Klauen h und bringen diesen sofort zum Stillstande, da die Ausrückmuffe durch ihre Aufhängung im Steuerungshebel mit den Zapfen z gehindert ist, sich um die Welle zu drehen. Mit diesem Augenblicke wirkt die Kupplung als Bremse und vernichtet die Bewegungsenergie der ausgeschalteten Welle in kürzester Zeit.

Ist die Kupplungskraft des Reibungsschlusses der gröfsten zulässigen Drehungsanstrengung der Welle angepasst, so äufsert sich auch die Bremswirkung mit der gröfsten zulässigen Intensität.

Mit dem Stillstande der getriebenen Welle gelangen sämmtliche bis dahin beweglichen und teilweise gleitenden Teile der Kupplung zur Ruhe.

Zwingen die Verhältnisse dazu, den Hohlkegel a mit dem ständig laufenden Triebwerke zu verbinden, so ist die cylindrische Rast durch einen losen Laufring auf der Ausrückmuffe k zu bilden, der, von den aufruhenden Ausrückarmen mitgenommen, den Verschleifs der letzteren verhindert, welcher sonst nach dem Ausrücken durch fortdauerndes Schleifen auf der Rast eintreten würde.

Die Einrückung erfolgt durch einfaches Zurückziehen der Muffe k.

Während des Betriebes, wie während des Ein- und Ausrückens und beim Bremsen, sind Druckkräfte in der Richtung der Wellenachse vollkommen ausgeschlossen.

Die Signalglocke t, Fig. 143 und 146, S. 254 und 255, ist mit ihrem federnden Klöppel auf der Stirnplatte d befestigt und wird während der Gleitdauer durch Anstreifen der vorspringenden Klöppelfeder an die Klauen h des losen Kegels, bezw. an die Widerlagstifte der Klinkenschraubenfedern in Thätigkeit gesetzt.

Die verschiedenen Anordnungen für sorgfältiges Schmieren der beweglichen Teile sind aus der Zeichnung ersichtlich. Das Hauptschmiergefäfs s, Fig. 143 und 145, ist gegen die Stirnscheibe d festgeschraubt. Die Fettfüllung wird durch den einschraubbaren Deckel, oder bei gröfseren Ausführungen durch einen Federboden, zunächst zwischen die ebenen Gleitflächen der Stirnscheibe und des Vollkegels gedrängt und gelangt von hier weiter durch eine Bohrung in die schraubenförmige Schmiernut im Umfange des Kegels, sowie schliefslich durch Zweigbohrungen bis in die Klinkendrehlager.

In der vorliegenden Konstruktion ist die Aufgabe gelöst, die Kupplungskraft beim Montiren von vornherein für lange Betriebsdauer auf den zulässigen Grenzwert einstellen zu können und den ein für allemal vorhandenen Reibungsschluss bei jeder Einrückung der Kupplung gleich anfangs mit voller Kraft wirken zu lassen.

Dadurch wird, wie die Diagramme ergeben haben, der Vorteil kleinster Arbeitsverluste und gröfster Beschränkung der Wärmeerzeugung gewonnen. Hieraus folgt der weitere Vorzug möglichster Raum- und Gewichtsbeschränkung der in der Kupplung zur vorübergehenden Wärmeaufnahme anzuhäufenden Massen. Da gleichzeitig das Spannwerk durch einzelne, im Umfange gleichmäfsig verteilte Druckschrauben gebildet wird, lassen sich die Abmessungen ganz unabhängig von den sonst gebotenen Rücksichten auf das Unterbringen beweglicher Druckhebel oder Spannschrauben im Inneren des Kupplungskörpers wählen und gestatten wesentlich kleinere Verhältnisse. Hieran ändert auch die Einfügung des Klinkenzahnrades im Hohlraume der Kegel nichts, da letzteres ausschliefslich mit Rücksicht auf genügende Nabenstärke für die zugehörige Welle zu dimensioniren ist, also stets verhältnismäfsig klein ausfällt.

In bezug hierauf ist zu bemerken, dass zwar mit der Vergröfserung des Klinkenrades der Zahndruck während des Beharrungszustandes der Arbeitsübertragung abnimmt, dass aber die Stofskraft beim Einrücken mit dem Quadrate der Stofsgeschwindigkeit wächst, und daher kleine Sperrzahnräder, mit entsprechend geringerer Umfangsgeschwindigkeit, gröfseren vorzuziehen sind.

Die einfache Form der Kupplungskörper gestattet leicht genaues Herstellen und sauberes Einschleifen. Die vollkommene Berührung der Flächen im ganzen Umfange und der dauernde Schluss der Reibungskupplung bieten sicheren Schutz gegen Verunreinigungen der Gleitflächen und erfüllen dadurch in vorzüglicher Weise die Grundbedingungen für lange Dauer der ursprünglichen Formen und Gleichmäfsigkeit der Reibungswirkung.

Die Gummiunterlegscheiben besitzen nach den vorliegenden Erfahrungen ausreichende Federkraft, um kleinere Druckschwankungen in folge von geringfügigem Verschleifs usw. auszugleichen und den Anpressungsdruck genau einstellen zu können. Stahlfedern gegenüber haben sie den Vorzug leichterer Ersetzbarkeit. Die Eigenschaft, bei eintretender Erhitzung die Federkraft zu verlieren, bietet unter Umständen Schutz gegen das Festlaufen vernachlässigter Kupplungen.

Durch die geschlossene Anordnung der Reibungskupplung auf dem einen Wellenkopf und durch den Spielraum, welchen der Klinkenschluss dem Klinkenrade auf dem anderen Wellenkopfe lässt, sowie durch die Wahl der steilen Kegelformen besitzt die Konstruktion in hohem Mafse die wertvolle Eigenschaft beträchtlicher Winkelbeweglichkeit, welche allen Ausführungen fehlt, bei denen der Reibungsschluss zwischen zwei Kupplungshälften erzeugt wird, die getrennt auf die beiden Wellenköpfe aufgekeilt sind. In folge der Winkelbeweglichkeit erweist sich die Kupplung ferner verhältnismäfsig wenig empfindlich gegen kleinere Montirungsfehler durch Schiefkeilen usw., so lange nicht bei schweren Konstruktionen diese Fehler so ins Gewicht fallen, dass die Zentrifugalkräfte der exzentrischen Massen die Welle durchbiegen und zum Schlagen bringen.

Hieraus ergiebt sich, vorzüglich für die Einschaltung der Kupplung in bereits bestehende Betriebe, der nicht zu unterschätzende Vorteil rascher Montirung. Bei genügendem Spielraume zwischen den Wellenköpfen und den Stirnflächen der Hohlkegelnabe und des Klinkenzahnrades besitzt die Ausführung vollkommene Längsbeweglichkeit, da die Klinken bei den kleinen Schwankungen der Winkelbeweglichkeit leicht schaukelnd auf den Stofsflächen der Mitnehmerzähne in der Achsenrichtung hin- und herreiten. So gewährt z. B. die Anlage der Transmission für die königl. Eisenbahnhauptwerkstatt Buckau für eine 90 mm starke Welle, zur Uebertragung von 50 Pfkr. bei 100 Min. Umdr., eine Längsverschiebbarkeit von 15 mm in jeder Kupplung.

Nur Querverschiebbarkeit ist nicht vorhanden, und es muss daher, wie auch bei fast allen anderen ausrückbaren Kupplungen, für genaues Zusammenfallen der Achsenrichtungen der beiden unmittelbar benachbarten Lager gesorgt werden, eine Forderung, die sich für die Dauer am besten erfüllen lässt, wenn man beide Lager auf einem gemeinsamen Gestell anbringt. Ist diese Bedingung nicht zu erfüllen, weil die baulichen Anlagen die ursprüngliche Lagereinstellung nicht genügend sichern, so bietet sich das Aushilfsmittel für das Klinkenrad c, ein kurzes Wellenstück einzuschalten, das schwächer als die übrige Transmission, aber selbstverständlich noch ausreichend stark für die Torsionswiderstände, elastisch beweglich die Ungenauigkeiten der Lagermontirung auszugleichen vermag. Dieses Hilfsmittel ist statthaft, weil das geringe Eigengewicht des Klinkenrades die zugehörige Wellenstrecke nur unbedeutend auf Biegung beansprucht. In diesem Falle empfiehlt es sich nur das rechte Lager unmittelbar neben die Kegelkupplung zu setzen, um diese kräftig abzustützen, während dann das linke Lager von der Kupplung etwas entfernt zu montiren ist, um dem absichtlich elastisch ausgeführten Wellenkopfe freieres Spiel zu gewähren.

Durch die leichte, von der Gröfse der Arbeitsübertragung ganz unabhängige Ausrückbarkeit, in Verbindung mit der sofort in Thätigkeit tretenden Bremse, gewinnt die Klinkenreibungskupplung, ebenso wie die früher besprochene Lorenz'sche Konstruktion, einen besonderen Wert als Schutzkupplung und kann in dieser Eigenschaft leicht aus gröfserer Entfernung mittels einfacher Seil- oder Drahtzüge in Thätigkeit gesetzt werden.

Der Lorenz'schen Kupplung gegenüber ergiebt sich der Vorteil der Brauchbarkeit für gröfsere Arbeitsübertragungen. Andererseits ist freilich für sehr solide Ausführung und Befestigung des Ausrückhebels zu sorgen, da dieser den ersten Stofs beim Bremsen auszuhalten hat.

Von nicht zu unterschätzendem Werte für die Massenfabrikation ist die vielseitige Verwendbarkeit derselben Modelle für verschiedene Zwecke. Ebenso, wie bei der früher besprochenen einfachen Klinkenausrückkupplung aus der hier vorliegenden Gesammtkonstruktion nur die Reibungskupplung fortgelassen ist, lässt sich dasselbe Modell auch ohne die Klinkenkupplungsteile ausschliefslich als Bremse verwerten. Hiervon ist Gebrauch zu machen, wenn die Aufgabe vorliegt, lange Wellenstränge mit gröfseren Schwungmassen zur Verhütung von Unfällen in möglichst kurzer Zeit abzustellen. Zu dem Zwecke muss eine entsprechende Anzahl von Bremsen über die ganze Welle verteilt werden, deren jede der zulässigen Torsionsanstrengung des Wellenquerschnittes entsprechend gespannt, durch eine gemeinsame Leitung gleichzeitig mit allen übrigen in Thätigkeit gesetzt werden kann. 17*

Schliefslich ist noch auf die Benutzbarkeit der Kupplung zum Messen des Arbeitsverbrauches ganzer Fabrikanlagen, einzelner Transmissionsstrecken oder einzelner Arbeitsmaschinen aufmerksam zu machen. Man lüftet hierzu den Anpressungsdruck so weit, bis die Grenze der Uebertragungsfähigkeit bei regelrechter Umdrehungszahl erreicht wird, während die Reibungskupplung selbst schon gleichmäfsig zu schleifen beginnt. Hierfür bietet das Glockensignal genügenden Anhalt. Alsdann rückt man die Klinken aus und bestimmt den Drehwiderstand des losen Kupplungskegels durch Hebel mit Gewichtbelastung. Aus dem Drehmomente und der Umdrehungszahl während des ersten Teiles des Versuches ergiebt sich dann ohne weiteres die übertragene Arbeitsleistung mit genügender Genauigkeit für die meisten praktischen Bedürfnisse.

Die mannigfachen Vorteile der Stolterfoht'schen Konstruktion werden nun allerdings in erster Linie nur durch das Einschalten der Klinkenkupplung in die Reibungskupplung gewonnen, und damit ist ein gewisser Stofs beim Einrücken unvermeidlich.

Dieser Stofs ist in ähnlicher Weise, wie bei den Reibungskupplungen mit Klaueneinrückung nur abhängig von dem Massenbeschleunigungs- und Reibungswiderstande des losen Kegels, in welchem die Klinken gelagert sind. Um den Stofs zu mildern, sind sowohl das Gewicht des Kegels, wie die Stofsgeschwindigkeit möglichst herabzusetzen. Hierfür ist in der Ausführung durch die dünnwandige Konstruktion des Kegels Sorge getragen, der nur mit schwachen Stirnringen und an den Lagerstellen der Klinken entsprechend verstärkt ist, während gleichzeitig, wie schon oben hervorgehoben, der Klinkeneingriff so weit an die Welle herangelegt ist, wie das mit Rücksicht auf den erforderlichen Torsionswiderstand des Klinkenrades statthaft erscheint.

Gemildert wird die Stofswirkung vor allem durch die Federung der Welle selbst, und zwar um so mehr, je weiter der Antrieb oder gröfsere Schwungmassen von dem Klinkenrade entfernt liegen.

Dass sich die Konstruktion in dieser Beziehung vollkommen betriebssicher herstellen lässt, beweisen zahlreiche

Ausführungen mit teilweise sehr hohen Umlaufsgeschwindig-
keiten, unter denen die 1885 ausgeführte Anlage für den Antrieb des Vorgeleges eines Schmiedeventilators in der königl.
Artilleriewerkstatt zu Deutz hervorgehoben zu werden verdient, bei der 16 Pfkr. bei 400 Umdr. der Vorgelegewelle
i. d. Min. übertragen werden.

Die Betriebssicherheit der Ausführungen in bezug auf die
Stofswirkung wird, nach den Angaben der Fabrik, in ihren Werkstätten in der Weise geprüft, dass die Klinken der Stofskraft
des losen Kegels, ohne Belastung durch den Reibungswiderstand, bei dreifach höherer Umlaufsgeschwindigkeit als der normalen ausgesetzt werden.

Ein besonderer Mechanismus, welcher ursprünglich in Aussicht genommen war, um das Aufsetzen der Klinken auf die
Zahnecken zu vermeiden [1]), hat sich bei den gewählten cylindrischen Angriffflächen und den starken Spiralfedern als überflüssig erwiesen, ebenso vollzieht sich das Ausrücken unter der
günstigen Einwirkung der Hubdaumen, wie früher bei den Ausrückkupplungen eingehend erörtert wurde, ohne dass die Klinken an den Zahnecken hängen bleiben.

Am besten bewährt sich die Konstruktion, im Vergleich zu
anderen, in groben Betrieben mit starken Wellenleitungen und
grofsen Schwungmassen. Nicht anwendbar ist sie bei kleinen
Massen und gleichzeitig stark wechselnden Arbeitswiderständen,
da die Einstellung der Kupplungskraft für die gröfsten Arbeitsübertragungen naturgemäfs die Beschleunigungsperiode zu stark
abkürzt, sobald zur Zeit des Einrückens die Widerstände wesentlich kleiner als im mittel sind. Ebenso ist die Anordnung
nicht zu empfehlen, wenn auf ganz sanftes Anziehen der Transmission besonderes Gewicht zu legen ist, oder die Kupplung
für kleine, genau begrenzte Drehwinkel, wie beim Riemenauf-
legen und in anderen ähnlichen Fällen benutzt werden soll.
Ferner wirkt der Schlag des Klinkenstofses bei häufigem Ein-
und Ausrücken für das Ohr in Betrieben störend, die sonst
sehr geräuschlos arbeiten.

---

[1]) Vergl. die Patentschrift D. R.-P. 35721 und den Patentauszug
Zeitschr. d. Ver. deutscher Ingenieure 1886 S. 799 Fig. 1.

Trotz dieser teilweisen Beschränkung ist die Benutzbarkeit der Konstruktion so ausgedehnt, dass die Fabrik, welche für die letzt erwähnten Fälle die früher erörterte, sehr gut funktionirende Zaumkupplung liefert, in überwiegender Zahl mit Aufträgen für Klinkenreibungskupplungen beschäftigt ist.

Fig. 148 ist die Zeichnung einer für Friedrich Krupp in Essen gelieferten Kupplung für die lösbare Verbindung einer Riemscheibe mit der Welle.

Fig. 149 bis 151, S. 263, veranschaulichen die ältere Konstruktionsform der Kupplung, die noch jetzt von einzelnen wegen der freien Zugänglichkeit der Klinken vorgezogen wird,

Fig. 148.

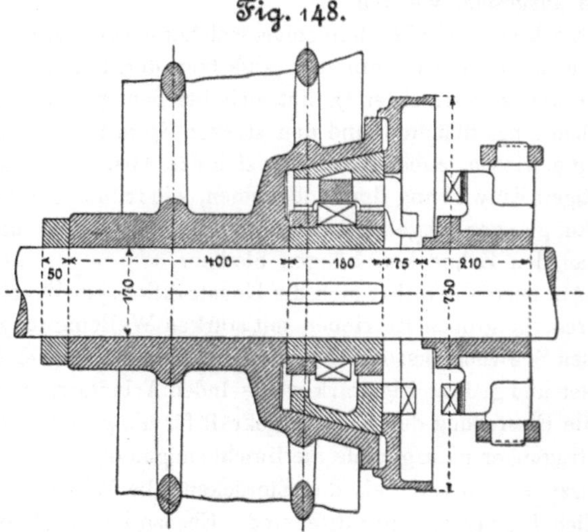

aber im allgemeinen eine störend grofse Länge besitzt. Statt des hier gewählten Federwerkes, Fig. 151, für das selbstthätige Einlegen der Klinken, lassen sich, ebenso wie bei den neueren Modellen, einfache, kräftige Spiralfedern aus Bandstahl verwenden.

Auf die Benutzbarkeit der Klinkenreibungskupplung an stelle der Pouyer'schen und Uhlhorn'schen Konstruktion, als sogenannte Kraftmaschinenkupplung, ist schon früher hingewiesen und hervorgehoben, dass sich die Nachteile jener älteren Konstruktionen vor allem nur durch Einschalten eines nachgiebigen Reibungswiderstandes beseitigen lassen, sodass die Kupplung auch für diesen Fall besondere Vorzüge besitzt.

Treten in einer Transmission, wie beispielsweise bei Sägegattern oder bei gröfseren Pumpenanlagen mit zu kleinen Windkesseln und zu engen Rohrleitungen, stark wechselnde, periodisch wiederkehrende Beschleunigungswirkungen auf, welche

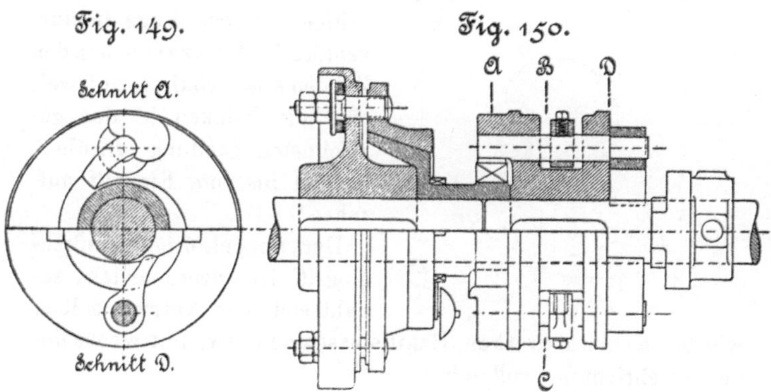

bei ungenügenden Wellenquerschnitten ebenso ständig wechselnde und entgegengesetztgerichtete Drehungsschwingungen veranlassen und hierdurch nicht nur den ganzen Wellenstrang, sondern auch die Riemscheiben, Räder und starren Kupplungen durch Lockern der Keile gefährden, so kann durch eine Klinkenreibungskupplung mit doppelseitigem Klaueneingriff Abhilfe geschaffen werden. Die entgegengesetzten Beschleunigungsschwankungen werden dann beide durch den Reibungsschluss abgefangen und nahezu vollkommen vernichtet.

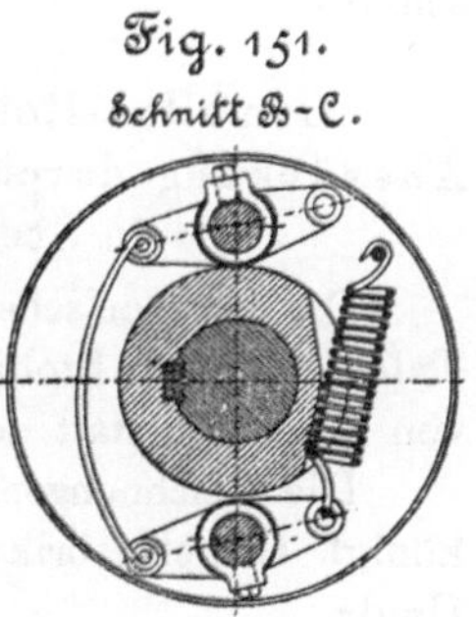

Das Klinkenzahnrad erhält hierbei die in Fig. 152, S. 264, angegebene Form mit zwei Zähnen z für den doppelseitigen Angriff der Klinken ab, bezw. cd.

Bei den älteren Ausführungen dieser Art zeigte sich der Uebelstand, dass durch das Aufschlagen der Klinken auf die scharfen Kanten der Radzähne bei k und durch das Zurückdrängen der Klinken bis zum Eintritt der richtigen Eingrifflage störende Abnutzungen auftraten. Um diese Mängel zu beseitigen ist neuerdings die kurvenförmige Rast r zwischen den Zähnen eingeschaltet, auf welcher die Klinken in der gezeichneten Stellung vorübergehend bis zum Eingriff aufruhen.

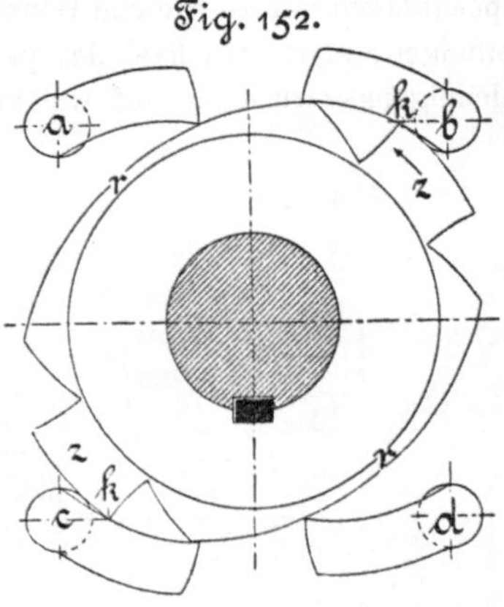

Fig. 152.

Der doppelseitige Klinkeneingriff ist unentbehrlich, sobald sich der Antrieb selbst, wie bei Kehrwalzwerken, Schiffsmaschinen usw, mit wechselnder Drehrichtung vollzieht.

Stolterfoht bezeichnet den doppelseitigen Eingriff als Kraftschluss.

Lamellen-Reibungskupplung mit Ein- und Ausrückung durch Zahnklinken von Josef Gawron in Stettin, D. R.-P. 41757[1].

Die Gawron'sche Kupplung, Fig. 153 bis 157 (siehe die Tafel) ist dem Stolterfoht'schen System, unter Verwendung von Lamellen statt der Kegel, nachgebildet.

Die Zeichnungen entsprechen einer Ausführung in der königl. Gewehrfabrik zu Spandau für 50 Pfkr. bei 120 Min.-Umdr.

Der Lamellensatz ist auf der fest mit der treibenden Welle verkeilten Nabe b angeordnet und durch eine stärkere, ebenfalls längsverschiebliche Zwischenscheibe in zwei Gruppen getrennt, die unter dem gemeinsamen Anpressungsdruck der

---

[1] Zeitschr. d. Ver. deutscher Ingenieure 1888 S. 391.

Spannschrauben f stehen. Gummizwischenscheiben w sichern die genaue Einstellbarkeit des Druckes und eine genügende Federung.

Die dünnen, 3,5 mm starken, schmiedeeisernen Lamellen e sind sämmtlich durch genauen Anschluss an die Abflachungen n des Nabenkörpers, Fig. 154, mit diesem auf Drehung verbunden, während die Zwischenlamellen d mit vollkommen kreisrunder Bohrung durch die Nabe nur zentrirt werden und die losen Scheiben des Satzes bilden. Die Kupplung der losen, am äufseren Umfange zu je zwei Zahnvorsprüngen erweiterten Scheiben mit dem Gehäuse a auf der getriebenen Welle erfolgt durch den Eingriff der Klinken s. Um die losen Lamellen jeder Gruppe gemeinschaftlich zum Angriff zu bringen, sind sie ohne Behinderung der gegenseitigen Längsverschiebbarkeit durch schwache Rundstifte y unter sich verbolzt.

Die Ausrücker sitzen in der vorliegenden Ausführung nicht unmittelbar auf den Klinkenachsen g, sondern auf gesonderten Drehachsen m im Gehäuse. Durch diese Trennung werden noch besondere Greifer o notwendig, welche beim Ausrücken die Klinkenschwänze niederdrücken. Die Ausrückung selbst wird durch Vorschieben der Muffe p mit den exzentrischen Anlaufflächen i^1 und der cylindrischen Rast i vermittelt, welche auf die Ausrückarme t einwirken.

Bei zurückgeschobener Muffe ziehen die Spiralfedern z die Arme t zusammen und entfernen dadurch die Greifer o von den Klinken, während letztere gleichzeitig durch ihre Spiralfedern in die Eingrifflage gedrängt werden. Um bei den schwachen Lamellen das Aufsetzen der Zahnklinken auf die Zahnecken mit Sicherheit zu vermeiden, verhindert Gawron in ähnlicher Weise, wie dies von Stolterfoht ursprünglich für seine Konstruktion in Aussicht genommen war, das Einfallen der Klinken kurz vor den Zähnen.

Zu dem Zwecke sind an den Aufsenscheiben der beiden Lamellensätze zwei kurvenartig ausgebildete, flache Führungsfedern x, Fig. 158 bis 160, S. 266, befestigt, deren Enden mit einer seitlichen Verstärkung von 5 bis 6 mm über die Nachbarlamellen in die Zahnlücken eingreifen und somit in dieser

Lage, Fig. 158 und 160, die vor dem Zahn niederfallenden Klinken auf der ganzen Länge der Verstärkung am Einsinken in die Lücken hindern. Sobald aber der Zahn, der hierdurch dem Angriffe der Klinke entzogen wird, sich weiter bewegt,

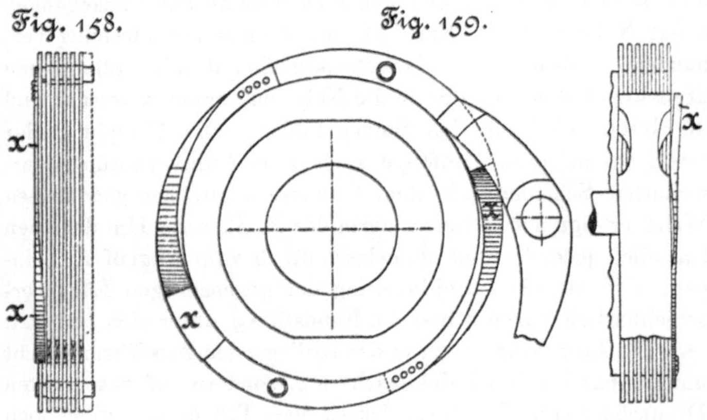

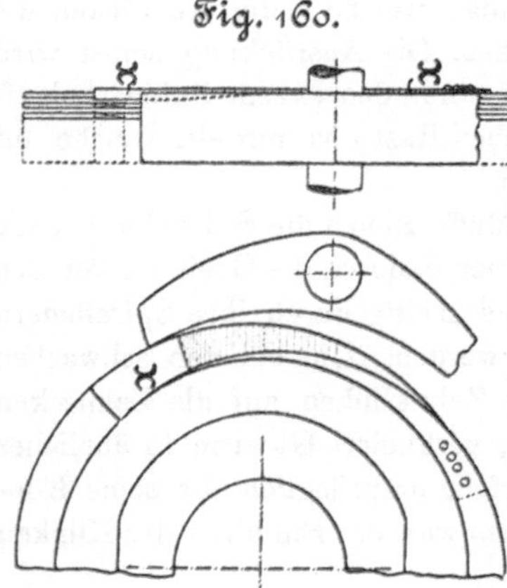

steht dem Eintritt der letzteren in den Anfang der nächstfolgenden Lücke nichts entgegen, und die Führungsfedern weichen seitlich aus, sobald die Klinken an der Verstärkung derselben, wie in Fig. 159, vorbeistreifen.

Das System der Lamellenkupplung gestattet, eine aufserordentlich grofse Reibungsfläche in einem verhältnismäfsig sehr kleinen Gehäuse unterzubringen, im vorliegenden Falle etwa 5700 qcm. Die sonst störende Eigenschaft der Lamellen, sich beim Verschwinden des Anpressungsdruckes schwer von einander zu trennen und in folge dessen unsicher auszurücken, fällt hier fort, da die Reibungs-

Additional material from
Ausrückbare Kupplungen für Wellen und Räderwerke,

ISBN 978-3-662-39290-4, is available at http://extras.springer.com

kupplung ständig geschlossen ist, aber es bleibt die Schwierigkeit bestehen, die einzelnen Scheiben in guter Schmierung zu erhalten. Am besten lässt sich das wohl noch durch radiale oder spiralförmige Schmiernuten erreichen, die allerdings bei der geringen Dicke der Scheiben nur eine sehr kleine Tiefe erhalten können und sich daher leicht verstopfen werden, zumal in der vorliegenden Ausführung der Abschluss des Gehäuses nicht ganz staubdicht ist. Bei vollkommen dichtem Abschluss kann man auch die Scheiben in einem vollen Oelbade laufen lassen.

Unter den ungünstigen Verhältnissen der Stützzapfenreibung wird ferner bei der grofsen Zahl der Platten schwerlich je auf einen vollkommen gleichförmigen Zustand aller Plattenpaare zu rechnen sein, und mit den wechselnden Schwankungen ändert sich auch die Uebertragungsfähigkeit für die eingeleitete Arbeit. Damit scheint die in Aussicht genommene Verwendbarkeit der Kupplung für mietweise Abgabe bestimmt begrenzter Arbeitsgröfsen fraglich.

Abgesehen von diesen Bedenken fehlt der Kupplung die Winkelbeweglichkeit. Querbeweglichkeit ist durch das Ineinandergreifen der Kupplungshälften ebenfalls ausgeschlossen und, wie früher erörtert, bei Lamellenkupplungen überhaupt sehr beschränkt, ja während des Betriebes nahezu vollkommen aufgehoben. Für Längsverschiebbarkeit könnte das System eingerichtet werden.

Die Wahl getrennter Drehachsen für die Klinken und Ausrücker lässt sich beseitigen, und damit würden auch die doppelten Spiralfedern fortfallen, zu deren Entlastung bei den langen Ausrückarmen jedenfalls Gewichtsausgleichungen für die Zentrifugalkräfte wünschenswert sind. Die Ausrücker ragen störend weit vor.

Schliefslich fehlt der Kupplung die wertvolle Beigabe der Stolterfoht'schen Bremse, um sie als Schutzkupplung anwenden zu können.

Blickt man auf die Gesammtheit der verschiedenen Kupplungskonstruktionen zurück, so gewinnt man die Ueberzeugung, dass die scheinbar einfache Aufgabe thatsächlich

erhebliche Schwierigkeiten bietet. Die im einzelnen nachgewiesenen, vielseitigen Anforderungen erklären zur Genüge
die Zahl der misslungenen und immer wieder erneuten Versuche, zu einer befriedigenden Lösung zu gelangen. Die Erörterungen zeigen aber auch, dass die unermüdliche Thätigkeit
der Praxis nicht ohne Erfolg geblieben ist, und dass deutsche
Ingenieure im letzten Jahrzehnt an der erfolgreichen Lösung
der Aufgabe einen hervorragenden Anteil genommen haben.

Nachtrag.

Ausrückung mit vollständiger Abstellung des
Riementriebes, von H. R. Leichsenring in Schöne-
beck a/E.

Zum Ein- und Ausrücken einzelner Arbeitsmaschinen hat
Leichsenring eine Konstruktion, Fig. 161 bis 163, S. 270,
ausgebildet, welche im Grundgedanken mit der früher, S. 102,
erörterten Pfarr'schen Ausrückung übereinstimmt. Der abge-
stellte Riemen wird ganz aus dem Triebwerk ausgeschaltet
und gelangt mit der losen Scheibe zur Ruhe, welche, getrennt
abgestützt, die treibende Welle ohne gegenseitige Berührung
umschliefst, sodass der Riemen, wie die lose Scheibe in den
Betriebspausen vollkommen geschont werden.

Die lose Scheibe L ist zu dem Zwecke mit langer Nabe
und freiem Spielraum für die durchgehende Welle W in
einem besonderen Hängebock längsverschiebbar gelagert und
wird, ganz wie bei Pfarr, zum Ueberleiten des Riemens auf
die benachbarte feste Scheibe F an diese angepresst und durch
die Reibung der sich hierbei berührenden Scheibenränder
während der Riemenverschiebung vorübergehend angetrieben.

Eigenartig ist die von Leichsenring gewählte Verbindung
zwischen der Umsteuerung der Riemengabel und der Verschiebung der losen Scheibe, um beide Vorgänge in ihrer
gegenseitigen Abhängigkeit gleichzeitig zu vermitteln, während
Pfarr sich damit begnügt, die Bewegungen nach einander
durch getrennte Mechanismen herbeizuführen.

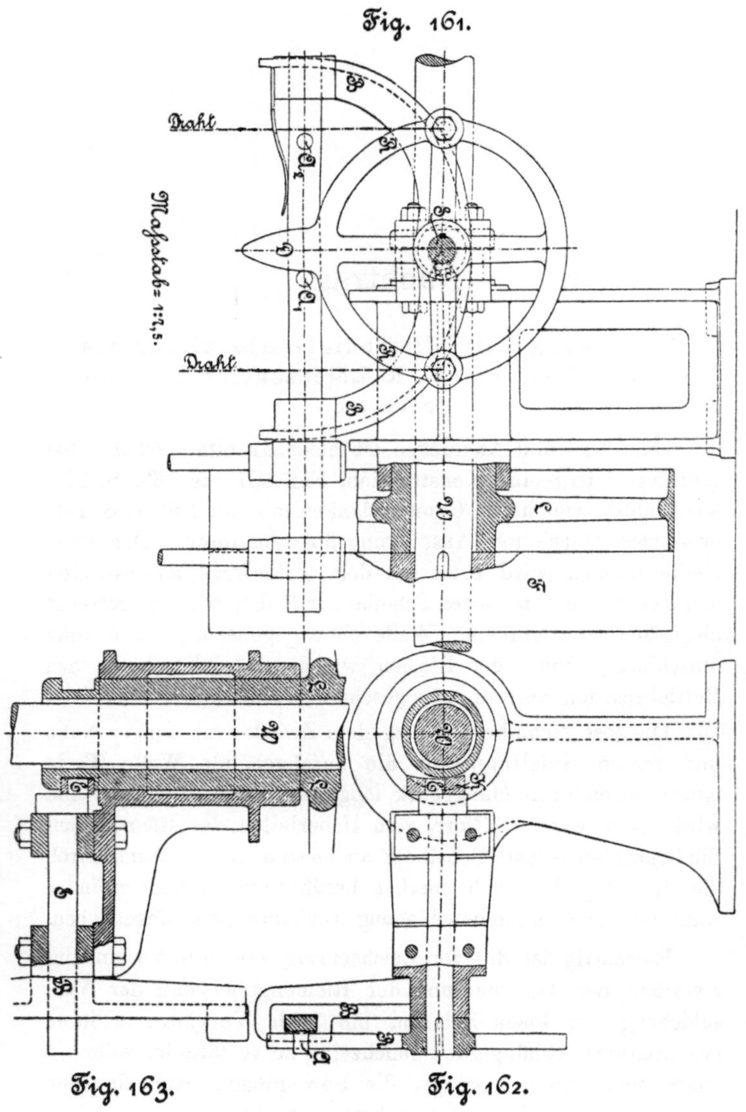

Fig. 163.   Fig. 162.

Die an einem wagerechten Seitenarme des Hängebockes gelagerte Steuerwelle S trägt am einen Ende einen exzentrischen Zapfen E, der mit seinem Steine K in die Nabenringnut der losen Scheibe eingreift und in der gezeichneten Mittelstellung der Steuerung die beiden Scheiben gegen einander presst, sodass die lose Scheibe eben angetrieben wird, während sich der Riemen noch auf derselben befindet.

Das Steuerrad R auf dem rechten Ende der kleinen Welle erfasst gleichzeitig mit seinem Daumen D den rechten Anschlagstift A_1 der Riemenführergabel und drängt durch diesen den laufenden Riemen auf die feste Scheibe F der Deckentransmission hinüber, sobald man mittels des linken Drahtzuges das Steuerrad aus der Mittellage bewegt. Hierbei durchläuft der exzentrische Schubzapfen E den Winkel α, Fig. 161, oberhalb der Mittellinie seines Ausschlages, und somit trennt sich die lose Scheibe schon gleich mit dem Beginne der Riemenverschiebung wieder von der festen.

Beim Umsteuern, durch Ziehen am rechten Drahtzuge, verbleibt der Riemen zunächst auf der festen Scheibe, indem anfänglich der Daumen D sich frei durch den Raum zwischen den beiden Anschlagstiften A_1 und A_2 bewegt; während dieser Zeit wird nur die lose Scheibe wieder gegen die feste verschoben und abermals angetrieben, sobald die Steuerung in die Mittellage eintritt. Alsdann beginnt beim Ueberschreiten der Mittellage durch die Einwirkung des Daumens D auf den Anschlagstift A_2 der Riemengabelstange die Ueberführung des Riemens nach links auf die lose Scheibe, welche sich dabei gleichzeitig wieder von der festen Scheibe entfernt und, dem Antrieb entzogen, mit dem Riemen zur Ruhe gelangt.

Vergleicht man die Konstruktion von Leichsenring mit der von Pfarr, so ist nicht zu leugnen, dass die hier vorliegende Gesammtanordnung einfacher ist und den Vorteil gewährt, dass nur ein Mechanismus in Thätigkeit gesetzt wird, um die Scheiben zu kuppeln oder zu lösen und den Riemen gleichzeitig zu verschieben. Bei dem Vergleich darf aber nicht übersehen werden, dass beide Konstruktionen für wesentlich verschiedene Verhältnisse entworfen sind, die

Pfarr'sche für grofse und schwere Riementriebe, die von Leichsenring für leichte kleinere Arbeitsmaschinen.

Der schwache Punkt der hier erörterten Konstruktion liegt in der ganz vorübergehenden Anpressung der losen Scheibe und in der festen Begrenzung ihres Anpressungsweges bei mangelnder Federkraft. Genügt diese vorübergehende Anpressung auch für ganz leichte Riementriebe, wenn man die Steuerung vorsichtig handhabt, d. h. sehr langsam aus der Mittelstellung bewegt, damit wenigstens die lose Scheibe überhaupt zunächst angetrieben wird und die volle Umdrehungszahl der Welle annimmt, so lässt doch nach meiner Ansicht die Konstruktion, selbst unter diesen Voraussetzungen, keine lange Betriebsfähigkeit erwarten. Bei dem fest begrenzten Vorschube der losen Scheibe verschwindet der Anpressungsdruck, welcher Reibung und Mitnahme erzeugen soll, sobald der Zapfenstein in der Nabenringnut oder die Scheibenränder sich merklich abnutzen.

Dieser Uebelstand wird auch nicht beseitigt, wenn man den Mechanismus dahin abändert, dass statt des Exzenters eine Kurvenscheibe eingeschaltet wird, damit die lose Scheibe längere Zeit in der äufsersten Stellung verharrt, oder wenn man die Geschwindigkeit der Zapfenbewegung künstlich beschränkt, wovon sich Leichsenring einen Erfolg verspricht, um die Konstruktion auch für schwerere Riementriebe brauchbar zu machen.

Bei dieser Sachlage scheint es mir zweifelhaft, ob es nicht vorzuziehen ist, bei leichten Riementrieben sich mit der noch weit einfacheren Biedermann'schen Anordnung zu begnügen, die lose Scheibe ganz zu beseitigen und den Riemen, wie das in Elsässer Fabriken vielfach geschieht, beim Ausrücken auf einen neben der festen Scheibe angebrachten Tragbügel von etwas kleinerem Halbmesser abzuwerfen[1]). Dreht

---

[1]) Sammlung von Vorrichtungen und Apparaten zur Verhütung von Unfällen an Maschinen. Herausgegeben von der Gesellschaft zur Verhütung von Fabrikunfällen. Mühlhausen 1889. S. 12 mit Taf. VI Fig. 9 bis 13 und Taf. VII Fig. 1 bis 10.

man dann, wie Dreyer in Wandsbeck, den äuſseren Rand der
reichlich breit auszuführenden festen Scheibe kegelförmig bis
zum unmittelbaren Anschluss an den Tragbügel ab, so kann
man den Riemen ohne groſse Mühe und ohne störend groſsen
Verschleiſs mit einer gewöhnlichen Riemengabel beim Einrücken auf die feste Scheibe zurückführen, während Biedermann dazu eine Hakenstange benutzt. Durch die Dreyer-
sche Verbesserung erscheint das einfache Verfahren für
leichtere Riemen auch noch bei häufigem Ein- und Ausrücken
zulässig.

Eine Verbesserung der Leichsenring'schen Konstruktion
wäre andererseits vielleicht dadurch zu erzielen, dass man die

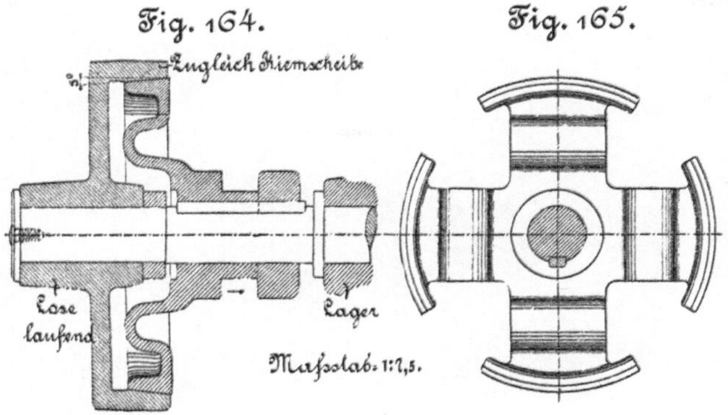

lose Scheibe mit schwachen, im Schnitt nach der Wellenachse
S-förmig geschweiften Armen ausführt, oder hierfür einfache
schmiedeiserne Rundeisenstäbe wählt und den Kranz durch
schmale Querfugen zwischen den Armen in einzelne Segmente
zerlegt, um in ähnlicher Weise wie bei der Sturm'schen
Kupplung, Fig. 164 und 165 — vergl. Anm. S. 99 — eine
seitliche Durchfederung zu gewinnen, die hier den Vorteil gewähren würde, dass die Berührung zwischen der festen und
losen Scheibe länger dauert und nicht gleich mit dem geringsten Verschleiſs überhaupt verloren geht.

Im übrigen ist noch darauf aufmerksam zu machen, dass
Leichsenring zum leichteren Antrieb des Riemens aus der

Ruhelage auf der unteren Welle der Arbeitsmaschine die gewöhnliche Anordnung der losen und festen Scheibe beibehält, so dass beim Einrücken dem Antriebe der losen Scheibe der Deckentransmission anfänglich nur der Reibungswiderstand der beiden losen Scheiben entgegenwirkt, auf welchen sich der Riemen im ausgerückten Zustande befindet.

Zum vollständigen Verständnis der Zeichnung sei schliefslich darauf hingewiesen, dass der gusseiserne Tragbügel B für die Riemengabelstange, dessen prismatischer Kopfansatz gleichzeitig das äufsere Lager für die Steuerwelle bildet, auch um 180^0 gedreht gegen den Hängebockarm angeschraubt werden kann, wenn man die Riemengabel nach oben verlegen muss.

A. W. Schade's Buchdruckerei (L. Schade) in Berlin, Stallschreiberstr. 45-46.